普通高等教育“十一五”国家级规划教材

大学化学

（第三版）

College Chemistry

主编 曹瑞军
和 玲
梁军艳

高等教育出版社·北京

内容提要

本书是在普通高等教育"十一五"国家级规划教材《大学化学》第二版的基础上，结合学科发展和课程教学改革修订而成的。全书共5章，分别为物质结构基础、物质的能量及化学反应的能量变化、化学平衡与化学反应速率、水溶液中的化学平衡、电化学基础。全书更加注重基础性、系统性，更好地满足了各专业学生完成"大学化学"课程必修内容的学习。

本书作为与在线开放课程"大学化学"课程同步的教材，将相关微视频等内容在教材中做了关联，便于学习者使用。

本书可作为高等学校非化学化工类专业化学基础课教材，也可供自学者和工程技术人员参考。

图书在版编目（CIP）数据

大学化学 / 曹瑞军，和玲，梁军燕主编. -- 3版. -- 北京：高等教育出版社，2019.5(2024.10重印)

ISBN 978-7-04-051555-8

Ⅰ. ①大…　Ⅱ. ①曹… ②和… ③梁…　Ⅲ. ①化学-高等学校-教材　Ⅳ. ①O6

中国版本图书馆CIP数据核字(2019)第041072号

策划编辑　郭新华　　责任编辑　沈晚晴　　封面设计　赵　阳　　版式设计　徐艳妮
插图绘制　于　博　　责任校对　李大鹏　　责任印制　刁　毅

出版发行　高等教育出版社
社　　址　北京市西城区德外大街4号
邮政编码　100120
印　　刷　三河市华润印刷有限公司
开　　本　787mm×1092mm　1/16
印　　张　13.5
字　　数　330千字
插　　页　1
购书热线　010-58581118
咨询电话　400-810-0598

网　　址　http://www.hep.edu.cn
　　　　　http://www.hep.com.cn
网上订购　http://www.hepmall.com.cn
　　　　　http://www.hepmall.com
　　　　　http://www.hepmall.cn

版　　次　2005年6月第1版
　　　　　2019年5月第3版
印　　次　2024年10月第7次印刷
定　　价　41.00元

物 料 号　51555-00

大学化学

（第三版）

主编 曹瑞军
和 玲
梁军艳

1 计算机访问http://abook.hep.com.cn/1228114，或手机扫描二维码、下载并安装Abook应用。

2 注册并登录，进入“我的课程”。

3 输入封底数字课程账号（20位密码，刮开涂层可见），或通过Abook应用扫描封底数字课程账号二维码，完成课程绑定。

4 单击“进入课程”按钮，开始本数字课程的学习。

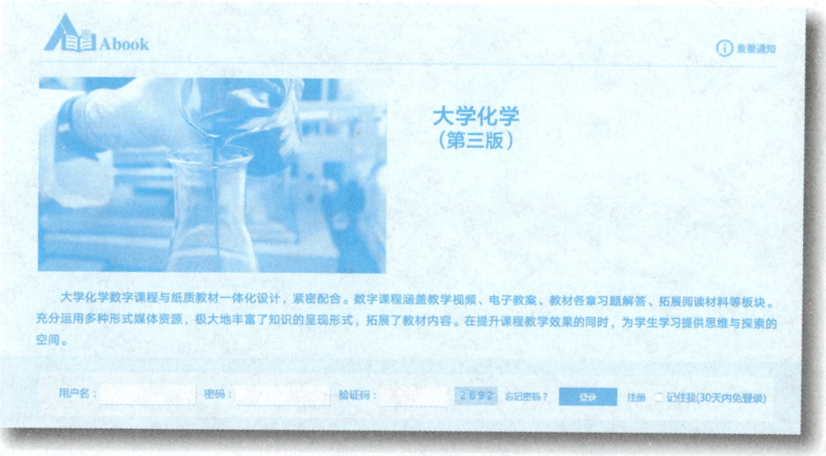

课程绑定后一年为数字课程使用有效期。受硬件限制，部分内容无法在手机端显示，请按提示通过计算机访问学习。

如有使用问题，请发邮件至abook@hep.com.cn。

http://abook.hep.com.cn/1228114

第三版前言

随着大数据时代的到来，云计算、人工智能等得到了迅速发展，彻底改变了人们的生活、生产、科学研究等方方面面。教学与学习也不例外，必须与新时代相适应。为此，我们对《大学化学》(第二版)进行了修订，并制作了相应的"大学化学"MOOC视频，已经上传到了"中国大学MOOC"等教学网站。(为方便读者使用，我们将视频上传至 http://abook.hep.com.cn/1228114，请读者参照本书说明页使用。)力图通过这些举措的实施，为广大青年学生提供一条快捷、方便、高效、自主学习的新途径。

改革开放以来，中国探索了一系列的教学、教育改革思路，最终基本形成共识，大学本科教育重视基础理论的教学，注重创新型人才的培养，淡化专业知识的传授。进入21世纪，科学技术日新月异、突飞猛进，但基础理论并没有改变，反而进一步丰富、验证了基础理论的正确性和重要性。

作为一门公共基础课教材，本次修订除保持教材原有特色、风格和主干内容外，还着力突出了课程教学内容的基础性、原理性与系统性。为了适应新的教学模式，在结构上做了大幅调整，体现在以下几个方面：

1. 去掉了第二版中的"阅读材料"部分。同时，还删除了"化学与材料""化学与能源""化学与生命""化学与环境"等扩充内容。对这部分内容感兴趣的同学可在与本书配套的网站上查阅。

2. 第一章做了大幅修改，分为微观物质、宏观物质两部分。前者分为原子结构、分子结构、分子间作用力等三个层面，并增加了分子轨道理论，力求基础理论的完整性。后者分为气体、液体、固体三个层面。气体又分为纯气体和混合气体，前者介绍了理想气体状态方程；后者介绍了分体积定律、分压定律等；液体也分为纯液体与溶液，前者介绍了熔点、沸点、饱和蒸气压等概念；后者介绍了理想溶液、稀溶液的通性等概念。固体重点介绍了晶体、晶体的类型、晶体的结构特征、晶体结构的测定等基本概念。修改后的物质结构基础更加系统、更加完整，同时也解决了我国中学阶段目前实行的模块教学带来的学生的理论基础参差不齐的问题，使得教与学更加容易。

3. 将第二版的第三章"化学平衡与化学反应速率"中"分压定律"转移至本书第一章。直接在热力学定律指导下导出化学平衡和标准平衡常数，并进一步讲授了$\Delta_r G$、$\Delta_r G^\ominus$、$K^\ominus$的内在关系，有利于学生对化学热力学的深刻理解。

4. 第二版的第四章"溶液"修改为"水溶液中的化学平衡"，并将其中的"分散系""稀溶液的通性"等内容移至本书第一章。紧扣第三章的化学平衡，在$K^\ominus$的前提下讲授水溶液中的弱酸、弱碱解离平衡，沉淀-溶解平衡，配位平衡等相关概念、计算、应用等内容。使得第四章简洁明快，易学易懂。

5. 第二版的第五章“电化学基础”中“氧化数的定义”“氧化数的确定”等概念移至本书第一章。直接从氧化还原反应和氧化还原平衡开始，导出半反应、电对、原电池、电极等基本概念，整个讲授紧扣热力学定律，显得逻辑关系更加明显。

总之，修订后的第三版，基础理论更加突出，知识体系更加系统、完善，逻辑关系更加清晰，也更有利于学生的自主学习和教师的课堂讲授。

本教材自第一版(2005 年)、第二版(2008 年)出版以来，深受读者喜爱，收到了读者和诸多化学教育界同仁提出的有益建议。这些都为本次修订提供了依据和思路。第三版承蒙浙江大学贾之慎教授审稿，提出了许多宝贵意见，在这里一并表示感谢！

由于编者学术水平有限，错误和疏漏之处在所难免，望同行和读者在使用过程中批评、指正。

编　者

2018 年 5 月于西安交通大学

第二版前言

当前，科学技术日新月异，知识经济逐渐成为主流，科教兴国成为全国人民，特别是青年学生为之奋斗终生的任务。本教材自2005年第一版出版以来，深受读者喜爱，他们对教材提出了有益的建议。趁修订再版之机，再讲几句话。

这次修订的目的，做到两个保持，即保持第一版教材的特色和风格，主要是基础性与应用性、系统性和前沿性的有机结合；保持第一版教材的基本框架和主要内容。

具体的重要内容的修订分述如下：第一章中，(1)在“杂化轨道理论”中删去“配合物的空间构型”，而在“价层电子对互斥理论”中之“应用实例”增加一个配离子的实例；(2)在“氢键”中集中介绍水的特性。第三章中，(1)除个别题例外，均换成标准平衡常数($K^{\ominus}$)；(2)为全面和准确学习，在化学动力学中增加了“过渡态理论”的简介。第四章中，(1)将“溶胶”内容归并在分散系集中介绍；(2)删去“水的特性”内容。第五章中，将“改善金属的本质”的内容，移至第六章“特种合金”中单列为“耐蚀合金”一小节。第八章简化了“什么是生命”的叙述，其余内容也做了必要的修改。第九章将原表9.4、表9.5和表9.6移至附录，成为附录八、附录九和附录十。附录中的数据，全部与正文、例题和习题中的数据一致。

教材中少数段落、内容和文字做了适当的修改、润色。修订稿由何培之统稿，曹瑞军定稿。

由于编写人员学术水平有限，错误和疏漏之处在所难免，望同行和读者在使用过程中批评、指正。

编　者

2008年2月于西安交通大学

第一版前言

本教材是依据1999年工科普通化学课程教学指导小组讨论通过的《非化工类专业普通化学教学内容基本框架》而组织编写的；是教育部组织实施的《化学系列课程教学内容和课程体系改革的研究与实践（非化工类专业）》的研究成果之一；适用于工科高等院校的非化工类各专业。

早在1988年，联合国教科文组织提出的国际合作研究项目中就已指出："数学、物理、化学和生物是一切学科的基础；也是进行科学、工程、医学、农业和科技专业教育的基础。"无论从与国际接轨或从素质教育的需要出发，在工科高校开设有关的化学课程（如普通化学、大学化学或工程化学等）是十分必要的。

大学化学是一门重要的基础课。开设这门课程的目标在于：让学生熟悉现代化学的基本理论和基本知识，接受必备的基本操作的训练；认识化学学科和其他学科领域（如能源、材料、生命和环境等学科）间相互交叉和渗透的特点；了解化学学科在促进社会发展和技术进步中所起的重要作用；运用化学理论和规律去审视公众关注的若干重大社会课题；把化学和工程技术的观点和方法结合起来，正确认识与理解工程技术中有关的化学问题的所在，并能和化学工作者共同解决问题。

在教学过程中，大学化学可起到三方面的作用：

一、大学化学的直接目的，是为学生今后的学习提供必要的化学基础知识。通过教与学两方面的互动，使学生认识化学学科的主要内容和思维特点，掌握或熟悉化学中的"三基"内容，从而了解化学在基础学科中的地位，并进而全面、系统地认识客观世界。这是学习工程技术理论和专业知识的基础，也是素质教育中必不可少的内容。

二、现代科技工作者，应具有较坚实而宽广的理论基础和实际知识，才能愉快地胜任本职工作并有所发明、创造。化学就是这个基础的组成部分。今日的化学理论和知识，已渗透到现代工程技术的每一领域之中。通过大学化学的学习，学生能具备一定的分析和解决实际化学问题的能力，能正确认识化学和当代社会面临的各种重大课题间的关系，活跃思想，开阔眼界，为钻研与专业、生产和科研有关的化学问题，奠定一定的基础。

三、作为一门自然科学，化学的学习和研究方法是具有普遍性的。大学化学对于培养学生正确的学习、研究方法与科学的自然观和社会观，并逐步树立辩证唯物主义的世界观，也有一定的作用。

本教材是在西安交通大学"厚基础、宽口径、重实践"的教学模式指导下，集应用化学系许多教师长期教学经验和反复探索而编成的。全书有两大部分，即基础部分和拓展部分。基础部分是各专业的必修内容,包括物质结构基础、化学反应中的能量、化学平衡与化学反应速率、溶液和溶胶以及电化学基础等5章内容。拓展部分则可根据专业的不同特点选择讲授或在教师指导下由学生自学,包括化学与工程材料、化学与能源、化学与生命和化学与环境等4章内容,试图分析化学在上述的学科领域中的渗透和应用,为学生提供独特的化学视角,内容上力求体现出知识性、趣味性和前沿性。

编写中,注意了下述问题的正确处理:

1. 简化了理论要求,适当降低了计算的难度和复杂性。如在物质结构中简化了波函数的角度分布和径向分布及其图像,直接用量子数说明;删去了分子轨道理论和与此相关的固体能带理论;化学热力学中删去了 Gibbs 函数的导出,着重强调了状态函数的应用,等等。

2. 努力做到基础性和应用性、系统性和前沿性的有机结合:即强化必要的基础,突出理论、规律的应用;保持相对的系统性,适当反映当代化学的新发展和新成就等前沿内容,如飞秒化学、绿色化学、人类基因计划、DNA 指纹鉴定、等离子体、激光材料和纳米材料,等等。

3. 本教材以现行的中学化学和物理教学大纲为起点,做好与其衔接的工作。如酸碱理论中简介了“质子理论”后,仍然以中学化学中的“水-离子理论”为基础进行讨论。以教材为依据,编写了《大学化学精要及典型例题》,制作多媒体网络课件等配套教学辅助资料和手段。

4. 教材中每章前都有“内容提要和基本要求”,学生学习时目标明确,大致内容清楚,便于预习和复习,也有利于自学能力的训练和培养。

5. 每章后设置“阅读材料”是本教材的一大特色。这些内容力求文字流畅、生动,目的是活跃思维、开阔视野、增加新的知识。

教材是集体编写的,具体分工如下:何培之(第1,6章)、张雯(第2,9章)、郗英欣(第3章)、曹瑞军(第4章)、路英梅(第5章)、李旭祥(第7章)、杨水云(第8章);全书由何培之统稿、曹瑞军定稿。我校应用化学系的教师不同程度地参与编写工作。

教材的编写工作中得到西安交通大学教务处和理学院、化学实验中心各级领导的大力支持;教材主审、西安武警工程学院马泰儒教授对全书提出了许多宝贵的意见和建议;我校的蔡哲雄教授提出了一些指导性建议;编写中曾参考了兄弟院校同类教材的体系和内容以及若干专著,在此一并深表谢意。参考书目列于书后。

编者水平有限、学识浅陋,对教材中的错误和疏漏之处,敬请读者和同行批评、指正。

编　者

2004年12月于西安交通大学

目录

绪 论

视频 0-1
大学化学概论

物质世界丰富多彩，错综复杂，生生不息，变换多端。到底谁来控制，有什么规律？这是人类长期以来一直思考和探索的问题。人类的祖先经历了漫长的认识、探索历程，从直接利用、简单加工到发明、创造、利用新的物质。从神学论、唯心论逐渐回到了唯物论，建立了一系列的理论模型，试图解释各种现象、探索变化规律。如西方的燃素说，中国的水、木、金、火、土五行说等都是朴素的、朦胧的物质结构理论模型。到了 19 世纪初期（1803 年），英国化学家道尔顿根据人们已经发现的 33 种化学元素和规律，提出了原子结构的理论模型，认为每种元素都是半径不同的不可再分割的实心小球。这一理论模型持续了近一个世纪，到 1897 年汤姆孙的阴极射线实验打破了这一理论模型，证明了原子不是最后的质点，还可以进一步分割，但是原子的概念建立了起来，它的确是保持元素属性的最小质点。随后汤姆孙、卢瑟福、玻尔等根据当时的研究发现分别建立了相应的原子结构理论模型，但都不能完美地解释原子的全部属性。可是他们建立的含核原子结构模型和量子化的特征却都是正确的。

直到 1924 年，德布罗意根据大量的实验事实，提出了微观粒子都具有波粒二相性的特征。后来盖末等科学家通过实验证实了这一推论，说明了微观粒子不能像宏观物体那样确定其运动轨迹，只能用统计的方法描述其运动的规律。1926 年薛定谔根据这一推论建立了著名的薛定谔方程，从此敲开了微观世界的大门，推动了科学技术的快速发展，到现在还不到一百年。

20 世纪中、后期以来，新材料的不断出现，促进了新能源、生命科学、电子计算机、信息科学、人工智能等领域的快速发展，彻底改变了人们的生产、生活模式，科学技术以爆炸式的速度高速发展，令人耳目一新、应接不暇。但基础理论并没有太大的变化，反而进一步证实了这些基础理论的正确性和推动人类发展、进步的巨大作用，也进一步证明了认识物质世界、探索自然规律的重要性。

人们研究发现，宏观物质的所有属性都不是无中生有、突如其来的，高度地相关于微观物质的属性、结构和组成。但又不是微观物质属性的简单加和，存在着量变—质变、相对独立、错综复杂的关系，是有一定规律的。所以可以把物质世界大致分为几个层面，形成不同的基础理论体系或者相对独立的学科。如：宏观物质层面（物理学）→亚微观物质层面（物理学、化学、生命科学等边沿学科）

→原子、分子层面(化学)→基本粒子层面(核物理学)。每个层面都有相对独立的特性,相对独立的理论模型、理论基础、研究方法与手段。作为科学研究者对每一个层面的属性、理论基础、研究方法都应有所了解。所以,不存在哪个重要,哪个不重要。化学主要是在原子、分子层面,研究物质的组成、结构、性质及其变化规律。因而数学、物理学、化学是一切自然科学的基础科学,或称为中心科学。所有的应用科学都是建立在基础科学之上的,所以基础科学是每位科学工作者应该具备的基本科学素养,与专业取向无关。

化学与物理学并没有严格的界限,只是研究的层面和侧重点有所不同。正如医学分为内科、外科,但研究的主体都是人体,化学和物理学研究的都是客观物质。化学主要是在原子、分子层面,研究物质的组成、结构、性质及其变化规律,即研究如何由一种物质转变成另一种物质,或设计、合成一种新物质等。其中,一个重要的概念就是化学键,其实化学键就是电磁作用力。通过化学键研究微观物质的结构、形态、作用力的大小等诸多属性。任何变化过程都遵从热力学第二定律,即其驱动力由能量最低和混乱度最大两部分组成。由于化学主要以化学键为基础研究单个分子的属性,因而是以能量最低而展开的理论体系。也就是说,以能量最低为基础,以电子效应、空间效应为主线,研究、解释物质的基本属性、存在状态和反应历程等。

本书主要从前人建立的微观理论开始,以能量最低为基础,介绍原子结构、分子结构、分子间作用力,以及由其引起的宏观物质(包括气体、液体、固体的纯物质、混合物等)的基本属性、基本规律等。同时,也介绍了化学热力学、化学平衡与反应、水溶液中的化学反应与平衡、电化学原理与应用等化学相关专业的基本知识和原理,为读者进入专业学习,乃至进行科学研究奠定扎实的理论基础,也为读者从事能源、材料、生命、环境等化学相关专业的学习开辟通道。

第一章

物质结构基础

内容提要和基本要求

我们周围的物质世界五光十色，千变万化。归根结底，物质的性质及其变化是由其组成和结构决定的。物质的化学变化，实际上是分子“破旧立新”的过程，亦即原子相互结合方式的重新改组。因此，为了探究化学变化的本质，掌握其变化规律，就必须深入到原子、分子的微观世界中去，认识原子结构、分子结构和晶体结构各种模型、理论和有关的重要概念，以进一步理解宏观物质的组成、结构、性质及其变化规律。

众所周知，一般的化学变化不涉及原子核内的结构。本章讨论的原子结构，主要是核外电子的排布及其运动规律，进而讨论分子结构和晶体结构的有关近代理论和知识，从而建立物质结构的整体概念，为学习和掌握本教材中后面各章内容提供必需的理论基础。

通过本章学习，应达到以下的基本要求：

1. 正确理解原子结构的近代概念，熟悉核外电子排布的原则，学会用量子数表述电子的运动状态；熟悉原子的电子构型与元素周期表的关系；掌握电离能、电子亲和能、原子半径、电负性和元素的氧化数变化的周期性。

2. 熟悉化学键概念和类型；熟悉离子化合物的形成；熟悉共价化合物的价键理论要点，以及共价键的类型、特征和键参数等重要概念。

3. 熟悉杂化轨道理论、价层电子对互斥理论和分子轨道理论的要点，学会推测简单的分子（或离子）空间构型的方法；了解电偶极矩概念，了解分子间作用力和氢键的性质及其对物质性质的影响。

4. 了解晶体和非晶体的差异，熟悉各类典型晶体的组成、结构特点和主要的物理性质；了解各类实际晶体；认识一类新物质——液体晶体及其应用。

5. 了解宏观的纯物质、混合物所表现出的基本属性和归纳总结出的基本规律。

一、微观物质结构

微观物质特指电子、原子、分子等微小的粒子。由于它们的尺度太小(大多小于 1 nm),我们无法直接观察其结构和形貌,只能通过其表现出来的性质和特殊的实验方法等间接地建立理论结构模型。随着人类不断探索、不断发现,结构模型也在不断地修正、完善,最终使理论结构模型不断地接近微观物质结构的真实面目。

1.1　原子结构

1.1.1　经典原子结构模型

视频 1-1

经典原子结构模型

物质世界五彩缤纷。那么,物质到底是由什么构成的,物质之间有什么关联,这是几千年来人类力图揭示的重大课题。古代中国曾有“水、木、金、火、土”朴素的五行说,试图解释万物之间的变化规律。古希腊以 Democritus(德谟克利特)为代表的学者首次提出,宇宙万物均是由最微小、坚不可分的**原子**组成的。这一观念表述简单、形象直观,所以到 18 世纪末,已被人们普遍接受。

1803 年,英国科学家 Dalton(道尔顿)继承了古代原子论,提出了原子假说。这一假说合理地解释了当时一些已知的基本规律,如质量守恒定律、定组成定律和定比定律等,揭示出这些规律之间的内在联系,极大地推动了整个化学的发展。因此,恩格斯对此给予极高的评价,称 Dalton 为“近代化学之父”。但是这一假设存在一个重大的错误,即认为原子是物质中不可再分的“最后质点”,这在相当长的时间内(近 200 年!)阻碍了原子理论的进一步发展。

19 世纪末,电子束、X 射线和放射性相继发现,结果表明,原子不仅不是物质中的“最后质点”,不仅可以进一步分割成更小的粒子,还可以转化为其他原子。

1904 年,Thomson(汤姆孙)提出了最早的原子模型,认为原子是球状粒子,其中平均分布着正电荷,并嵌着许多电子,中和正电荷,因此整个原子是电中性的。

Thomson 的原子模型,不久就被他的学生 Rutherfold(卢瑟福)的 α 粒子散射实验否定了(即有名的金箔实验)。在此基础上,Rutherfold 于 1911 年提出了原子的**含核模型**:在原子的中心有一个极小的、带正电荷的原子核,其质量几乎等于原子的全部质量,电子在核的周围沿着不同的轨道运转,就如行星环绕太阳一样。但是含核模型无法解释氢和其他原子的线状光谱,也无法合理说明原子是一稳定系统的事实。因为按照经典理论,核外电子绕核运转时,要不断地放出能量,所得光谱应是连续的;同时,伴随着电子能量的释放,其运转轨道的半径将逐渐减小,电子就会沿着一螺旋形轨道运转,最后必将坠落到原子核上,引起原子的毁灭。据计算,在直径为 10^{-10} m 的原子中,这种情况只需 10^{-12} s 就会发生。

为了说明氢原子的线状光谱,1913 年丹麦的物理学家 Bohr(玻尔)在含核模型的基础上，引用了 Planck（普朗克，德国）的量子论，提出了 Bohr **原子模型**。按此模型，核外电子绕核做圆形轨道运动时，电子在一定的位置上有一定的能量，这种状态称为**定态**，定态电子不辐射能量。能量最低的定态，称为**基态**；能量较高的定态，称为**激发态**。这些不连续的能量的定态，称为**能级**。电子可以从基态跃迁到激发态，需吸收能量；或者与此相反，则放出能量。这些能量变化都是**量子化**的。所谓"量子化"，是指质点的运动和运动中能量状态的变化是以一定距离或能量单元为基本单位做跳跃式变化的。

Bohr 原子模型成功地解释了氢原子的线状光谱，对其谱线频率的计算与实验十分吻合；提出了定态、能级和能量跃迁等重要概念；指出了微观粒子的运动特性之一——量子化，为光谱学和原子结构理论的发展做出了重大贡献。

但是除氢原子和类氢离子的光谱外，Bohr 模型无法解释其他核外有两个及两个以上电子的原子光谱。根本原因是，Bohr 只把电子看作粒子，而不了解微观粒子运动的另外两个特性——**波粒二象性**和运动的**统计性**。

1.1.2 近代原子结构模型

1. 波粒二象性

视频 1-2

波粒二象性、德布罗意物质波等

对于光的本性，历史上曾有过粒子说和波动说的长期争论。现已确认，光既具有波动性，又具有粒子性，这称为波粒二象性。这两种性质相互联系而又相互转化。一般说，与光传播的有关现象，如干涉、衍射、偏振等，波动性显著；而涉及光与实物相互作用，如光电效应、光压试验中，又主要表现为粒子性。

1924 年，de Broglie（德布罗意，法国）在光的波粒二象性的启发下，提出了**物质波**的新概念。他认为，任何实物粒子都具有波动性，与动量 $p=mv$ 的实物粒子相联系的物质波的波长 λ，可由 de Broglie 关系式表示：

$$\lambda=h/p=h/(mv) \tag{1-1}$$

式中，m 为实物粒子质量，v 是它的运动速度，h 为 Planck 常量。公式右边表示粒子性，左边则由波长 λ 表示波动性，该式是实物粒子波粒二象性的统一。

对于质量较大，速度较慢的实物粒子，其产生的物质波波长极短，波动性可以忽略；但对电子、质子、中子、原子和分子等微观粒子，其物质波的波长均在可测量范围内，则必须考虑其波动性。换言之，**微观粒子都具有波粒二象性**。

三年后即 1927 年，de Broglie 的假设被 Davisson（戴维孙，美国）和 Germer（盖末，美国）的电子衍射实验所证实（图 1-1）。当一束能量较大的电子流穿过金属薄膜后，得到了一系列同心圆的图像，如同 X 射线衍射图。由实验测定的波长，与 de Broglie 关系式的计算结果相符。用中子、质子、原子等微观粒子流，也得到相同结果。从而证实了 de Broglie 波或物质波的存在。

2. 运动的统计性

由于微观粒子具有波粒二象性，我们不能像宏观物体那样用经典力学描述其运动的轨迹，只能用统计的办法描述其运动的规律。如用一束很弱的电子流，使电子通过金属一个一个地发生衍射，开始只是落到照相底片上一个一个的点，

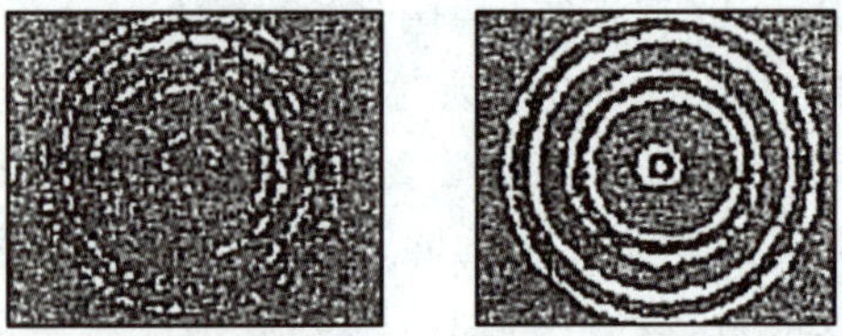

(a) X射线衍射图　　(b) 电子衍射图

图 1-1 通过金属铝得到的 X 射线衍射图和电子衍射图

并无任何规律。这是电子粒子性的表现。经过足够长的时间，随着衍射的点不断增加，在底片上的分布就会观察到同心圆的图像（图 1-2），与较强电子流在短时间内得到的衍射图形完全相同。这表明，电子运动具有的波动性，是电子无数次行为的统计结果。对大量粒子行为而言，衍射强度大（或小）的地方，表示出现的粒子数多（或少）；就单个粒子的行为而言，衍射强度大（或小），表示粒子出现的机会就大（或小）。总之，统计解释是，空间任一点的强度是和粒子出现的概率成正比的。从这个意义上说，电子波是一种“**概率波**”。因而，核外电子运动的轨道就失去了意义。

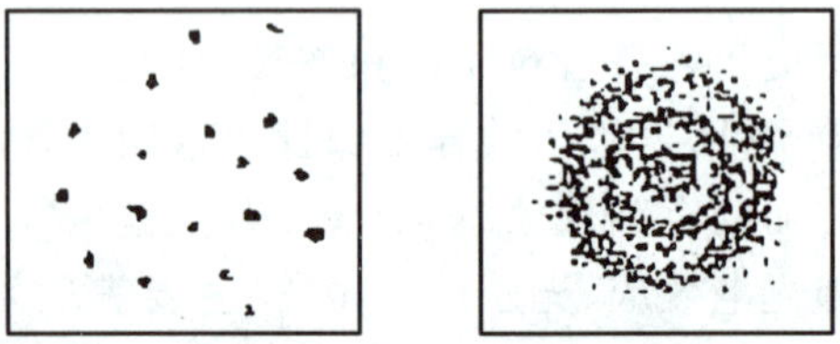

(a) X射线衍射图　　(b) 电子衍射图

图 1-2 衍射实验结果示意图

1.1.3 原子轨道和电子云

视频 1-3

薛定谔方程、波函数、原子轨道

1. 波函数和原子轨道

既然电子具有波动性，其运动就不再服从牛顿力学的规律，而遵循量子力学（或波动力学）的规律。

1926 年，物理学家 Schrödinger（薛定谔，奥地利）根据 de Broglie 的物质波观点，引用了电磁波的波动方程，提出了描述电子等微观粒子的运动规律的波动方程——**薛定谔方程**，它是一个二阶偏微分方程：

$$\frac{\partial^2\psi}{\partial x^2}+\frac{\partial^2\psi}{\partial y^2}+\frac{\partial^2\psi}{\partial z^2}+\frac{8\pi^2 m}{h^2}(E-V)\psi=0 \qquad (1-2)$$

式中，m 是电子的质量，E 是系统的总能量，V 是系统的势能，h 是 Planck 常量；ψ（读作 psi）是空间坐标 x,y,z 的函数，叫作**波函数**，是描述原子核外电子运动状态的数学函数式。

波函数 ψ 对于原子核外电子的运动，有十分重要的意义。

（1）波函数反映波在空间的起伏性（可为正值，可为负值，也可为零）和波的可叠加性。

(2) 波函数不同,其能量高低不同。如氢原子基态波函数 ψ 的能量为 -13.58 eV(或 -1312 kJ·mol^{-1}),而相邻的激发态的能量为 $-13.58/4$ eV(或 -328 kJ·mol^{-1})。可见,基态能量最低,离核最近;激发态能量较高,离核较远。无穷远的电子能量最高,为零。

(3) 每一波函数都表示核外电子的一种运动状态,因此,波函数也叫原子轨道函数或原子轨函,又称**原子轨道**。这里所指的"轨道"应理解为电子的运动状态,并不是 Bohr 原子模型中那样固定半径的圆形或椭圆形轨道。

2. 四个量子数

视频 1-4
四个量子数

电子的波函数 ψ,可以通过求解薛定谔方程得到。目前,只有对最简单的氢原子可精确求解。在求解过程中,需要引进三个常数(n,l,m),它们只有采取某些可取的数值时,才能求解得波函数。因此,n,l,m 这三个常数被称为**量子数**,用它们的适当组合,就可以分别表示出不同的原子轨道。

三个量子数的物理意义和可取的数值,分述如下:

(1) **主量子数**(n),表示电子离核的平均距离远近和原子轨道能量的高低。n 可取任何正整数,n 的数值越大,电子离核越远,原子轨道的能量越高。主量子数相同的轨道组成**电子层**,电子层常用符号表示,它与主量子数 n 值的关系如下:

主量子数 n	1	2	3	4	5	6	7…
电子层符号	K	L	M	N	O	P	Q…

(2) **角量子数**(l),也叫副量子数,表示原子轨道的不同形状,l 可取从 0 到 $n-1$ 的任何正整数。角量子数相同的轨道组成**电子亚层**。$l=0$ 的电子亚层,称为 s 亚层,轨道形状为球形;$l=1$ 的电子亚层,称为 p 亚层,轨道呈双球形;$l=2$ 的电子亚层,称为 d 亚层,轨道呈花瓣形;$l=3$ 的电子亚层,称为 f 亚层,形状较复杂,等等。

角量子数	0	1	2	3	…
亚层符号	s	p	d	f	…

(3) **磁量子数**(m),表示在特定的亚层中所包含的轨道数和轨道在空间的不同取向。m 可取从 $-l$ 到 $+l$ 间的任何整数(含 0 在内)。例如,$l=0$ 时,$m=0$,在空间只有 1 种取向,即呈球形的 s 轨道;$l=1$ 时,$m=0,\pm1$,在空间有 3 种取向,表示 p 亚层有 3 个轨道,可记为 p_x,p_y,p_z;$l=2$ 时,m 则可取 $-2,-1,0,+1,+2$ 的 5 个数值,即 d 亚层中包含 5 个在空间取向不同的轨道,可分别记为 $d_{xy},d_{xz},d_{yz},d_{z^2},d_{x^2-y^2}$;$l=3$ 时,$m=0,\pm1,\pm2,\pm3$,在空间有 7 种取向,表示 f 亚层有 7 个轨道,等等。

在无外加磁场时,同一亚层的原子轨道(如 p_x,p_y,p_z 和 $d_{xy},d_{xz},d_{yz},d_{z^2},d_{x^2-y^2}$ 等)能量相等,称为**等价轨道**。

这样,用一套量子数(n,l,m)就可以完全描述和确定一个原子轨道的能量、形状和它的空间取向,以区别电子运动的不同状态。因此,可用符号来方便地表示原子轨道。

[**例 1-1**]　试分别写出 $n=3$,即 M 层中的全部原子轨道及其符号。

解：$n=3$，则 $l=0,1,2$,$m=-2,-1,0,+1,+2$。据此列表如下：

电子层	n	l	亚层符号	m	轨道数	轨道符号
M	3	0	3s	0	1	3s
		1	3p	$-1,0,+1$	3	$3p_x,3p_y,3p_z$
		2	3d	$-2,-1,0,+1,+2$	5	$3d_{xy},3d_{xz},3d_{yz},3d_{z^2},3d_{x^2-y^2}$

(4) **自旋量子数**(m_s)　在研究氢原子和碱金属原子的原子光谱时，发现其每条谱线是由两条离得很近的谱线组成的，称为光谱的精细结构。这是由于电子的自旋运动造成的，因此，引出了第 4 个量子数——自旋量子数；它只有 $+1/2$ 和 $-1/2$ 两个取值，分别表示电子顺时针和逆时针的两个方向，表示为"↿"和"⇂"。显然，**自旋量子数** m_s 与薛定谔方程的解无关，是人们根据实验事实人为加进去的量子数，是对原子轨道模型的修正。

显然，完整描述原子核外电子运动状态，就必须包含其空间运动状态和自旋运动状态，即由 n,l,m 和 m_s 四个量子数共同确定。这不仅对简单组成的氢原子适用，就是对研究多电子原子系统也是适用的。

根据四个量子数间的关系，可归纳出各电子层中可能存在的电子运动状态数，见表 1-1。

表 1-1　原子核外电子运动的可能状态数

主量子数 n	电子层符号	角量子数 l	轨道符号	磁量子数 m	轨道空间取向	每层中的轨道	自旋量子数 m_s	各亚层运动状态	各电子层运动状态总数
1	K	0	1s	0	1	1	±1/2	2	2
2	L	0	2s	0	1	4	±1/2	2	8
		1	2p	0,±1	3		±1/2	6	
3	M	0	3s	0	1	9	±1/2	2	18
		1	3p	0,±1	3		±1/2	6	
		2	3d	0,±1,±2	5		±1/2	10	
4	N	0	4s	0	1	16	±1/2	2	32
		1	4p	0,±1	3		±1/2	6	
		2	4d	0,±1,±2	5		±1/2	10	
		3	4f	0,±1,±2,±3	7		±1/2	14	

3. 波函数与电子云

视频 1-5

波函数与电子云

波函数 ψ 是描述核外电子运动状态的数学函数式，本身并无直观的物理意义，它的明确的物理意义是由波函数绝对值的平方 $|\psi|^2$ 体现出来的。这种关系可从电子等微观粒子与光波的比较中得到理解。

大家知道，光是一种电磁波，光的强度与电场或磁场强度 $|\psi|^2$ 成正比；光又

是一种光子流，光的强度又与单位体积中光子数目的多少，即光子的密度 ρ 成正比，因此，对具有波粒二象性的光束来说，应有下列关系：

$$|\psi|^2 \propto \rho \tag{1-3}$$

对于具有波粒二象性的电子等微观粒子的波来说，显然也适用式(1-3)。**概率密度**即 $|\psi|^2$ 可以表示出微观粒子在空间某点附近出现的概率密度（概率/体积）。空间各点 $|\psi|^2$ 数值的大小，反映出电子在空间各点附近同样大小体积中出现的概率的大小。化学家常用天空中浓疏不同的云彩来模拟这种概率分布。$|\psi|^2$ 又被称作**电子云**，常用小黑点表示。黑点密集处，意味着电子的概率密度较大；黑点稀疏处，概率密度较小。

图 1-3 表示出基态氢原子的 1s 电子云和 2s，3s 电子云示意图。不要误认为概率密度大的地方电子出现的概率就一定大。电子在核外空间出现的概率等于概率密度与该区域总体积的乘积，即概率应为 $|\psi|^2 \cdot d\tau$；近核处体积元 $d\tau$ 极小，实际上概率几乎为零。概率最大的应是距核不太远，$|\psi|^2$ 值也较大的一个球壳区域。从图 1-3 中可见，概率密度 $|\psi|^2$ 是随着电子离核距离的增加而迅速减小的。

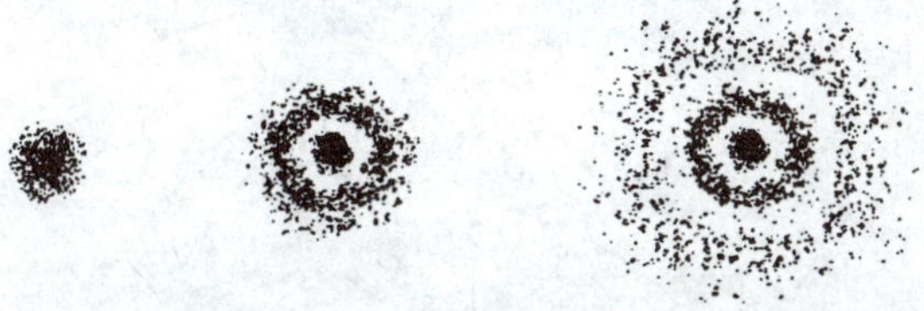

图 1-3　在通过氢原子的一个平面上的 1s、2s、3s 电子的概率密度

由于电子运动的不确定，电子云是没有边界的。但如果将电子概率密度相等的地方联结起来（称为等密度面或等值面），作为一个界面，使界面内电子出现概率很大（如 95% 以上）；而界面外电子出现的概率很小（如小于 5%），可以忽略，这种空间曲面就叫作电子云的**界面图**，常用来表示电子云的形状和大小。图 1-4 是氢原子的 1s 电子云的界面图，界面为球形，所有的 s 电子云都是球形对称的。p 电子云则可称为“双鸡蛋形”，其中 p_x，p_y，p_z 分别沿着 x，y，z 轴对称地分布

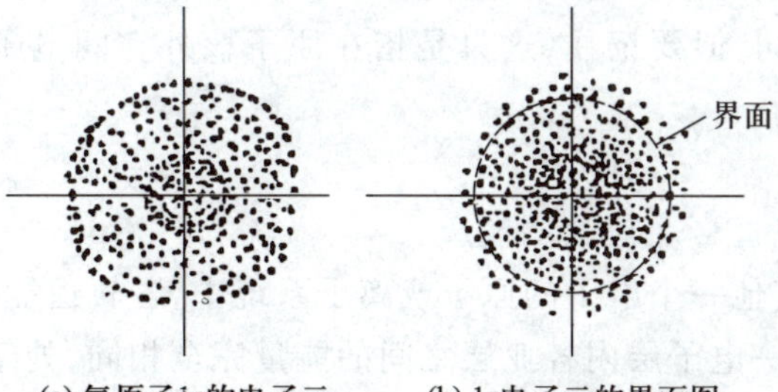

(a) 氢原子1s的电子云　(b) 1s电子云的界面图

图 1-4　氢原子 1s 电子云的界面图

在原子核的两侧，即沿轴方向的概率密度最大。因此，p 电子云是有方向性的。3d 电子云可称为“梅花瓣形”，它在空间有 5 个不同的伸展方向，它们都是空间的立体图像，如图 1-5 所示。

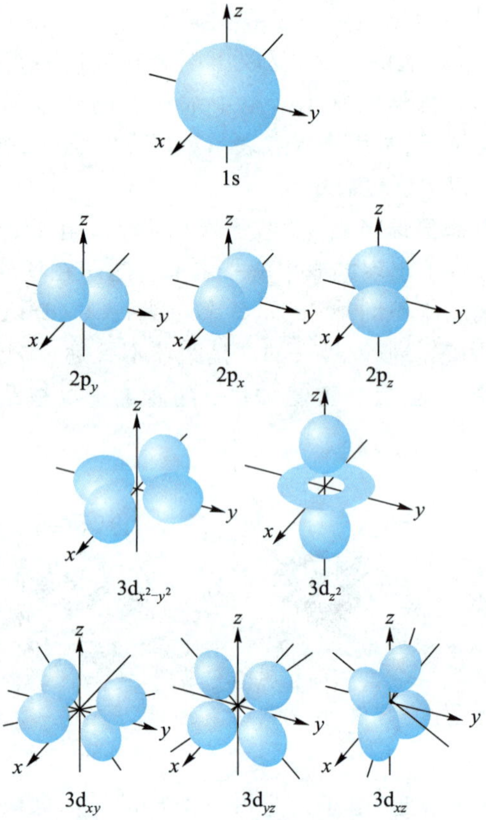

图 1-5　氢原子 1s,2p,3d 电子云示意图

综上所述，原子轨道是波函数 ψ 的同义词，电子云就成为概率密度 $|\psi|^2$ 的同义词。对于原子核外运动的电子，人们无法确切知道电子运动的具体途径，无法知道电子是如何从这一点运动到另一点的，但是根据波函数 ψ 可以精确计算出电子运动的能量，并知道电子在空间各处出现的概率。为了表述方便，我们沿用了“轨道”这个词，但要记住，这只是指在原子核外空间电子出现概率最大的**区域**。

视频 1-6

能级、能级分裂、能级交错、钻穿效应、屏蔽效应

1.1.4　多电子原子中轨道的能级

在氢原子及其他一个电子的原子或离子系统中，各轨道能级的高低，仅由主量子数 n 决定，同一电子层内各亚层之间的能量完全相同，处于同一能级。其次序可表示为

$$E_{1s}<E_{2s}=E_{2p}<E_{3s}=E_{3p}=E_{3d}<E_{4s}=E_{4p}=E_{4d}=E_{4f}=\cdots$$

在多电子原子中，也存在和氢原子相同的电子层、亚层和原子轨道，但其能级高低的顺序不同。其轨道能级既取决于主量子数 n，也和角量子数 l 的数值有关。这主要是在多电子原子中，电子之间相互作用造成的。有下列三种情况：

（1）角量子数相同时，主量子数越大，轨道能级越高。例如：

$$E_{1s}<E_{2s}<E_{3s}<E_{4s}<\cdots$$

$$E_{2p}<E_{3p}<E_{4p}<E_{5p}<\cdots$$

（2）主量子数相同时，角量子数越大，轨道能级越高，这种现象叫作**能级分裂**。即

$$E_{ns}<E_{np}<E_{nd}<E_{nf}$$

（3）如 n，l 两种量子数都不同，而主量子数 $n>3$ 时，由于能级分裂，可能发生**能级交错**的现象。即

$$E_{4s}<E_{3d},\ E_{5s}<E_{4d},\ E_{6s}<E_{4f}<E_{5d}<E_{6p}<\cdots$$

美国化学家 Pauling（鲍林）从光谱实验总结出，对于核电荷数 20 以上的大多数原子，其能级大致如图 1-6 所示，通常称为近似能级图。图中用圆圈表示原子轨道。s 亚层只有 1 个原子轨道；p 亚层有 3 个原子处于同一水平的圆圈，表示其中有 3 个等价轨道；d 亚层有 5 个等价轨道，f 亚层有 7 个等价轨道，等等。图中纵轴由低向高标出能级。轴边的数字是能级相近的若干能级组。截至目前，共有 7 个能级组，即：(1) 1s；(2) 2s，2p；(3) 3s，3p；(4) 4s，3d，4p；(5) 5s，4d，5p；(6) 6s，4f，5d，6p；(7) 7s，5f，6d，7p 等。相邻能级组之间的能量相差较大，而每一能级组内各亚层的能量相差较小或基本相近。以后就会看到，这种能级组的划分，是元素分为不同周期的根本原因。

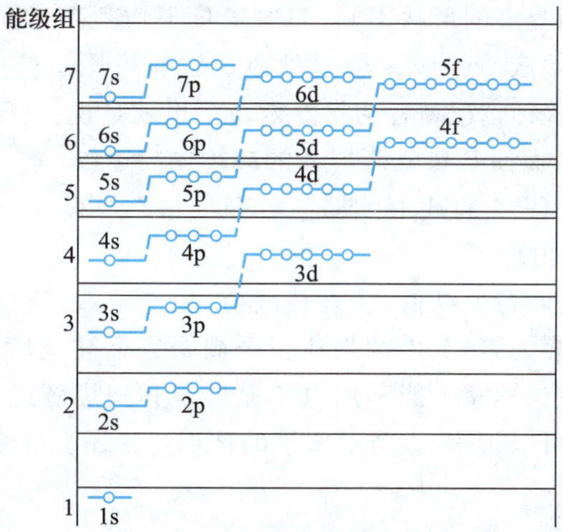

图 1-6　近似能级图

我国著名化学家徐光宪院士，通过对光谱数据的归纳，于 1956 年提出的经验规则 $n+0.7l$，综合地考虑了主量子数 n 和角量子数 l 对轨道能级的影响。例如，4s 和 3d 能级的比较：

$$4s \quad n=4,\ l=0,\quad n+0.7l=4.0$$
$$3d \quad n=3,\ l=2,\quad n+0.7l=4.4$$
$$E_{3d}>E_{4s}$$

上述的能级分裂与能级交错现象,常用屏蔽效应和钻穿效应来解释。

在多电子原子中,不但存在原子核对电子的引力,还存在着电子之间的斥力,情况远比只有一个电子的氢原子复杂。这种电子之间的相互排斥会削弱原子核对电子的引力。例如,锂(Li)原子中有3个电子,其中1s轨道有2个,2s轨道有1个。由于一对1s电子的存在,形成了一个屏障,使原子核对最外层2s电子的引力减小,即大致抵消了2单位核电荷对外电子的作用,使原子核对2s电子的作用力只相当于锂原子的有效核电荷,约等于1单位。这种由于其他电子的存在使得原子核对电子的作用减弱的现象,就叫**屏蔽效应**。每个电子既对别的电子起屏蔽作用,同时也被别的电子屏蔽;但内层电子对外层电子的屏蔽作用较大,而外层电子对内层电子的屏蔽作用则可忽略不计。如以 Z 表示核电荷数,σ 表示因其他电子的排斥作用而使核电荷被抵消的部分,称为屏蔽常数,则($Z-\sigma$)即为有效核电荷数,常用符号 Z^* 表示,则 $Z^*=Z-\sigma$。

屏蔽效应越大,有效核电荷数 Z^* 就越小,被屏蔽的电子受到原子核的引力越小,原子的能量增加得也越多。在同一电子层中,角量子数越小,电子离原子核越近,受其他电子的屏蔽作用越小,即受原子核的引力越大,其能级越低,因此,$E_{ns}<E_{np}<E_{nd}<\cdots$。当 l 值相同时,n 值越大,电子离原子核越远,受到其他电子的屏蔽作用增大,受到原子核的引力减小,能量就相应增高,即 $E_{1s}<E_{2s}<E_{3s}<\cdots$。

同时,由于不同轨道的形状不同,与原子核平均距离不同,平均距离较小的轨道就产生了**钻穿效应**。例如,s轨道的电子因靠近原子核而减弱了其他电子对它的屏蔽作用。这种情况就称为钻穿效应。也就是说,由于其他电子对 ns电子的屏蔽常数 σ 小,而使其核电荷数 Z 的减小要少于($n-1$)d电子使 Z 的减小,也小于($n-2$)f电子使 Z 的减小,即 $Z^*_{ns}>Z^*_{(n-1)d}$;$Z^*_{ns}>Z^*_{(n-2)f}$,所以 $E_{ns}<E_{(n-1)d}$ 和 $E_{ns}<E_{(n-2)f}$ 的现象就出现了。

总之,影响轨道能量的高低,既有核电荷、主量子数、角量子数,还有屏蔽效应和钻穿效应等诸多因素,其中的规律至今尚未完全被人们充分认识。随着现代科技的发展,现在科学家已能利用电子显微镜和扫描隧道显微镜拍摄出表示原子图像的照片。可以预言,人类对原子的认识过程还会继续不断深化。

1.1.5　原子核外电子排布与元素周期律

视频 1-7

核外电子排布的三条原则

1.1.5.1　原子核外电子排布的原则

根据原子光谱实验的结果并经理论概括,人们总结出原子处于基态时核外电子排布的三条原则,称为构造原理。

1. Pauli(泡利)不相容原理

该原理指出:原子中,每一轨道上最多只能容纳两个自旋相反的电子。换言之，在任何一个原子中，不可能有 4 个量子数完全相同的两个电子。这样，量子数 n,l,m,m_s 就成了原子中电子的“身份证”：对于某一电子，在已知其一套量子数(n,l,m,m_s)时，即可完全确定该电子的运动状态。

2. 能量最低原理

这是自然界中的物质运动的一条基本原理。在不违背 Pauli 不相容原理的前提下，电子将尽可能地占据能量最低的轨道，以使整个原子的能量为最低。这样，原子中的电子将按近似能级图中的次序由低到高布入各原子轨道，每一轨道可容纳两个自旋相反的电子，直到所有的电子都进入合适的轨道。

3. Hund（洪德）规则

在同一亚层的等价轨道（p 亚层的 3 个轨道，d 亚层的 5 个轨道和 f 亚层的 7 个轨道）上排布的电子，将尽可能分别占据不同的轨道且自旋方向相同。

表示原子的电子构型，通常有两种方法。

（1）电子排布式　在亚层符号的右上角用阿拉伯数字表示在该亚层上运动的电子数，这是较简便的方法，如 $3s^1$，$4p^2$ 和 $5d^5$ 等。

（2）轨道表示法　用小方框表示一个原子轨道，并用向上或向下的半箭号来分别表示顺时针、反时针自旋的电子，这种方法虽然较烦琐，但形象、直观。

作为 Hund 规则的特例，在同一亚层的电子轨道上，当电子全充满、半充满和全空，如 s^2，p^0，p^3，p^6，d^0，d^5，d^{10}，f^0，f^7 和 f^{14} 等状态时，电子在原子核外分布的对称性最高，原子能量较低，都是较稳定的。

视频 1-8
核外电子构型与元素周期律

1.1.5.2　核外电子构型与元素周期表

原子的核外电子构型的周期性是元素周期系的基础，元素周期表则是周期系不同的表现形式。下面，我们结合常用的长式周期表（附书后），并按照增加一个核电荷，就增加一个电子的规则，依核电荷由小到大的次序来讨论各元素原子基态时的电子构型，便可更清楚地理解以上两句话的具体含义。

从 $Z=1$ 的氢（H）原子到 $Z=2$ 的氦（He）原子中的电子将占据 1s 轨道，它们的电子构型分别为 $1s^1$ 和 $1s^2$，K 层充满。以后的电子将进入 2s 轨道，开始了第二能级组。$Z=3$ 的锂（Li）原子和 $Z=4$ 的铍（Be）原子的电子构型应分别是 $1s^2 2s^1$ 和 $1s^2 2s^2$。在 2s 轨道充满后，电子将进入 2p 轨道中，它可填充 6 个电子，所以从 $Z=5$ 的硼（B）到 $Z=10$ 的氖（Ne）的六个元素，其电子构型的区别主要是 2p 轨道上的电子数和构型不同。其中 $Z=6$ 的碳（C）原子的电子构型中，2p 轨道上的电子应有 3 种可能的排布，即

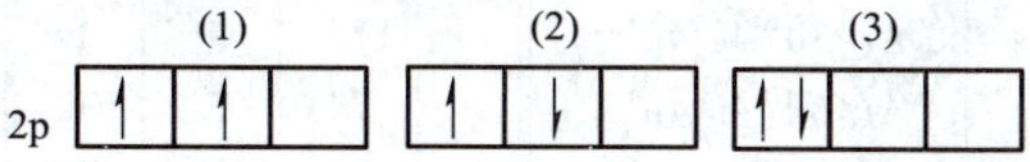

根据 Hund 规则，显然应为（1）式。同理 $Z=7$ 的氮（N）原子的电子构型为 $1s^2 2s^2 2p^3$，2p 轨道中的 3 个电子应各分占一轨道，且自旋方向相同。为书写方便，各原子的电子构型中的一部分结构，常用它前一周期最后一个元素（稀有气体）的电子构型代表。这一部分结构，称为该原子的原子实。例如，将 F 的电子构型表示

为$[He]2s^2 2p^5$等。从表 1-2 中可见,同一周期的元素都有共同的原子实。

表 1-2 元素原子的电子构型

周期	原子序数	元素名称	元素符号	电子构型
1	1	氢	H	$1s^1$
	2	氦	He	$1s^2$
2	3	锂	Li	$[He]2s^1$
	4	铍	Be	$[He]2s^2$
	5	硼	B	$[He]2s^2 2p^1$
	6	碳	C	$[He]2s^2 2p^2$
	7	氮	N	$[He]2s^2 2p^3$
	8	氧	O	$[He]2s^2 2p^4$
	9	氟	F	$[He]2s^2 2p^5$
	10	氖	Ne	$[He]2s^2 2p^6$
3	11	钠	Na	$[Ne]3s^1$
	12	镁	Mg	$[Ne]3s^2$
	13	铝	Al	$[Ne]3s^2 3p^1$
	14	硅	Si	$[Ne]3s^2 3p^2$
	15	磷	Pi	$[Ne]3s^2 3p^3$
	16	硫	S	$[Ne]3s^2 3p^4$
	17	氯	Cl	$[Ne]3s^2 3p^5$
	18	氩	Ar	$[Ne]3s^2 3p^6$
4	19	钾	K	$[Ar]4s^1$
	20	钙	Ca	$[Ar]4s^2$
	21	钪	Sc	$[Ar]3d^1 4s^2$
	22	钛	Ti	$[Ar]3d^2 4s^2$
	23	钒	V	$[Ar]3d^3 4s^2$
	24	铬	Cr	$[Ar]3d^5 4s^1$
	25	锰	Mn	$[Ar]3d^5 4s^2$
	26	铁	Fe	$[Ar]3d^6 4s^2$
	27	钴	Co	$[Ar]3d^7 4s^2$
	28	镍	Ni	$[Ar]3d^8 4s^2$
	29	铜	Cu	$[Ar]3d^{10}4s^1$
	30	锌	Zn	$[Ar]3d^{10}4s^2$
	31	镓	Ga	$[Ar]3d^{10}4s^2 4p^1$
	32	锗	Ge	$[Ar]3d^{10}4s^2 4p^2$
	33	砷	As	$[Ar]3d^{10}4s^2 4p^3$
	34	硒	Se	$[Ar]3d^{10}4s^2 4p^4$
	35	溴	Br	$[Ar]3d^{10}4s^2 4p^5$
	36	氪	Kr	$[Ar]3d^{10}4s^2 4p^6$
5	37	铷	Rb	$[Kr]5s^1$
	38	锶	Sr	$[Kr]5s^2$
	39	钇	Y	$[Kr]4d^1 5s^2$
	40	锆	Zr	$[Kr]4d^2 5s^2$
5	41	铌	Nb	$[Kr]4d^4 5s^1$
	42	钼	Mo	$[Kr]4d^5 5s^1$
	43	锝	Tc	$[Kr]4d^5 5s^2$
	44	钌	Ru	$[Kr]4d^7 5s^1$
	45	铑	Rh	$[Kr]4d^8 5s^1$
	46	钯	Pd	$[Kr]4d^{10}$
	47	银	Ag	$[Kr]4d^{10}5s^1$
	48	镉	Cd	$[Kr]4d^{10}5s^2$
	49	铟	In	$[Kr]4d^{10}5s^2 5p^1$
	50	锡	Sn	$[Kr]4d^{10}5s^2 5p^2$
	51	锑	Sb	$[Kr]4d^{10}5s^2 5p^3$
	52	碲	Te	$[Kr]4d^{10}5s^2 5p^4$
	53	碘	I	$[Kr]4d^{10}5s^2 5p^5$
	54	氙	Xe	$[Kr]4d^{10}5s^2 5p^6$
6	55	铯	Cs	$[Xe]6s^1$
	56	钡	Ba	$[Xe]6s^2$
	57	镧	La	$[Xe]5d^1 6s^2$
	58	铈	Ce	$[Xe]4f^1 5d^1 6s^2$
	59	镨	Pr	$[Xe]4f^3 6s^2$
	60	钕	Nd	$[Xe]4f^4 6s^2$
	61	钷	Pm	$[Xe]4f^5 6s^2$
	62	钐	Sm	$[Xe]4f^6 6s^2$
	63	铕	Eu	$[Xe]4f^7 6s^2$
	64	钆	Gd	$[Xe]4f^7 5d^1 6s^2$
	65	铽	Tb	$[Xe]4f^9 6s^2$
	66	镝	Dy	$[Xe]4f^{10}6s^2$
	67	钬	Ho	$[Xe]4f^{11}6s^2$
	68	铒	Er	$[Xe]4f^{12}6s^2$
	69	铥	Tm	$[Xe]4f^{13}6s^2$
	70	镱	Yb	$[Xe]4f^{14}6s^2$
	71	镥	Lu	$[Xe]4f^{14}5d^1 6s^2$
	72	铪	Hf	$[Xe]4f^{14}5d^2 6s^2$
	73	钽	Ta	$[Xe]4f^{14}5d^3 6s^2$
	74	钨	W	$[Xe]4f^{14}5d^4 6s^2$
	75	铼	Re	$[Xe]4f^{14}5d^5 6s^2$
	76	锇	Os	$[Xe]4f^{14}5d^6 6s^2$
	77	铱	Ir	$[Xe]4f^{14}5d^7 6s^2$
	78	铂	Pt	$[Xe]4f^{14}5d^9 6s^1$
	79	金	Au	$[Xe]4f^{14}5d^{10}6s^1$
	80	汞	Hg	$[Xe]4f^{14}5d^{10}6s^2$

续表

周期	原子序数	元素名称	元素符号	电子构型	周期	原子序数	元素名称	元素符号	电子构型
	81	铊	Tl	[Xe]$4f^{14}5d^{10}6s^26p^1$		100	镄	Fm	[Rn]$5f^{12}7s^2$
	82	铅	Pb	[Xe]$4f^{14}5d^{10}6s^26p^2$		101	钔	Md	[Rn]$5f^{13}7s^2$
6	83	铋	Bi	[Xe]$4f^{14}5d^{10}6s^26p^3$		102	锘	No	[Rn]$5f^{14}7s^2$
	84	钋	Po	[Xe]$4f^{14}5d^{10}6s^26p^4$		103	铹	Lw	[Rn]$5f^{14}6d^17s^2$
	85	砹	At	[Xe]$4f^{14}5d^{10}6s^26p^5$		104	𬬻	Rf	[Rn]$5f^{14}6d^27s^2$
	86	氡	Rn	[Xe]$4f^{14}5d^{10}6s^26p^6$		105	𬭊	Db	[Rn]$5f^{14}6d^37s^2$
	87	钫	Fr	[Rn]$7s^1$		106	𬭳	Sg	[Rn]$5f^{14}6d^47s^2$
	88	镭	Ra	[Rn]$7s^2$		107	𬭛	Bh	[Rn]$5f^{14}6d^57s^2$
	89	锕	Ac	[Rn]$6d^17s^2$	7	108	𬭶	Hs	[Rn]$5f^{14}6d^67s^2$
	90	钍	Th	[Rn]$6d^27s^2$		109	鿏	Mt	[Rn]$5f^{14}6d^77s^2$
	91	镤	Pa	[Rn]$5f^26d^17s^2$		110	𫟼	Ds	[Rn]$5f^{14}6d^97s^1$
	92	铀	U	[Rn]$5f^36d^17s^2$		111	𬬭	Rg	[Rn]$5f^{14}6d^{10}7s^1$
7	93	镎	Np	[Rn]$5f^46d^17s^2$		112	鿔	Cn	[Rn]$5f^{14}6d^{10}7s^2$
	94	钚	Pu	[Rn]$5f^67s^2$		113	鿭	Nh	[Rn]$5f^{14}6d^{10}7s^27p^1$
	95	镅	Am	[Rn]$5f^77s^2$		114	𫓧	Fl	[Rn]$5f^{14}6d^{10}7s^27p^2$
	96	锔	Cm	[Rn]$5f^76d^17s^2$		115	镆	Mc	[Rn]$5f^{14}6d^{10}7s^27p^3$
	97	锫	Bk	[Rn]$5f^97s^2$		116	𫟷	Lv	[Rn]$5f^{14}6d^{10}7s^27p^4$
	98	锎	Cf	[Rn]$5f^{10}7s^2$		117	鿬	Ts	[Rn]$5f^{14}6d^{10}7s^27p^5$
	99	锿	Es	[Rn]$5f^{11}7s^2$		118	鿫	Og	[Rn]$5f^{14}6d^{10}7s^27p^6$

随核电荷数和电子数的增加，需进入第三能级组中的 3s(2 个电子)和 3p(6 个电子)。涉及从 $Z=11$ 钠(Na)到 $Z=18$ 氩(Ar)的 8 种元素，除原子的原子实和电子层($n=3$)不同外，与上一能级组相似。对第四能级组，从 $Z=19$ 的钾(K)原子开始，K 的最后一个电子进入能级较低的 4s 轨道，尽管此时第三层(M 层)还未充满，其电子构型为[Ar]$4s^1$；同理，$Z=20$ 的钙(Ca)的电子构型为[Ar]$4s^2$。从 $Z=21$ 的钪(Sc)起到 $Z=30$ 的锌(Zn)，电子逐渐进入并最终充满 3d 轨道。它们的电子构型可写为[Ar]$3d^{1\sim10}4s^2$。3d 电子虽比 4s 电子填充晚，但书写顺序 3d 仍在 4s 之前。

从表 1-2 还可看出，有若干元素原子的电子构型不完全符合近似能级顺序。例如，元素周期表中部的过渡元素中，下列元素属于例外：

第四能级组		Cr				Cu
第五能级组	Nb	Mo	Ru	Rh	Pd	Ag

Cr、Mo 是因 d 轨道半充满，Cu、Ag 则是因 d 轨道全充满，这都属于较稳定的电子构型。Nb、Ru 等元素“反常”，则是由于 5s 与 4d 轨道间的能量差较小，电子容易相互“跃迁”之故。这种情况，在原子序数(即核电荷数)较大的原子中时有可见。

第六能级组包括 6s，4f，5d，6p 共 16 个轨道，填满这些轨道需 32 个电子，涉及 $Z=55\sim86$ 的 32 种元素。由于 4f 和 5d 轨道能量相差极小，因此，在这些元素中,电子进入这两个轨道的次序不那么规律。$Z = 57$ 的镧(La)电子构型为 $[Xe]5d^1 6s^2$,接下来的元素 $Z=58$ 的铈(Ce)的最后电子进入 4f 轨道,直到 $Z=71$ 的镥(Lu),电子依次排入并填满 4f 轨道,它们的电子构型可写为 $[Xe]4f^{1\sim14}5d^1 6s^2$。这 14 种元素加上镧(La),通称为**镧系元素**。

第七能级组包含 7s5f6d7p,共 16 个轨道,要填满这些轨道也需要 32 个电子,要到 $Z=118$ 的元素才能结束。但自然界发现的元素到 $Z=92$ 的铀(U),后面的则为**超铀元素**。由于对它们的性质知之甚少,同时,各轨道间的能量相差更小,它们的电子构型都不很确切。

截至目前,元素周期表第七周期元素已经全部被发现。2012 年,国际纯粹与应用化学联合会(IUPAC)宣布 114 号元素命名为𫓧(flerovium),化学符号为 Fl;116 号元素命名为𫟷(livermorium),化学符号为 Lv。2016 年,113 号、115 号、117 号、118 号元素分别被命名为鉨(nihonium)、镆(moscovium)、鿬(tennessine)和鿫(oganesson),元素符号分别为 Nh,Mc,Ts 和 Og。

视频 1-9

原子结构与元素周期表的关系

1.1.5.3　原子结构与元素周期表的关系

1871 年,俄国化学家 MeНделееВ(门捷列夫)系统地总结了前人的工作,在掌握了大量试验资料的基础上,发现了自然界重要规律之一——**元素周期律**。他指出,"元素单质及其化合物的性质随着它们的原子量* 的增加而呈周期性变化"。根据这个规律,他将当时已知的 63 种元素,按其相对原子质量递增的顺序和元素的性质,排成一张**元素周期表**,这就是目前国际通用的长式周期表的雏形。在化学发展史上,首次将元素进行了系统的分类。在 MeНделееВ 的周期表中,除了确定当时公认的相对原子质量而改排了某些元素,并大胆地修订了若干元素的相对原子质量外,更重要的是先后预言了 15 种以上未知元素的存在和性质,这些修订和预言逐一为后来的实验结果基本证实,充分说明科学理论的预见性和对实践的指导作用。

元素周期律的发现和元素周期表的建立,奠定了现代化化学的基础。恩格斯对此给予高度评价,称赞这一开创性工作,"完成了科学上的一个勋业"。

但是,MeНделееВ 否认原子的复杂性和电子的存在,使他无法认识周期律的实质,也无法解决周期表中存在的三处(即 Co 与 Ni,Te 与 I 和后来发现的 K 与 Ar)的相对原子质量顺序和它们在表中位置颠倒的矛盾。这一切,都是在认识了原子结构之后,才得到了正确解释的。

近代研究证明,元素单质及其化合物性质,随其原子序数(或核电荷数)的增加而呈周期性的变化。

原子结构与元素周期的关系,可分述如下:

(1) 周期表中各元素所在的周期数等于元素原子构型中的电子层数,即等于主量子数 n。每一周期,都从新的电子层开始。[只有钯(Pd)例外,电子层为 4,但属于第五周期。]

* 现已改称为"相对原子质量",用符号 A_r 表示。

(2) 周期表中，**主族元素**原子的最后电子分别进入 s 亚层或 p 亚层；**过渡元素**原子中的最后电子进入 d 亚层；镧系、锕系元素的最后电子分别进入 4f 和 5f 亚层。根据电子构型这些特点，可将元素周期表划分为 s 区、p 区、d 区和 f 区（见图 1-7）。

s 区最外层电子构型为 $ns^{1\sim2}$，是碱金属和碱土金属，都是典型活泼金属。p 区最外层电子构型为 $ns^2np^{1\sim6}$，是ⅢA～ⅦA 主族和 0 族元素，性质差异极大，既有活泼的非金属元素，也有金属性较强的元素。d 区和 f 区，通称**过渡元素**（f 区又称内过渡元素）均为**副族**，且为金属，具有金属通性，如大多数坚硬，强度高，导热导电性好。由于 d 亚层未满，故大多可形成顺磁性化合物。d 区元素原子的电子构型为 $(n-1)d^{1\sim10}ns^{1\sim2}$。f 区电子构型的特征是 $(n-2)f^{1\sim14}ns^2$。

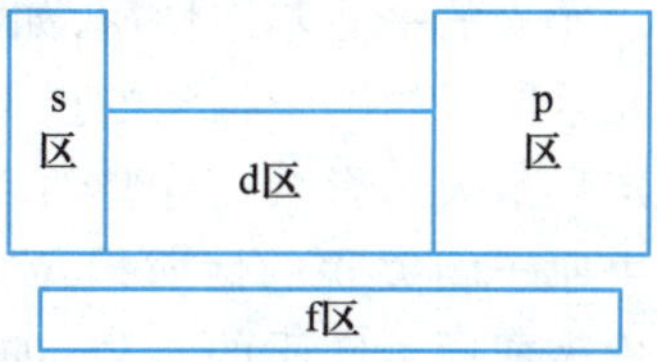

图 1-7　周期表中元素的分区

(3) 周期表中，原子的外层（最外层和次外层）电子构型相同的纵列，称为“族”或“类”。主、副族元素各有 7 个族，族数用罗马字，其后分别缀以 A 和 B 表示。

主族元素的族数等于原子最外层的 ns 和 np 亚层电子数之和。如两者之和为 8 即 0 族。副族元素有两种情况：① 次外层 d 亚层充满者，族数等于最外层 s 亚层的电子数（如 ⅠB，ⅡB 族）；② d 亚层未充满者，族数则为最外层 ns 与次外层 $(n-1)d$ 电子数之和，Ⅷ族分别为 8，9，10。

镧系和锕系元素大体上属于ⅢB 族。

(4) 各周期的元素数等于该周期新出现的亚层所能容纳的最多电子数。可见，周期与近似能级图相对应，各周期的元素数即为各能级组的轨道中可容纳的电子总数，如表 1-3 所示。

表 1-3　不同周期元素的数目

周期	能级组	能级组的原子轨道	轨道容纳电子的最大数	该周期元素数
1	1	1s	2	2
2	2	2s2p	8	8
3	3	3s3p	8	8
4	4	4s3d4p	18	18
5	5	5s4d5p	18	18
6	6	6s4f5d6p	32	32
7	7	7s5f6d7p	32	32

(5) 元素周期或元素的周期性，乃是其原子中电子构型周期性变化的反映。

随核电荷（或原子序数）的递增，每一周期从 ns^1 开始到稀有气体的电子构型 ns^2np^6 结束，新的周期又重新出现与上一周期相似的电子构型。在同一周期中，外层电子构型依次变化，出现了元素性质的递变性；外层电子构型相似的元素，则产生了同族的相似性。所以，原子结构的规律性，是元素周期律的理论基础；原子电子构型的周期性变化，则是元素性质周期性变化的根本原因。

视频 1-10
元素性质变化的周期性

1.1.5.4 元素性质变化的周期性

元素的一些基本性质，如电离能、电子亲和能、原子半径和最高氧化数等，都与元素原子的电子构型的周期性变化密切相关，并对元素的物理性质和化学性质产生重大的影响。这些性质，通称为原子参数。原子参数分为两类：一类是和自由原子相关联的性质，与别的原子无关，因而数值准确度高；另一类是指化合物中表征原子性质的参数，如原子半径、电负性等。同一原子在不同的化合物中，这类参数的数值会有一定的差别。常见的手册中列出的数值具有统计平均的意义。

1. 原子半径

严格地讲，由于电子运动的波粒二象性，核外电子运动区域并无明显的边界。因此，很难获得一个任何情况下都适用的"原子半径"值。但如将原子近似看作相互接触的球体，则核间距即为相邻原子的半径之和。X 射线衍射和气态分子的电子衍射试验分别测定了原子在不同环境下的半径。同核双原子以共价键结合，核间距的一半，称为原子的共价半径 r_c；单质金属晶体中相邻原子核间距的一半，称为原子的金属半径 r_m；分子晶体中两个相邻分子间核间距的一半，称为 van der Waals（范德华）半径 r_v 等。显然，$r_c<r_m<r_v$。图 1-8 为三种原子半径的示意图。

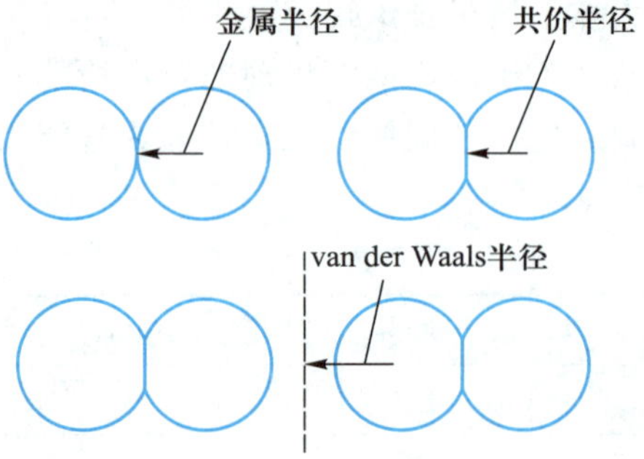

图 1-8 三种原子半径示意图

一般指的原子半径，是共价半径。各元素的共价半径列于图 1-9 和表 1-4 中。从中可见，有如下的变化规律：

（1）周期表中，同一周期的主族元素从左到右依次递减，平均减幅为 9~10pm。因为有效核电荷数依次增大（约增 0.65），而新增的电子同处一层，彼此屏蔽作用较小，故原子核对电子的吸引逐渐增大。稀有气体为 van der Waals 半径值。

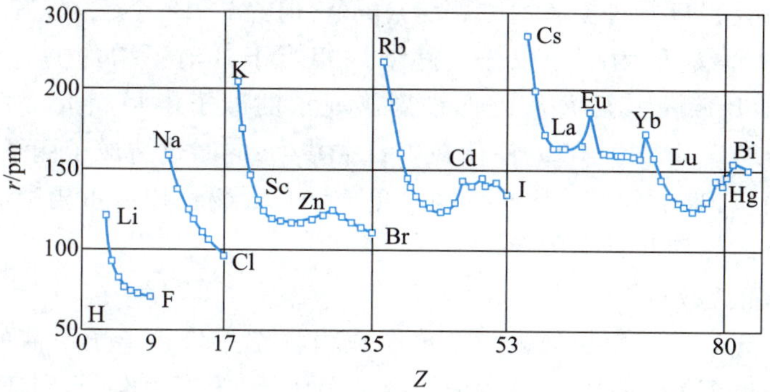

图 1-9 原子半径变化的周期性

表 1-4 元素的原子半径

单位：pm

ⅠA	ⅡA	ⅢB	ⅣB	ⅤB	ⅥB	ⅦB	Ⅷ			ⅠB	ⅡB	ⅢA	ⅣA	ⅤA	ⅥA	ⅦA	0
H 37																	He 180
Li 123	Be 89											B 83	C 77	N 70	O 66	F 64	Ne 160
Na 157	Mg 136											Al 125	Si 117	P 110	S 104	Cl 99	Ar 190
K 203	Ca 174	Sc 144	Ti 132	V 122	Cr 117	Mn 117	Fe 117	Co 116	Ni 115	Cu 117	Zn 125	Ga 125	Ge 122	As 121	Se 117	Br 114	Kr 200
Rb 216	Sr 192	Y 162	Zr 145	Nb 134	Mo 129	Tc 127	Ru 124	Rh 125	Pd 128	Ag 134	Cd 141	In 150	Sn 140	Sb 141	Te 137	I 133	Xe 220
Cs 235	Ba 198	La 169	Hf 144	Ta 134	W 130	Re 128	Os 126	Ir 126	Pt 129	Au 134	Hg 144	Tl 155	Pb 154	Bi 152	Po 153	At –	Rn 214
Fr 270	Ra 220	Ac –															

La	Ce	Pr	Nd	Pm	Sm	Eu	Gd	Tb	Dy	Ho	Er	Tm	Yb	Lu
169	165	165	164	163	166	185	161	159	159	158	157	156	170	156

注：表中所列数值除稀有气体外，均为共价半径。数据取自Lange's Handbook of Chemistry, 13th ed., McGraw-Hill,1985。

（2）副族元素由于有效核电荷数增加缓慢（依次增加约 0.15），原子核对外层电子的吸引力也增加较少。因而原子半径的减小也较平缓，平均减幅为 7～8pm；并随电子亚层的半满和全满等因素略有起伏。

（3）同一主族元素自上而下，原子半径依次增大。这是因为外层电子构型相同，有效核电荷数增加不大，而电子层的增加起主导作用所致。同一副族从上到下，原子半径也略有增加。第五、六周期副族上下相邻元素之间原子半径非常接近，甚至相等，致使它们的性质十分相似。

（4）镧系元素中，最后电子在（n-2）f（4f）上增添，其屏蔽作用更大，使有效核电荷数只有很小的增加。这样，从镧（La）到镥（Lu），核电荷数由 57 到 71，其共价半径递减程度极小(平均减幅为 1pm);但经这 15 个元素,其递减总值为 13pm。这种现象,称为镧系收缩。其结果相当于抵消了增加一个电子层的影响,从而使ⅢB 族及其后每族的两种副族元素的原子半径相近,性质相似。例如,Lu、Zr 与 Nb,Lr、Hf 与 Ta,往往在矿石中共生;同时也造成了镧系元素间的性质也极为相似,难于分离。原子半径对单质和化合物性质有重要影响,其大小还会改变物质的晶形和合金的形成。

视频 1-11

元素的电离能和电子亲和能

2. 电离能(I)

由一个气态基态原子失去一个电子成为气态一价正离子所需的能量,称为原子的第一电离能,记为 I_1,继续失去第二个电子、第三个电子,则还有第二电离能(I_2)、第三电离能(I_3)……

$$A(g) \longrightarrow A^+(g) + e^- \qquad I_1$$

$$A^+(g) \longrightarrow A^{2+}(g) + e^- \qquad I_2$$

…………

电离能的大小,可由光谱数据精确测定,其单位为电子伏特(eV)或 $kJ \cdot mol^{-1}$。各元素的第一电离能列于表 1-5 中,如用 I_1 与原子序数作图,便可直观地看出电离能变化的规律及其和电子构型的关系,见图 1-10。

表 1-5 若干元素的第一电离能 I_1

单位:$kJ \cdot mol^{-1}$

ⅠA	ⅡA											ⅢA	ⅣA	ⅤA	ⅥA	ⅦA	0
H 1312.2																	He 2372.6
Li 520.3	Be 899.6											B 800.8	C 1086.6	N 1402.5	O 1314.1	F 1681.2	Ne 2080.9
Na 495.9	Mg 737.8	ⅢB	ⅣB	ⅤB	ⅥB	ⅦB	Ⅷ			ⅠB	ⅡB	Al 577.7	Si 786.6	P 1011.9	S 999.7	Cl 1251.3	Ar 1520.7
K 418.9	Ca 589.9	Sc 631.1	Ti 658.1	V 650.4	Cr 652.9	Mn 717.5	Fe 759.5	Co 758.5	Ni 736.8	Cu 745.6	Zn 906.5	Ga 578.9	Ge 762.3	As 946.7	Se 941.1	Br 1140.1	Kr 1350.9
Rb 403.1	Sr 549.6	Y 615.7	Zr 660.1	Nb 663.9	Mo 685.1	Tc 702.5	Ru 711.2	Rh 719.9	Pd 804.8	Ag 731.1	Cd 867.8	In 558.4	Sn 708.7	Sb 833.9	Te 869.4	I 1008.5	Xe 1170.5
Cs 375.8	Ba 503.0	La	Hf 675.5	Ta 761.4	W 720.1	Re 760.4	Os 839.6	Ir 878.2	Pt 868.5	Au 890.2	Hg 1007.2	Tl 589.4	Pb 715.6	Bi 703.4	Po 812.5	At	Rn 1037.2
Fr	Ra 590.4	Ac															

La 538.2	Ce 527.9	Pr 523.0	Nd 529.8	Pm 535.6	Sm 543.3	Eu 547.2	Gd 592.5	Tb 564.5	Dy 572.2	Ho 580.9	Er 588.7	Tm 596.4	Yb 603.5	Lu 523.6
Ac 665.9	Th	Pa	U	Np	Pu 559.7	Am 579.0	Cm	Bk	Cf	Es	Fm	Md	No	Lr

从表 1-5 和图 1-10 中可以看出:

(1) 同一周期自左至右,第一电离能随原子序数的递增而增大,到稀有气体元素为最大,这是因为核电荷数增加,原子半径减小,故原子核对外层电子的吸引力随之增加,稀有气体元素电子构型为满层结构($1s^2$ 和 ns^2np^2)十分稳定,故其电离能为最大,在每一周期的峰上。长周期中,过渡元素的电离能变化较小,这是因为有效核电荷数增加不多,原子半径的变化也不大的缘故。

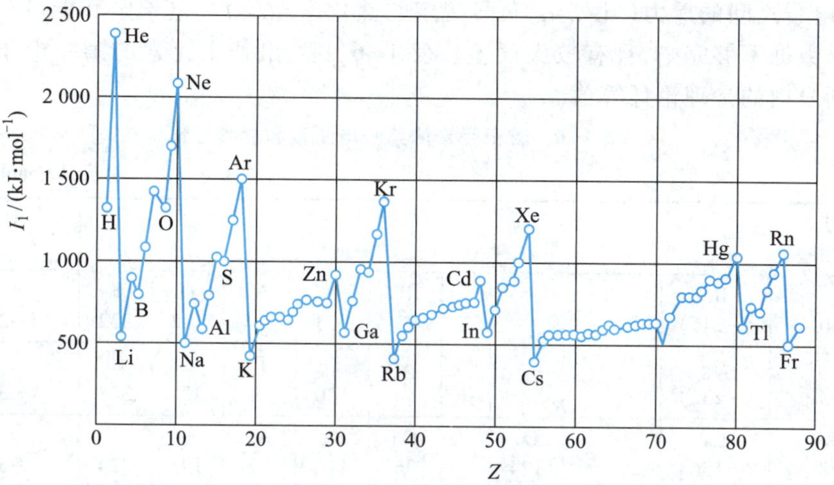

图 1-10　元素第一电离能和原子序数的关系图

(2) 同族元素的电离能随周期数增大,自上而下地减小。周期数增大,原子半径相应增大;但由于增加的是内层电子,屏蔽效应更为显著,有效核电荷数增加不多,故电离能随之降低。同类副族元素的电离能,从上到下的变化更不规律,其电离能相差不大。这也是有效核电荷和原子半径变化不大的反映。

(3) 图 1-10 中,线上的若干"起伏"是和"全满"、"半满"电子构型相联系的,前面的元素的电离能比后面的元素高,再次证实了这类电子构型的稳定性。第一电离能是反映元素金属性强弱的重要数据,第一电离能越小,元素的原子越易失去电子,其金属性越强。大多数金属元素的第一电离能都小于 965 kJ·mol^{-1}(10eV)。对同一元素,其第一电离能都小于以后的逐级电离能,即 $I_1<I_2<I_3<\cdots$ 显然,从中性原子中移去一个电子,要比从带正电荷的离子中移去电子更容易;而离子的正电荷越大,对电子的束缚力越大,因而有上述结果。电离能的数据是原子内电子按层分布的实验证明,还可说明元素通常的化合价,例如,Na 的 $I_1 \ll I_2$,Mg 的 $I_2 \ll I_3$,Al 的 $I_3 \ll I_4$……因此,Na 通常为+1 价,Mg 为+2 价,Al 为+3 价。对于任何元素来说 I_3后的各级电离能都相当大,高于+3 价的独立离子通常很少存在。

3. 电子亲和能(E_A)

元素的气态基态原子获得一个电子形成一价的气态负离子所放出的能量,称为第一电子亲和能,记为 E_{A1},简称电子亲和能。同样,也有第二电子亲和能(E_{A2})、第三电子亲和能(E_3)等。例如:

$$A(g)+e^- \longrightarrow A^-(g) \qquad E_{A1}$$

$$A^-(g)+e^- \longrightarrow A^{2-}(g) \qquad E_{A2}$$

…………

电子亲和能的单位是 eV(电子伏特)或 kJ·mol^{-1}。元素的第一电子亲和能一般为正值;第二电子亲和能多为负值,因为一价负离子要结合电子必须供给能量以克服电子之间的斥力(此处正、负号规定与热化学相反)。电子亲和能难于直接测定,数据不够完整,且有较大误差。表 1-6 中列出若干元素的第一电子亲和能,括号内的是理论计算值。

表 1-6 若干元素的第一电子亲和能 E_A

单位:$kJ \cdot mol^{-1}$

H 72										He (-21)
Li 60	Be (-241)				B 23	C 123	N	O 142	F 332	Ne (-29)
Na 53	Mg (-232)				Al 44	Si 120	P 74	S 201	Cl 348	Ar (-35)
K 48	Ca (-156)		Cu 124		Ga (36)	Ge 116	As 77	Se 195	Br 324	Kr (-39)
Rb 47	Sr (-120)		Ag 125		In (34)	Sn 121	Sb 101	Te 183	I 295	Xe (-41)
Cs 45	Ba (-52)		Au 223		Tl (48)	Pb 101	Bi 101	Po (174)	At (270)	Rn (-41)
Fr (44)										

电子亲和能的大小反映了元素原子获得电子的难易。电子亲和能数值越大,表明该元素的原子越易获得电子,故非金属性越强。金属元素的电子亲和能较小。

同一周期从左到右,电子亲和能逐渐增大,卤族元素数值最大。同族元素自上而下电子亲和能呈递减趋势,但第二周期中 O、F 两元素反比第三周期的 S、Cl 电子亲和能要小,这是因为 O、F 的原子半径很小,电子概率密度很大,对外加电子有较大的斥力,因而减少了放出的能量。

4. 电负性(χ)

视频 1-12
元素的电负性

电负性表示在分子中原子对成键电子吸引能力的相对大小。元素电负性数值越大,原子在形成化学键时对电子吸引力越强。Pauling(鲍林,美国)从热化学数据计算的电负性值列于表 1-7 中。

从表 1-7 中数据可看出电负性变化的周期性。

(1) 同一周期,从左到右,元素的电负性递增。这是因为,从左到右核电荷数递增,而原子半径递减,对电子的吸引力增强之故。长周期中,副族元素电负性变化不那么规律,但总趋势仍与短周期相同。

(2) 同族元素,自上而下,元素的电负性递减。同类副族元素变化不显著。

(3) 金属元素电负性较小,而非金属元素的电负性较大。一般说,电负性 $\chi = 2.0$,可作为近似判断金属和非金属的界限。

表 1-7 电负性值

ⅠA	ⅡA											ⅢA	ⅣA	ⅤA	ⅥA	ⅦA	0
H 2.2																	He
Li 1.0	Be 1.5											B 2.0	C 2.6	N 3.1	O 3.5	F 4.0	Ne
Na 0.9	Mg 1.2	ⅢB	ⅣB	ⅤB	ⅥB	ⅦB	Ⅷ			ⅠB	ⅡB	Al 1.5	Si 1.9	P 2.2	S 2.6	Cl 3.2	Ar
K 0.8	Ca 1.0	Sc 1.3	Ti 1.5	V 1.6	Cr 1.6	Mn 1.5	Fe Ⅱ1.8 Ⅲ1.9	Co 1.8	Ni 1.8	Cu Ⅰ1.9 Ⅱ2.0	Zn 1.6	Ga 1.6	Ge 1.9	As 2.0	Se 2.5	Br 2.9	Kr
Rb 0.8	Sr 1.0	Y 1.3	Zr 1.3	Nb 1.6	Mo 1.8	Tc 1.9	Ru 2.2	Rh 2.2	Pd 2.2	Ag 1.9	Cd 1.7	In 1.7	Sn Ⅱ1.8 Ⅳ1.9	Sb 2.1	Te 2.3	I 2.7	Xe
Cs 0.7	Ba 0.9	La 1.1	Hf 1.3	Ta 1.3	W 1.7	Re 1.9	Os 2.2	Ir 2.2	Pt 2.2	Au 2.4	Hg 1.9	Tl 1.8	Pb 1.8	Bi 1.9	Po 2.0	At 2.2	Rn
Fr 0.7	Ra 0.9	Ac 1.1															

La 1.1	Ce 1.1	Pr 1.1	Nd 1.1	Pm	Sm 1.1	Eu	Gd 1.1	Tb	Dy 1.2	Ho 1.2	Er 1.2	Tm 1.2	Yb	Lu 1.2
Ac 1.1	Th 1.3	Pa 1.5	U 1.7	Np 1.3	Pu 1.3	Am 1.3	Cm 1.3	Bk 1.3	Cf 1.3	Es 1.3	Fm 1.3	Md 1.3	No 1.3	Lr

电负性在化学中是一重要概念，可用来判断元素的正负化合价和化学键的类型。电负性较大的元素，在形成化合物时，一般表现为负化合价，而电负性较小者常为正价。电负性相差很大（如 $\Delta\chi \geqslant 1.7$ 时）的元素的化合物以离子键为主；电负性相同或相近的非金属元素间将以共价键相结合，电负性差值越大，键的极性越强。电负性相同或近似的金属元素相互以金属键结合，形成各类合金。离子键、共价键、金属键是三种极限键型，其间存在一系列的过渡性化学键。

5. 氧化数

氧化数表示一种元素的原子在化合物中所带的形式（或表观）电荷数，它与中学的化合价概念总体是一致的，但化合价只能是整数，而氧化数则可以为分数。例如，在 Fe_3O_4 中铁的氧化数为+8/3，在连四硫酸钠（$Na_2S_4O_6$）中，硫的氧化数为+5/2 等。

确定氧化数的原则是：

(1) 离子化合物中，元素原子的氧化数等于离子的正、负电荷数；对复杂离子，所有元素原子的氧化数的代数和等于该离子的电荷数。

(2) 共价化合物中，电负性较大者氧化数为负，电负性较小者氧化数为正，总的代数和为零。

(3) 氢的氧化数为+1 或-1（在盐型氢化物中）；氧的氧化数一般为-2（过氧化物中为-1；氟化物 OF_2、O_2F_2 中分别为+2 和+1）。

显然，元素单质中原子的氧化数为零。

元素的氧化数与原子的电子构型特别是价电子层构型密切相关。价电子层是元素原子在形成化学键时，电子构型可能发生改变的那些电子亚层；价电子则指原子中能用来形成化学键的电子。价电子层构型也称外层电子的结构。主族元素价电子层就是 ns 或 $ns+np$；而副族元素则为 $(n-1)$d 和 ns 亚层。

周期表中，元素原子的价电子层周期性递变，故其最高氧化数也呈周期性变化。同周期主族元素从左到右，其最高氧化数依次递增；同族元素从上而下，其最高氧化数相同，且氧化数变化规律也基本相同。副族元素的最高氧化数大体与主族元素变化相同。主、副族元素的价电子层构型与最高氧化数的关系列于表 1-8 和表 1-9 中。

表 1-8 主族元素的价电子构型与最高氧化数

族	ⅠA	ⅡA	ⅢA	ⅣA	ⅤA	ⅥA	ⅦA	0
价电子构型	ns^1	ns^2	ns^2np^1	ns^2np^2	ns^2np^3	ns^2np^4	ns^2np^5	ns^2np^6
最高氧化数	1	2	3	4	5	6	7	0

表 1-9 副族元素的价电子构型与最高氧化数

族	ⅠB	ⅡB	ⅢB	ⅣB
价电子构型	$(n-1)d^{10}ns^1$	$(n-1)d^{10}ns^2$	$(n-1)d^1ns^2$	$(n-1)d^2ns^2$
价电子数	1	2	3	4
最高氧化数	1	2	3	4
族	ⅤB	ⅥB	ⅦB	Ⅷ
价电子构型	$(n-1)d^3ns^2$	$(n-1)d^4ns^2$	$(n-1)d^5ns^2$	$(n-1)d^{6\sim8}ns^2$
价电子数	5	6	7	8～10
最高氧化数	5	6	7	8～10

视频 1-13

有关原子结构理论模型的说明

综上所述，我们选择性地列出原子半径、电离能、电子亲和能、电负性和氧化数等性质变化的周期性。其实，元素周期表中包含了大量元素及化合物的信息，预言新元素和新化合物的理论，例如，铀后的元素都是在元素周期表的指导下人工合成的。通过已知的周期性变化外推，对 $Z=121\sim154$ 序列内计算的能级表明，在 14 种 6f 元素之前，可能出现一个前所未有的、包括 18 种元素的 5g 系列，等等。

1.2 离子化合物结构概念

视频 1-14

化学键、离子键的形成与特征

分子中相邻原子间相互结合的强烈作用力，称为化学键。化学键的本质是一种电磁作用力。

原子间化学键的形成与分子中化学键的断裂，这种“破旧立新”的过程，是最基本的化学反应。研究化学键的性质，不仅可以深刻理解化学变化的内因，还可了解外部因素对物质内部结构和性质的影响，预示物质化学变化的规律。

化学键有三大类型，即离子键、共价键和金属键。有的书上单列出了配位键，配位键是共价键的一种特殊形式，本书不单独讨论。金属键也比较独立，本书也不作讨论。

1.2.1　离子键的形成

活泼的金属原子与活泼的非金属原子，通常在电负性 $\Delta\chi \geqslant 1.7$ 时，就形成正、负离子并经库仑作用力结合的稳定而典型的离子键。由离子键形成的化合物，称为离子化合物。

下面，以 Na(g) 和 Cl(g) 形成 Na^+–Cl^- 离子对为例，计算过程中的能量变化。

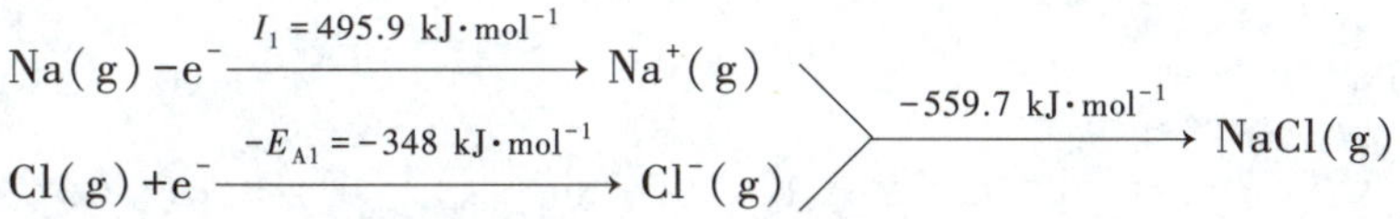

已知 Na(g) 的 $I_1 = 495.9\ \text{kJ}\cdot\text{mol}^{-1}$（其中 I_1 为第一电离能）；Cl(g) 的 $E_{A1} = 348\ \text{kJ}\cdot\text{mol}^{-1}$（其中 E_{A1} 为第一电子亲和能）；电离需吸收能量（热化学规定为正值），电子亲和则放出能量（热化学规定为负值）；而 Na(g) 和 Cl(g) 间的吸引，又会放出能量（$-559.7\ \text{kJ}\cdot\text{mol}^{-1}$），总过程是能量放出（$-411.8\ \text{kJ}\cdot\text{mol}^{-1}$）。当然，上述计算没有计入 Na(s) 汽化及 Cl_2(g) 解离为原子所需要的能量，但两者总和仍小于 $-411.8\ \text{kJ}\cdot\text{mol}^{-1}$。可见，根据能量最低原理，$Na^+Cl^-$ 的形成比孤立的 Na 原子和 Cl 原子能量低得多，因而稳定得多。

离子化合物常以晶体形式存在。在离子晶体中，正、负离子按一定的方式交替排列在空间无限延伸，而形成一个巨型“分子”。因此，离子化合物的化学式只表示其晶体中，正、负离子数量的最简比。例如，在 NaCl 晶体中 Na^+ 与 Cl^- 的个数比为 1∶1，在 K_2S 晶体中 K^+ 与 S^{2-} 的个数比为 2∶1 等。

1.2.2　离子的特征

离子化合物的性质，取决于离子的下述特征。

（1）离子的电荷　离子的电荷应等于原子获得（形成负离子）或失去（形成正离子）的电子数。如前所述，由于逐级电离能的显著增加和第二、第三电子亲和时需吸收能量，因此，电荷较大的正、负离子都不可能存在。一般说简单正离子的电荷不大于+4，负离子电荷不小于−3。

（2）离子半径　如果认为，晶体中正、负离子相互接触，则其间的平衡距离就可看作是离子半径之和：

$$d_0 = r_+ + r_-$$

利用 X 射线衍射法，可测出平衡距离 d_0，由此，可用各种不同的方法计算各种离子的半径值。表 1-10 中列出 Pauling 的离子半径数值。从表中可看出离子半径也呈现周期性变化。

① 同一周期中，核外电子数相同的正离子间，离子电荷越大，其半径越小。核外电子数相同的负离子间，其半径随负电荷增大而略有增加。

② 同族的主族元素的离子半径从上到下递增。

③ 同一元素不同价态的离子，负离子半径大于原子半径，也大于正离子半径；正离子价态越高，其离子半径越小，即

$$r_{-} > r_{原} > r_{+}; \qquad r_{低价} > r_{高价}$$

就整个周期表来说，负离子半径（130～220pm）一般比正离子半径（30～170pm）要大。

表 1-10　离 子 半 径

单位：pm

		Li^+	Be^{2+}													
		68	35													
O^{2-}	F^-	Na^+	Mg^{2+}	Al^{3+}												
132	133	97	66	51												
S^{2-}	Cl^-	K^+	Ca^{2+}	Sc^{3+}	Ti^{4+}	Cr^{3+}	Mn^{2+}	Fe^{3+}	Co^{2+}	Ni^{2+}	Cu^{2+}		Zn^{2+}	Ga^{3+}	Ge^{2+}	As^{3+}
184	181	133	99	73	68	63	80	64	72	69	72		74	62	73	58
Se^{2-}	Br^-	Rb^+	Sr^{2+}					Fe^{2+}				Ag^+	Cd^{2+}	In^{3+}	Sn^{2+}	Sb^{3+}
191	196	147	112					74				126	97	81	93	76
Te^{2-}	I^-	Cs^+	Ba^{2+}										Hg^{2+}	Tl^{3+}	Pb^{2+}	Bi^{3+}
211	220	167	134										110	95	120	96
外层8（或2）个电子						外层9～17个电子							外层18个电子		外层（18+2）个电子	

（3）离子的电子构型　所有的负离子都是由原子的价电子层获得电子形成的，其电子构型均为 ns^2np^6（H^- 为 $1s^2$）。

正离子的电子构型要复杂得多。原子在失电子时，总是失去最外电子层中的电子；同一电子层中则按 f>d>p>s 的次序失去电子；所以，金属正离子的电子构型有如下四类：

① 2，8 电子构型：如 Li^+、Be^{2+} 和 Na^+、Al^{3+} 等；

② 18 电子构型：如 Zn^{2+}（2，8，18）和 Sn^{4+}（2，8，18，18）等；

③ "18+2"电子构型：如 Sn^{2+}（2，8，18，2）和 Bi^{3+}（2，8，32，18，2）等；

④ 不规则（9～17）电子构型：如 Cr^{3+}（2，8，11）和 Fe^{2+}（2，8，14）等。

离子键的强度与正、负离子的电荷成正比，而和离子半径成反比。对类型相同的化合物来说，正、负离子的电荷越大，半径（或核间距）越小，离子间的静电作用力就越强。这可由相应的物理性质反映出来，如熔点升高、硬度变大、在水中的溶解度变小等，见表 1-11 所列的卤化物和氧化物的性质比较。硝酸盐易溶于水，卤化物大多溶于水，而氧化物、硫化物和磷酸盐等，由于负电荷较大，键的强度增加，大多难溶于水。

表 1-11　若干离子化合物的性质比较

晶体	卤化物				氧化物			
	NaF	NaCl	NaBr	NaI	MgO	CaO	SrO	BaO
核间距 d_0/pm	231	279	294	318	210	240	257	277
熔点/K	1266	1074	1028	924	3125	2843	2703	2196
莫氏硬度（金刚石=10）	3.2	3.0	—	—	6.5	4.5	3.5	3.3

1.2.3 离子极化

视频 1-15
离子极化

当两个带相反电荷的离子接近时，必然产生相互影响。带正电荷的正离子，会吸引负离子的最外层电子，并排斥其原子核，这就引起负离子电子云的变形。这种作用，称为离子极化。在离子化合物中，正、负离子相互极化。正离子半径小，不易变形而极化力强；负离子半径较大，则易变形而极化力小，易被极化。极化的结果，使正、负两离子间电子概率密度变大，从而增加了某些共价键的成分 。如果正、负离子间相互吸引强烈极化，则将由离子键过渡为共价键（图 1-11）。

离子极化的一般规律是：

（1）负离子半径越大，电荷越大，越易被极化；

（2）正离子半径越小，电荷越大，极化力越强；

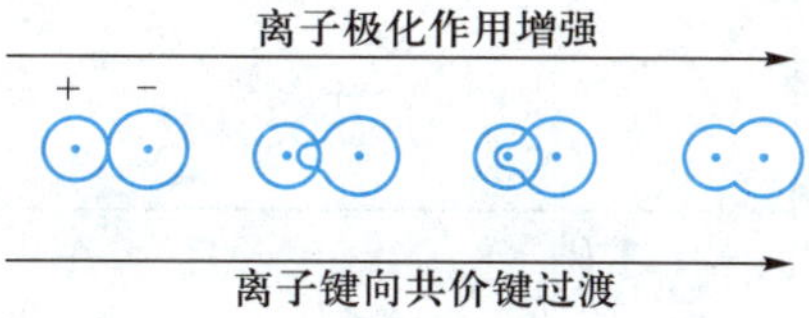

图 1-11 离子的极化

（3）在离子半径和电荷相同时，正离子的极化力大小与电子构型有关。一般是：8 电子构型离子<不规则电子构型离子<18 电子构型和“18+2”电子构型离子。因离子极化而带来的键型过渡会使化合物的物理性质、化学性质，如颜色、熔点、沸点、溶解度等发生改变。键型过渡，使键的极性减弱，从而缩短了原正、负离子的距离。例如，AgI 晶体中 Ag^+ 与 I^- 的距离按离子半径之和约为（126+220）pm = 346pm，实则为 299pm，缩短了 47pm。又如，Na^+ 和 Cu^+ 所带电荷相同，离子半径也相近，但两者的电子构型不同，Na^+ 为 8 电子构型，而 Cu^+ 为 18 电子构型，极化力较强，Cu^+ 与 Cl^- 相互极化作用显著，使 Cu^+ 与 Cl^- 间的化学键由离子键向共价键过渡，这样 CuCl 在水中的溶解度和解离度都急剧降低，事实上，CuCl 是难溶于水的弱电解质。

离子的极化形成共价键是一个很粗浅的概念，与后续介绍的共价键相关理论没有直接关系，是相互独立的理论模型。

1.3 共价化合物分子结构理论

1.3.1 价键理论

视频 1-16
共价键及其特性

1. 共价键的形成

价键理论（简称 VB 法）是 1927 年 Heitler（海特勒，英国）和 London（伦敦，英国）在电子配对成键的基础上用量子力学处理氢分子时提出的，后经不少学者的工作而得到发展。

当两个氢原子由远及近到较小距离时，原子间的相互作用与电子的自旋状态密切相关。如果电子自旋方向相反，则在到达平衡距离 a_0 之前，原子间的作用是相互吸引的，即系统的能量将随 r 的减小而迅速降低；在到达平衡距离 a_0 后，系统的能量却会随 r 的减小而急剧升高。因此，H_2 分子可在平衡距离附近振动而稳定存在，这种状态称为 H_2 的基态。如果两个电子接近时，其自旋相同，则原子间的作用是排斥的，不能形成稳定的分子，称为 H_2 的排斥态。图 1-12(a) 中表示出这一过程，其中 E_s 和 E_a 分别表示两种不同的能量变化。

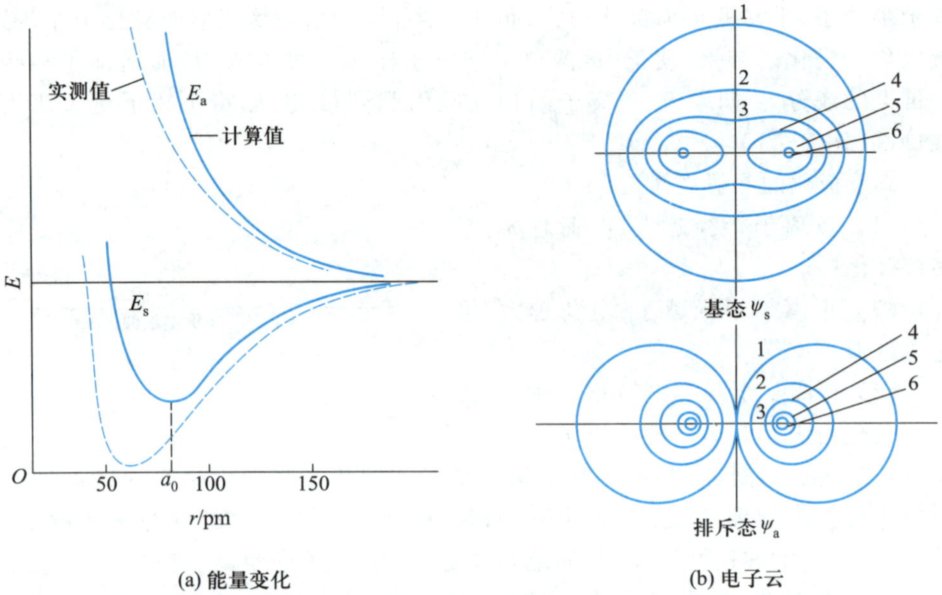

图 1-12 氢分子中两原子间的能量变化及氢分子两种状态的电子云分布图

从电子云分布图[图 1-12(b)]可看出，与 ψ_s 相对应的电子云分布，在核间密集，而与 ψ_a 相对应的电子云分布，则与此相反。这是 Pauli 不相容原理应用于分子形成的必然结果，也是共价键的本质所在。

价键理论又称电子配对法，其要点可归纳为二：

(1) 原子可能形成的共价键数，取决于原子中可能的未成对电子数。原子中的未成对的电子数是有限的，所以形成共价键的数目也是有限的，这叫作共价键的饱和性。

(2) 电子配对时，相应的原子轨道 ψ 相互重叠；重叠越多，核间电子概率密度就越大，形成的共价键越牢固。图 1-12(a) 氢分子中两原子间的能量变化，实线为理论计算值，$a_0 = 74$pm；虚线为实验测定值，$a_0 = 53$pm。这叫原子轨道的最大重叠原理。除 s 轨道外，其余所有的原子轨道的空间分布都有一定的方向性，因此，原子间只有某些方向上相互接近才能保证有较大的有效重叠。这就是共价键的方向性，决定了共价分子都具有特定的几何形状。

显然，离子键是没有饱和性和方向性的。一个离子可以吸引其周围所有方向上的任何数量的异号离子，只是作用大小有所不同而已。

2. 共价键的类型及特性

根据原子轨道重叠方式的不同，共价键有 σ 键和 π 键两个基本类型。

(1) σ 键　原子轨道的重叠部分，对于键轴具有圆柱形对称的共价键，形象地说，原子轨道以“头碰头”的方式沿键轴重叠，如 s-s，s-p，p-p 形成的 σ 键等。σ 键在两核间电子概率密度较大，结合较牢固；重叠部分可以任意旋转，形状、符号均不改变；它可单独存在于所有的共价键分子中(图 1-13)。

(2) π 键　原子轨道的重叠部分是沿键轴的上、下方，即以“肩并肩”的方式重叠，成为共价 π 键。例如，两个 p_z 轨道相位(即正、负号)相同部分沿 x 轴方向重叠，其重叠部分对等地分布在包含键轴的 xy 平面上、下两侧。因此，π 键重叠程度较小，电子云密集于键轴的上、下方。核对电子的吸引力较小，电子的流动性大，键易断裂，且不能单独存在。

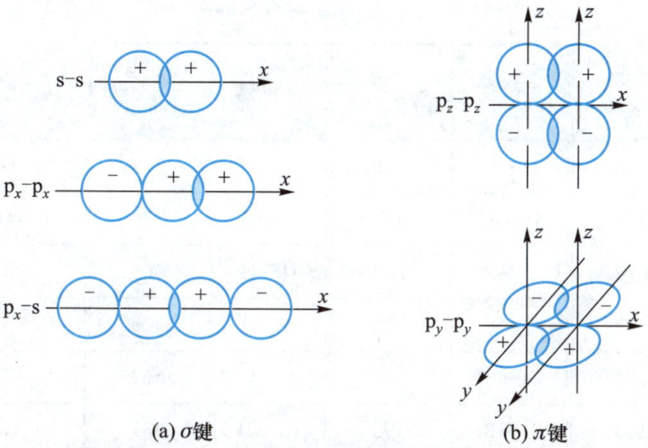

图 1-13　σ 键和 π 键的形成

共价单键一般是 σ 键，如 H_2 分子的 1s-1s 重叠，F_2 分子中 $2p_x$-$2p_x$ 重叠，HF 分子中 1s-$2p_x$ 重叠形成的共价键。而共价双键和三键中，除 σ 键外，还有 π 键形成。例如，氮分子中，有一个 σ 键，两个 π 键，氮原子中有 3 个未成对的 2p 电子，两个氮原子的 $2p_x$ 轨道沿 x 轴(键轴)方向“头碰头”地叠加形成一个 σ 键。其余的两个 $2p_y$ 和 $2p_z$ 轨道处在与键轴垂直的位置，所以又能分别从侧面以“肩并肩”的方式重叠，而形成两个相互垂直的 π 键(图 1-14)。

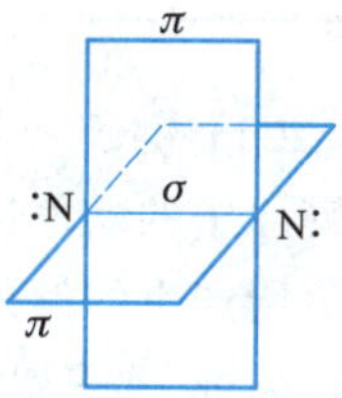

图 1-14　氮分子中的 σ 键和 π 键

可见，共价双键包含一个 σ 键和一个 π 键；三键则由一个 σ 键和两个 π 键组成，即 π 键不能单独存在。

3. 键参数

分子中决定键的性质如键能、键长、键角和键矩等物理量，通称键参数。

(1) 键能　在 100.0 kPa 下，298 K 时破坏单位物质的量共价键，使气态 A—B变为中性气态原子 A，B 所需的能量，称为 A—B 键的键能，用符号 E 表示，其单位为 $kJ\cdot mol^{-1}$。

$$A—B(g) \longrightarrow A(g)+B(g)$$

对多原子分子，则规定在上述条件下，单位物质的量气态分子分解为中性气态原子时所需要总能量的平均值。例如，甲烷分解为 1 个 C 和 4 个 H 原子：

$$CH_4(g) \longrightarrow C(g)+4H(g)$$

所需要的总能量为 1648 $kJ\cdot mol^{-1}$。由此，可计算出 C—H 共价键的平均键能 $E_{C-H}=(1648/4)\,kJ\cdot mol^{-1}=412\ kJ\cdot mol^{-1}$。表 1-12 中列出若干共价键、双键和三键的键能。

键能的大小可以衡量共价键的强弱。从表 1-12 中可见，共价键的双键键能大于单键键能，三键键能又大于双键键能，但 $E_{C=C}$ 不等于 E_{C-C} 的 2 倍，说明 π 键键能要比 σ 键小得多。

表 1-12　某些共价键键能

共价键	键能/$kJ\cdot mol^{-1}$	共价键	键能/$kJ\cdot mol^{-1}$	共价键	键能/$kJ\cdot mol^{-1}$	共价键	键能/$kJ\cdot mol^{-1}$
H—H	436	O—O	146	Si—H	318	C—O	360
C—C	348	O═O	496	N—H	388	C═O	743
C═C	612	S—S	264	O—H	463	C—N	305
C≡C	837	F—F	158	S—H	338	C≡N	890
Si—Si	176	Cl—Cl	242	F—H	562	C—F	484
N—N	163	Br—Br	193	Cl—H	431	C—Cl	338
N═N	409	I—I	151	Br—H	366	C—Br	276
N≡N	944	C—H	412	I—H	299	C—I	238

（2）键长　是成键原子的核间平均距离，等于成键原子共价键半径之和。如成键原子的电负性相差较大，则键长明显地小于半径的加和值。这是因为电负性差值所产生的额外吸引力，使键长偏短。一般来说，两原子的电负性差越大，键的极性越强，离子键成分越大，键长与半径加和的差值就越大。例如，H 的共价半径为 37pm，F 的共价半径为 64pm，则 H—F 键长计算值应为 (37+64) pm = 101pm，而实测值为 92pm。原子如形成多重键时，键长会缩短。键长缩短，键能增加，共价键更为稳定。若干共价键键长列于表 1-13 中。

表 1-13　某些共价键键长

共价键	键长/pm	共价键	键长/pm	共价键	键长/pm
H—H	74	N≡N	110	Br—Br	228
C—C	154	Si—Si	235	I—I	267
C═C	134	O—O	132	C—H	109
C≡C	120	O═O	121	N—H	101

续表

共价键	键长/pm	共价键	键长/pm	共价键	键长/pm
N—N	146	F—F	142	O—H	96
N＝N	129	Cl—Cl	199	F—H	92

（3）键角　分子中相邻的两个共价键间的夹角，称为键角。实测，键角通常为60°~180°。表1-14中列出某些分子中的共价键键角。键角是共价键方向性的反映，决定了分子的几何构型，例如，键角为180°的分子，应为直线形；键角为120°时，分子为正三角形；键角为109.5°时，共价分子几何构型是正四面体形，等等。分子的几何构型，将在1.3.2节讨论。

表1-14　某些分子和离子中的键角

分子	键角	分子	键角	分子	键角
CO_2	∠OCO 180°	NO_3^-	∠ONO 120°	NH_3	∠HNH 107.3°
HCN	∠HCN 180°	HCHO	∠HCH 119°	H_2O	∠HOH 104.5°
BF_3	∠FBF 120°	CH_4	∠HCH 109.5°	H_2S	∠HSH 92.2°
SO_3	∠OSO 120°	CH_3Cl	∠HCH 110.5°	SF_6	∠FSF 90°

（4）共价键的极性和键矩　电负性不同的原子间形成的共价键，具有程度不同的极性。键的极性用离子百分数或**键矩**的大小来衡量。

键的离子百分数与成键原子的电负性差（$\Delta\chi=\chi_A-\chi_B$）成正比。$\Delta\chi=0$时（即相同原子）形成非极性共价键；$|\Delta\chi|>0$，则为极性共价键，$\Delta\chi$的数值越大，键的极性越强；当$\Delta\chi\geqslant1.7$时，则成为离子键。键矩等于原子的净电荷量q与键长l的乘积，即

$$\mu=q\cdot l \tag{1-4}$$

键矩的单位为C·m（库仑·米）。若电荷量为一个电子（1.602×10^{-19}C）的正、负电荷相距10^{-10}m，则键矩$\mu=1.602\times10^{-29}$C·m。在高斯单位制中，键矩单位通常用D（德拜）表示，1D=10^{-18}esu·cm（绝对静电单位·厘米）=3.34×10^{-30} C·m。故换算得1μ=4.8D。

显然，键矩越大，键的极性就越强。

用电子衍射、X射线的技术，可以精确测出键长和键角，随着测试手段的发展，20世纪80年代出现的扫描隧道电镜，已能观察到分子的结构。

价键理论很好地阐明了共价键的形成过程、共价键的类型与特征，以及键的

参数等重要概念，对于双原子分子的性质解释得也比较好。但是对于大多数多原子分子就不能很好地解释了。一是形成化学键的数目与未成对的电子数目不相符，例如，碳原子的未成对电子数为2，而碳原子通常形成4个共价键；二是对多原子分子的空间结构解释不了或键角不对，例如，H_2O的键角不是90°，NH_3的键角也不是90°。

1.3.2　原子轨道杂化理论

1. 理论要点

先从甲烷CH_4的分子说起。碳原子经少量能量激发后，外层构型可成为$2s^1 2p_x^{\,1} 2p_y^{\,1} 2p_z^{\,1}$，即有4个未成对电子，可与4个H原子中的$1s^1$电子配对，形成4个C—H键，其中3个键是由C原子中的2p电子，1个键是由其2s电子形成的。CH_4的空间构型似应是3个键在空间相互垂直（键角为90°），而第4个共价键则是无方向性的（s-s重叠）。但实验证明，CH_4分子是正四面体形，4个共价键的键能、键长和键角均相同。

视频1-17 共价分子的空间构型

视频1-18 杂化轨道理论①

视频1-19 杂化轨道理论②

为了解释类似的矛盾，Pauling等人在价键理论的基础上提出了杂化轨道理论。他们认为原子轨道是波函数（ψ），具有波的性质，可以叠加或混杂。该理论要点是：

（1）在形成分子的过程中，由于原子间的相互影响，从而使**同一原子**中能量相近、类型不同的原子轨道“混杂”起来，组成新的原子轨道。这一过程，称为轨道的杂化。组成的新原子轨道，称为杂化轨道。

（2）参加杂化的原子轨道数等于新形成的杂化轨道数；杂化轨道的能级和空间分布发生了变化，和其他原子成键时一般只能形成σ键。

杂化是为了增加成键能力，有利于降低能量使形成的分子更加稳定，图1-15中分别表示出1个s轨道和1个p轨道的图像，以及sp“杂化”后形成的1个sp轨道图像[为了表示方便常画成图1-15中sp（Ⅱ）所示的缩写形状]。从图中可见，杂化轨道使原来平均分布在对称轴两个方向上的p轨道，一半变大，一半变小，使轨道沿轴一个方向集中分布。当与其他原子成键时，重叠部分增大而使成键能量增强。因此原子在结合成分子时，总是尽可能地采取杂化轨道形成共价键。

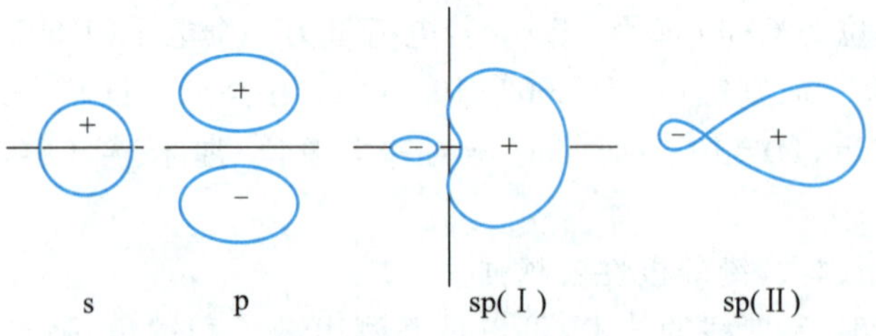

图1-15　s，p轨道与sp杂化轨道图像的比较

2. 杂化轨道的类型

在同一原子中，只要能量相近的原子轨道均可形成杂化轨道，因此，s，p，d 轨道间可形成各种的杂化轨道。

（1）sp 杂化　1 个 *n*s 轨道和 1 个 *n*p 轨道组合形成的两个杂化轨道，叫 sp 杂化轨道。这种轨道各含 1/2 的 s 成分和 1/2 的 p 成分。两个轨道形成一直线，键角为 180°，即分子具有直线形的构型。

试以 $BeCl_2$ 为例。Be 原子在成键过程中，吸收了外界很小的能量，2s 轨道的两个电子中的一个激发到 2p 轨道，形成 $2s^1 2p^1$ 的构型，经杂化组合成两个 sp 杂化轨道，并与自旋相反的 Cl 原子上的 p 轨道重叠成键，生成 $BeCl_2$ 直线形共价分子（图 1-16）。

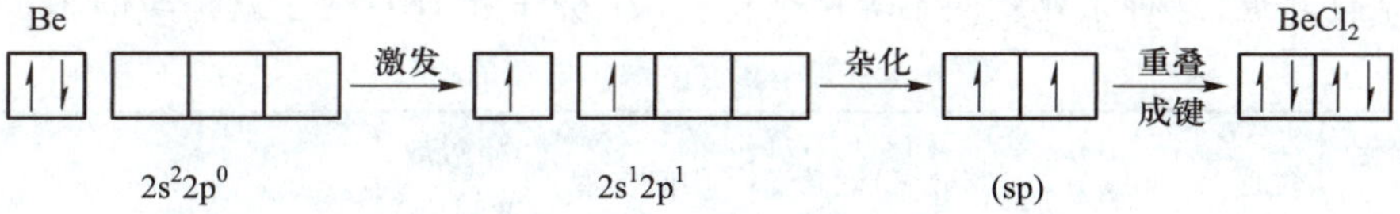

图 1-16　$BeCl_2$ 分子的形成

（2）sp^2 杂化　同一原子中的 1 个 *n*s 轨道和 2 个 *n*p 轨道组合形成的 3 个杂化轨道，叫 sp^2 杂化轨道。这类轨道含 1/3 的 s 成分和 2/3 的 p 成分。三个轨道呈平面三角形，键角 120°。

试以 BF_3 分子为例。基态 B 原子在成键过程中受到激发，其中 2s 轨道的一个电子跃迁到 2p 轨道的一个空轨道上，并由 1 个 s 轨道和 2 个 p 轨道进行杂化，形成 3 个等同的 sp^2 杂化轨道；再与 F 原子的 p 轨道成键，形成 BF_3 共价分子（图 1-17）。又如，乙烯 $CH_2{=}CH_2$ 也是 sp^2 杂化。其中 C 原子分别与另一个 C 原子和 2 个 H 原子分别形成 3 个 σ 键，剩下的第三个 p 轨道的电子则在与平面三角形相垂直的方向上形成 π 键。

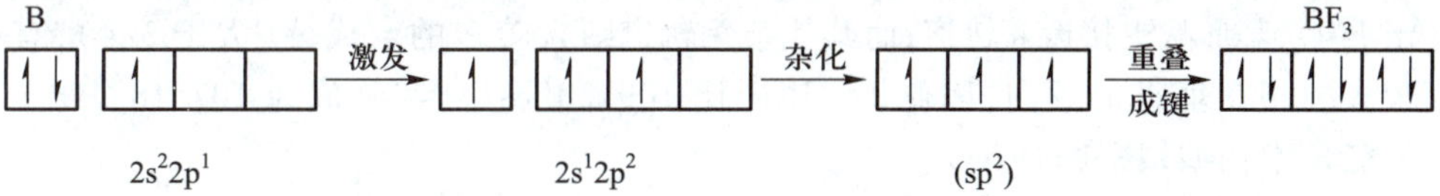

图 1-17　BF_3 分子的形成

（3）sp^3 杂化　1 个 *n*s 轨道和 3 个 *n*p 轨道组合形成的 4 个杂化轨道，叫 sp^3 杂化轨道。每个 sp^3 杂化轨道含有 1/4 的 s 成分和 3/4 的 p 成分。4 个轨道在空间分别指向正四面体的 4 个顶点，键角为 109.5°（准确的值为 109°28′）。

前面提到的甲烷（CH_4）就是 sp^3 杂化的极好例证。基态 C 原子经激发后，外围电子构型为 $2s^1 2p_x^1 2p_y^1 2p_z^1$，1 个 s 轨道和 3 个 p 轨道杂化形成 4 个 sp^3 杂化轨道，并分别与 4 个 H 原子的 1s 轨道成键而形成 CH_4 分子。C 原子处于正四面体中心，4 个 C—H 键分别指向正四面体的顶点，即 CH_4 分子具有正四面体的构型：

4 个 C—H 的键能、键长和键角均相同，圆满地解释了实验事实(图 1-18)。

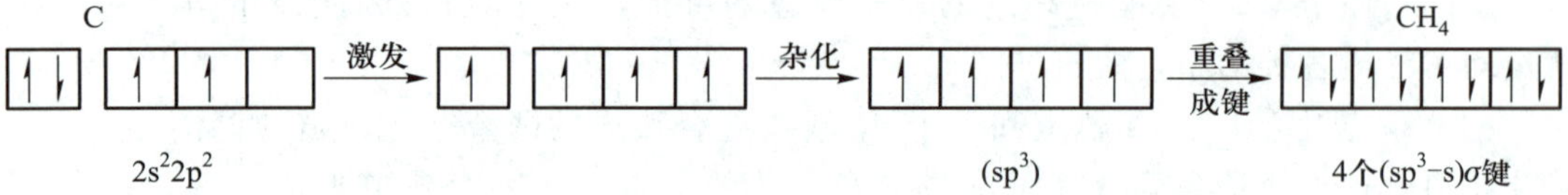

图 1-18　CH_4分子的形成

以上三种 s-p 杂化类型的比较，可见表 1-15。

(4) 不等性杂化　上述 sp 杂化，sp^2杂化和 sp^3杂化，形成的一组(分别为 2，3，4 个)能量相等、成分相同的杂化轨道，叫等性杂化，如杂化后形成不完全等同的杂化轨道，这种杂化就叫不等性杂化。NH_3分子和 H_2O 分子就是实例。

表 1-15　sp，sp^2，sp^3杂化轨道的比较

杂化轨道	轨道数	s 成分	p 成分	键角	几何构型	相对成键强度*	实例
sp	2	1/2	1/2	180°	直线形	1.932	CO_2，$HgCl_2$，HC≡CH，HCN
sp^2	3	1/3	2/3	120°	平面正三角形	1.991	SO_3，BCl_3，HCHO H_2C=CH_2
sp^3	4	1/4	3/4	109°28′	正四面体形	2.000	SiH_4，NH_4^+，C_2H_6，SO_4^{2-}

* 以 s 轨道为 1.000，p 轨道为 1.732 的相对值。

① NH_3的分子结构。N 的基态原子外围电子为 $2s^22p^3$构型，2s 和 2p 实行 sp^3杂化后，已经成对的 2 个电子占据 1 个杂化轨道，3 个未成对电子各占 1 个杂化轨道，再与 3 个 H 原子的 1s 轨道重叠成键。原子中已成对的电子(叫孤对电子)未参与成键，由于孤对电子所占据的杂化轨道离核更近，含有较多的 s 成分(大于 1/4)，其形状更接近 s 轨道；而其他杂化轨道则含较多的 p 成分(大于 3/4)，有较多的相互垂直的倾向，因此，∠HNH 比 109°28′要小，实测值为 107°18′，分子呈三角锥构型[图 1-19(a)]。

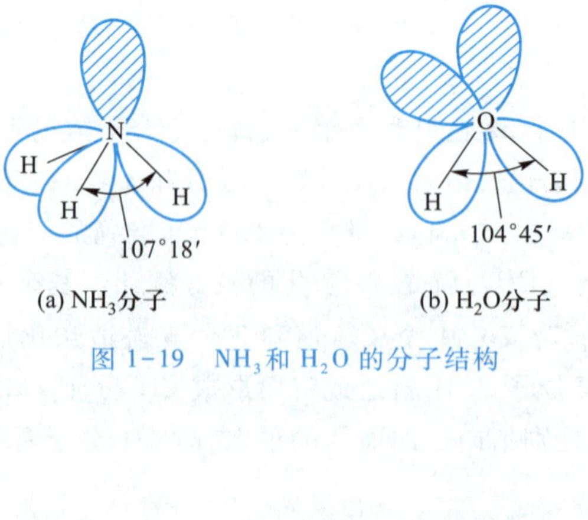

图 1-19　NH_3和 H_2O 的分子结构

② H_2O 的分子结构。氧原子的 2s 轨道和 2p 轨道进行 sp^3 杂化后，氧原子中已有的 2 个孤对电子占据两个杂化轨道，另 2 个电子各占 1 个杂化轨道，并分别与 2 个 H 原子成键。由于氧原子上有 2 对孤对电子，对成键原子对的排斥作用增大（比 NH_3 分子中要大），故其键角应比 NH_3 分子的要小，实测值为 104°45′，即水分子呈 V 形构型[图 1-19(b)]。

配合物（主要是配离子）的空间构型与中心原子的杂化方式和配位数有密切的关系。为形成更为稳定的构型，多数情况下，中心原子的 d 轨道也会参与杂化，此处不再赘述。

杂化轨道理论实际上是价键理论的延伸，它是把原子的价层轨道改造以后成为新的原子轨道，然后再按价键理论重叠成键。这样使得原子核外的电子分布的对称性提高，能量降低。

杂化轨道理论很好地解释了大多数原子形成分子的共价键数目和分子的空间结构，为现代分子结构的确定做出了重要贡献，被人们普遍接受。但任何理论模型总有一定局限性，不能完全与客观事实吻合或不能完全解释客观物质的所有性能。首先它不能定量说明键能的大小，如不能解释 N_2 的稳定性、O_2 的顺磁性等；其次对一些分子的空间结构也不能解释，如正四面体的 SO_4^{2-} 结构。

1.3.3 价层电子对互斥理论

视频 1-20 价层电子对互斥理论

20 世纪 50 年代后期，Gielespie（吉列斯派，加拿大）等人在总结前人工作的基础上，提出了“价层电子对互斥理论（VSEPR 理论）”，成为无机立体化学理论的重要组成部分。VSEPR 理论是继杂化轨道理论后，用来预测无机分子（离子）空间构型的重要方法。其特点是简便，容易掌握，不需应用原子轨道概念，而判断和预言分子结构的准确性又很高，故被普遍接受。

1. 理论要点

VSEPR 理论的中心观点是：对 AB_n 型多原子分子（或原子团、复杂离子等）的几何构型主要取决于中心原子 A 价层中的电子对（包括成键电子对和孤对电子），它们之间趋向于尽可能相互远离，以使排斥作用为最小，这种构型最为稳定。

（1）价层电子对全为单键时是理想情况，各电子对尽可能采取对称结构，相互间排斥为最小。根据中心原子 A 上的电子对数目为 2，3，4，5 和 6 时，应分别具有直线形、三角形、四面体形、三角双锥形和正八面体形等几何构型。

电子对数	2	3	4	5	6
分子几何构型	直线形	三角形	四面体形	三角双锥形	正八面体形

（2）价层电子对数目的确定方法是：

$$\text{价层电子对数目}=\frac{\text{中心原子 A 的价电子数}+\text{配位原子 B 提供的共用电子数}}{2}$$

当氧族元素 O，S 等作配位原子时，可以认为它们从中心原子 A 接受两个电子成键，自身不提供电子。

(3) 价层中如有未共用的孤对电子，它也占有一成键电子对的位置。由于孤对电子无法用实验方法观测，分子结构不包含孤对电子，因此，分子的空间构型将有变化。孤对电子只受中心原子核的吸引，在原子周围所占空间较大，对相邻电子对产生较大的排斥而使理想情况变形，键角变小。价层中不同类型电子对之间排斥作用的顺序为

孤对电子-孤对电子>孤对电子-成键电子对>成键电子对-成键电子对

(4) 多原子构成的离子，在计算其价层电子数时，应加上(负离子)或减去(正离子)该离子相应的电荷数。

(5) 分子(或离子)中的双键和三键，仍以一个单键，即一对电子来计算。或者说以 O，S 为配位原子时，只计算其提供的电子。表 1-16 中列出根据 VSEPR 理论排出的 AB_n 型分子(或离子)的理想构型，再根据上述要点即可预测出该分子(或离子)的几何构型。

表 1-16　AB_n 型分子(或离子)的空间构型

价层电子对数	电子对的排列方式	分子类型	孤对电子对数	分子构型	实例
2	直线形	AB_2	0	直线形	BeH_2，$BeCl_2$，$Hg(CH_3)_2$，$[Ag(NH_3)_2]^+$，CO_2，CS_2
3	正三角形	AB_3	0	正三角形	BF_3，SO_3，CO_3^{2-}
		AB_2	1	角形(V 形)	$SnCl_2$
4	正四面体	AB_4	0	正四面体形	CH_4，CCl_4，SiH_4，NH_4^+，SO_4^{2-}
		AB_3	1	三角锥形	NH_3，NF_3
		AB_2	2	角形(V 形)	H_2O，H_2S
5	三角双锥	AB_5	0	三角双锥	PF_5，PCl_5，$SbCl_5$，$NbCl_5$
		AB_4	1	变形四面体	SF_4
		AB_3	2	T 形	ClF_3
		AB_2	3	直线形	XeF_2
6	正八面体	AB_6	0	正八面体形	SF_6，MoF_6，$[AlF_6]^{3-}$
		AB_5	1	四方锥	IF_5
		AB_4	2	平面四方形	XeF_4

2. 应用实例

[例 1-2]　根据 VSEPR 理论预测下列分子和离子的空间构型。

(1) H_2O　(2) SO_3　(3) SF_4　(4) PO_4^{3-}　(5) XeF_4　(6) $[Fe(CN)_6]^{3-}$

解： (1) H_2O 中心原子氧有 6 个价电子，2 个 H 原子各提供 1 个电子，共 8 个电子，即 4 对电子。其理想情况是四面体，但其中有 2 对孤对电子，查表 1-16，H_2O 分子的空间构型为

角形（V形），键角应小于109°28′，实测为104°45′。结果与杂化轨道理论相符。

（2）SO_3中心原子S分别与3个氧原子以双键相连，根据双键按单键计算的规定，S原子应有3对电子全部成键，查表1-16得SO_3分子为正三角形。键角为120°，与实验测定相符。如以氧原子作配位原子不提供电子出发，也得出相同的结论。

（3）SF_4中心原子S价层有6个电子，加上4个F原子各提供的1个电子，共10个电子，即5对电子，其中有4对成键电子，1对孤对电子。5对电子在空间分布应为三角双锥，其中以孤对电子占据平面三角形的一个顶点时，相互排斥为最小，故SF_4的空间构型为变形四面体。

（4）PO_4^{3-}中心原子P价层中有5个电子，氧原子作配位原子时不提供电子，PO_4^{3-}作为负离子应加上3个电子，共8个价电子，即4对，又无孤对电子，PO_4^{3-}的空间构型应为正四面体。

（5）XeF_4是稀有气体的化合物，是20世纪60年代才合成的。中心原子Xe有8个价电子，4个F原子各提供1个电子，共12个电子即6对电子。其中4对电子成键，有2对孤对电子。查表1-16，其理想情况应为正八面体，因2对孤对电子，以占据两个顶角的位置时排斥力最小，可见XeF_4的空间构型应为平面四方形。

（6）$[Fe(CN)_6]^{3-}$是一个副族元素形成的配离子，其中Fe^{3+}已无价电子，而CN^-提供6对价电子，是理想情况，应具有正八面体的构型。

应当指出，VSEPR理论主要用于讨论中心原子为主族元素的AB_n型分子（或离子），副族元素因含有d轨道，情况较复杂。但当d电子做球形对称分布（如d^5或d^{10}）时，其几何构型完全由价电子对数决定。

VSEPR理论实际上是简化的原子轨道杂化理论，它们都接受了价键理论前提，即内层电子不参与共价键的形成。以原子核外的价电子或电子对分布的对称性提高，能量降低为依据而建立的理论模型，符合能量最低原理。因而出现殊途同归的结论，相互之间不矛盾且相互补充，拓展了理论模型的适用范围。

1.3.4 分子轨道理论

分子轨道理论（Molecular Orbital，简称MO）是1926—1932年分别由Mulliken（马利肯）和Hund（洪德）提出，后经过Hückel（休克尔）、Roothaan（罗特汗）、Fukui Kenichi（福井谦一）、Woodward（伍德沃德）和Hoffmann（霍夫曼）等众多科学家的不断探索，形成的一套理论。它是从另一个角度讨论原子组成分子时的过程和性能，是现在分子结构理论的重要组成部分。

1. 分子轨道理论的基本概念

分子轨道理论是把原子的电子层结构的主要概念推广到分子体系而形成的一种分子结构理论，也就是在原子轨道理论的基础上而形成的。该理论认为：

（1）分子中的电子不再从属某一特定原子，而是在遍及整个分子的范围内运动，每个电子的运动状态可用波函数ψ来描述，ψ称为**分子轨道**。ψ^2为分子中电子在空间某处出现的概率密度或电子云。

（2）分子轨道ψ由原子轨道ϕ线性组合而成，分子轨道的数目与相互组合的原子轨道的数目相同。例如，双原子分子中两个原子的s轨道就可以组合成两个分子轨道，两个原子的p轨道可以组合成6个分子轨道。即n个原子轨道

线性组合成 n 个分子轨道，而且每个分子轨道 ψ_i 都有相应的能级 E_i 和形状。

（3）分子轨道中电子的排布也遵从原子轨道中电子排布的相同原则。

（4）原子轨道线性组合成分子轨道，应遵守如下三条原则：

能量相似原则：只有能量相近似的两个原子轨道才能有效组合成分子轨道；

对称性匹配原则：只有对称性（即+、-）相同的原子轨道才能有效地组合成分子轨道；

最大重叠原则：只有当两个原子轨道重叠区域较大时才能组合形成分子轨道。

2. 分子轨道的形成

（1）s-s 原子轨道线性组合　一个原子的 ns 轨道与另一个原子的 ns 轨道组合成两个分子轨道。

反键轨道：电子云偏向两核外侧，核间稀疏，不能抵消两核斥力，系统能量较高。

成键轨道：电子云在核间分布密集，对两核的吸引力能够抵消两核间的斥力，能够使分子的原子之间发生键合（见图 1-20）。

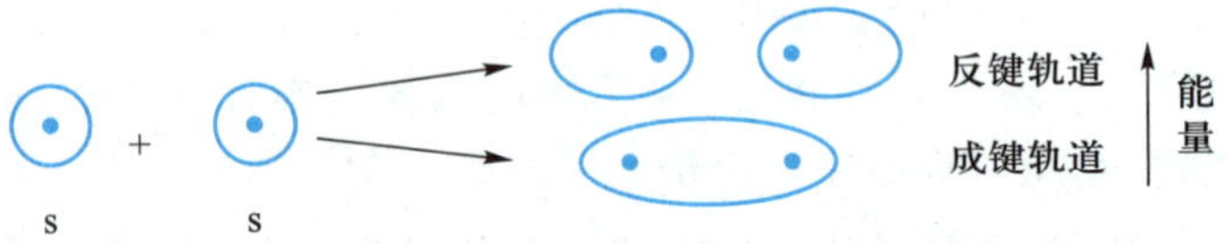

图 1-20　s-s 原子轨道线性组合

（2）p-p 原子轨道线性组合　有头碰头、肩并肩两种方式，参见图 1-21。

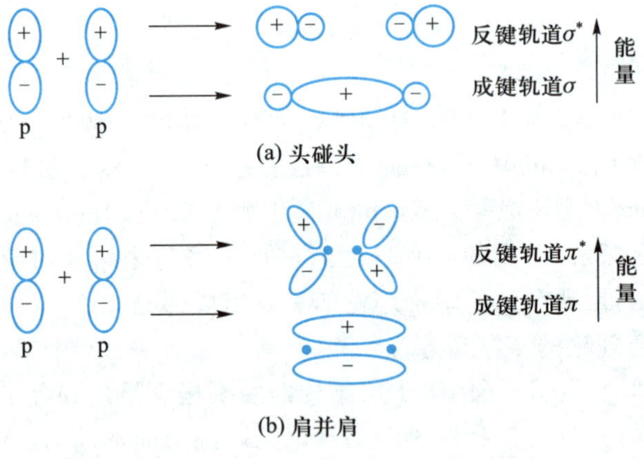

图 1-21　p-p 原子轨道线性组合

同号组合，二峰叠加，能量降低；异号组合，二者相位不同，由于波的干涉作用，相互抵消，能量升高。

分子轨道理论不同于价键理论，它把组成共价键的原子放在一起统筹考虑，比较合理。它没有轨道重叠的概念，就是电子排布在能级较低的分子轨道中释放出能量而形成共价键，但同样接受了 σ 键、π 键的概念。分子轨道理论也不同于杂化轨道理论，虽然二者都是通过原子轨道线性组合而成，但前者是将不同原子的能级相近的轨道组合成能级不同的分子轨道（成键轨道、反键轨道），后者是将同一原子的能级相近的价层轨道组合成能级相同的新的原子轨道（简并轨道）。

分子轨道理论通过量子力学可以较为准确地计算出共价键的键能，也很好地解释了 N_2 的稳定性、O_2 的顺磁性等（这里不再赘述）。但分子轨道理论也有它的局限性，初级的分子轨道理论只能用于双原子分子的计算，对于多原子分子不仅计算困难，而且无法确定分子的空间结构。现代分子结构（特别是有机分子结构）中，通常是将分子轨道理论和杂化轨道理论并用来解释一个分子的性质，前者阐述分子的能量，后者阐述分子的结构，同样我们不在这里赘述。

1.3.5　分子间作用力和氢键

视频 1-21
分子间作用力

虽然分子是独立的结构单元，但我们通常无法得到单个分子，只能获得若干分子形成的宏观物质，即分子群。我们获得的物质的性质（特别是物理性质）是由这些分子群相互作用所体现出来的宏观性质，但它取决于单个分子的结构和属性，即微观属性。

1. 分子的极性

在中学化学中我们就已经知道极性分子和非极性分子的概念。整个分子是电中性的，但是对于分子中所有带正电荷的原子核和带负电荷的电子，均可设想它们分别集中于一点，该点称为电荷中心。正、负电荷中心重合即成为非极性分子，正、负电荷中心不重合，在分子中将出现正、负两极，称为偶极。具有偶极的分子称为极性分子。图 1-22 是两种分子的示意图，其中 $+q$ 和 $-q$ 分别表示正、负偶极的电荷量和相对位置。

(a) 极性分子　　(b) 非极性分子

图 1-22　极性分子与非极性分子示意图

分子极性的强弱是用电偶极矩来衡量的。与键矩相似，电偶极矩 p 定义为偶极长度（正、负电荷中心的距离）（l）和极上电荷量（q）的乘积：

$$p=q\cdot l \qquad (1-5)$$

电偶极矩可用光学或电学的方法测定，表 1-17 中列出了一些气体分子的电偶极矩。

表 1-17　一些气体分子的电偶极矩

分子式	电偶极矩 (10^{-30} C·m)	分子式	电偶极矩 (10^{-30} C·m)	分子式	电偶极矩 (10^{-30} C·m)
H_2	0	HCl	3.60	NH_3	4.87
CO_2	0	HBr	2.74	PCl_3	2.58
SO_3	0	HI	1.47	CH_3Cl	6.23

续表

分子式	电偶极矩 (10^{-30} C·m)	分子式	电偶极矩 (10^{-30} C·m)	分子式	电偶极矩 (10^{-30} C·m)
CH_4	0	HCN	9.94	CH_2Cl_2	5.12
CO	0.30	H_2O	6.14	$CHCl_3$	3.37
HF	6.07	H_2S	3.42	CCl_4	0

从表 1-17 中可以看出，非极性分子的电偶极矩为 0，极性分子的电偶极矩大于 0，数值越大，分子的极性越大。

分子的极性是由分子中键矩引起的。对于双原子分子，键的极性直接反映出电偶极矩的强弱。如 Cl_2，H_2 分子中，键矩为 0，故分子的电偶极矩为 0；在 HF—HCl—HBr—HI 的分子序列中，成键原子的电负性差 $\Delta\chi$ 依次减小，键的极性减弱，分子的电偶极矩也减小。

在多原子分子中，电偶极矩的大小取决于键矩和分子的空间构型。分子的电偶极矩为键矩的矢量和，如分子的空间构型为对称的（直线形、三角形、正四面体形等），其键矩的矢量和为 0，则电偶极矩也为 0，属于非极性分子，如 CO_2，CH_4 和 SO_3 等。而分子结构不对称者，其键矩的矢量和不为 0，电偶极矩也不为 0，属于非极性分子，如 SO_2，NH_3，H_2O，H_2S 等。

对于 AB_n 型共价分子，可根据 VSEPR 理论预测其空间构型，从而推测分子的极性。同样，从偶极矩数据也可推断其空间构型。例如，SO_2 分子电偶极矩为 5.44×10^{-30} C·m，其空间构型不可能为直线形，应为 V 形。

2. 分子间作用力

早在 1873 年，van der Waals（范德华，荷兰）在研究气体行为时，就认识到气体分子间存在着吸引和排斥的作用力，物质在三态间的相互转化，也证明了分子间作用力的存在，这种作用力称为分子间作用力（或 van der Waals 力）。

研究证明，分子间作用力主要有三种。

(1) 色散力　当非极性分子相互接近时［图 1-23(a)］，由于分子中的电子不断运动和原子核的不断振动，经常会出现电子和核间的相对位移。此时分子中正、负电荷中心不重合，而产生了瞬时偶极，当两个分子距离很近时，它们产生的瞬时偶极总是处在异极相邻的状态［图 1-23(b)］。这种因瞬时偶极而产生的分子间作用力，叫色散力。虽然每一瞬时极短，但在以后的“瞬时”，仍会重复这种异极相邻的状态［图 1-23(c)］。这样，分子间就始终存在着色散力。

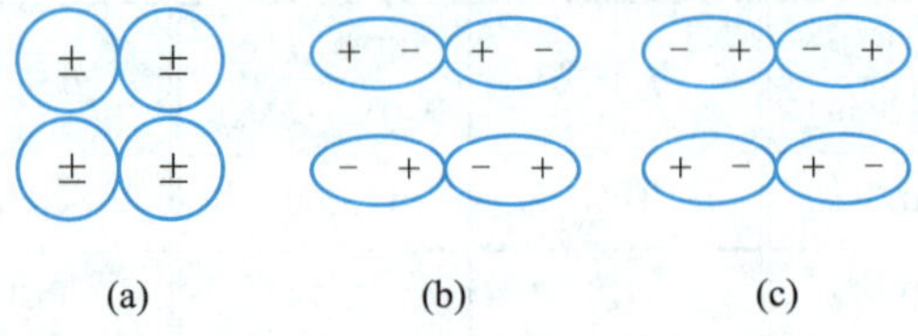

图 1-23　瞬时偶极和非极性分子的相互作用

显然，分子越大或分子中包含的电子越多，核与电子间的联系就越弱，就越容易产生瞬时偶极，其色散力就越强。

（2）诱导力　当极性分子和非极性分子靠近时，分子间除色散力外，还存在着诱导力，极性分子的固有偶极对非极性分子的电子云和原子核要产生吸引或排斥作用，而使非极性分子发生变形，正、负电荷中心发生相对位移，而产生了诱导偶极[图 1-24(b)]，固有偶极和诱导偶极间的作用力，就叫诱导力。

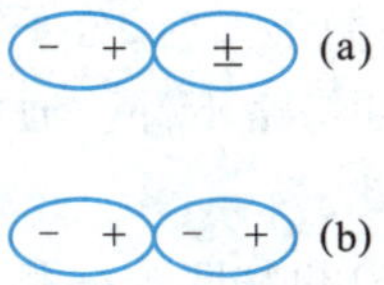

图 1-24　诱导偶极和极性分子与非极性分子之间的作用

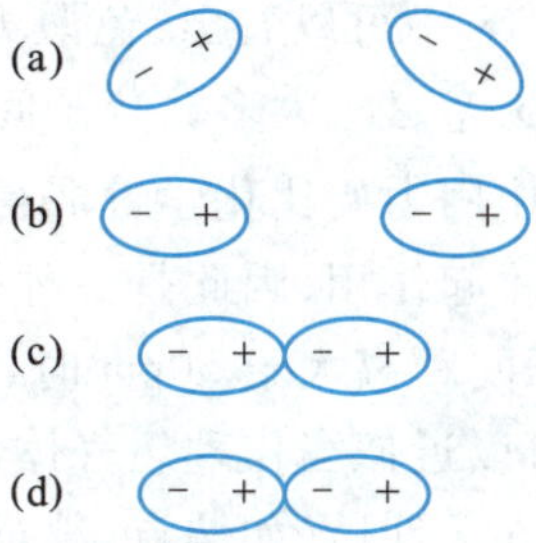

图 1-25　极性分子间的相互作用

显然，极性分子的电偶极矩越大，非极性分子越易变形，其间的诱导力也越大。

（3）取向力　当极性分子相互靠近时，分子间除色散力外，由于偶极间的同性相斥、异性相吸的结果，使分子按一定的取向排列，相互处于异极相邻的状态。这种因极性分子的取向而产生的固有偶极间的作用力，叫取向力[图 1-25(b),(c)]。

显然，分子的电偶极矩越大，则取向力越强。取向力的存在，使相邻分子更加靠近，它们彼此相互诱导，使每个分子正、负电荷中心更加分开，而产生诱导偶极[图 1-25(d)]，因此，在极性分子间还有诱导力存在。

总之，在极性分子间存在着色散力、诱导力、取向力三种分子间作用力；在极性分子和非极性分子间存在着色散力和诱导力；而在非极性分子间，则只有色散力存在。表 1-18 中列出某些物质分子间作用力的数值。

表 1-18　某些物质分子间作用力　　单位：$kJ\cdot mol^{-1}$

分子	色散能	诱导能	取向能	总能量
H_2	0.17	0.00	0.00	0.17
Ar	8.49	0.00	0.00	8.49
Xe	17.41	0.00	0.00	17.41
CO	8.74	0.008	0.003	8.75
HCl	16.82	1.10	3.30	21.12
HBr	28.45	0.71	1.09	30.25

续表

分子	色散能	诱导能	取向能	总能量
HI	60.54	0.31	0.59	61.44
NH_3	14.73	1.55	13.30	29.58
H_2O	9.00	1.92	36.36	47.28

从表 1-18 中可以看出，色散力存在于一切分子之间，同时，除少数强极性分子（如 H_2O 等）外，大多数分子间的三种作用力中，色散力是主要的。

分子间作用力要比化学键弱得多（一般 $\leqslant 20\ kJ \cdot mol^{-1}$），而且只有当分子间距离很小时才起作用，因此是一种短距力。当分子稍微远离时，分子间作用力迅速减小；分子间距离大于 50pm 时，分子间作用力便可忽略不计。通常情况下的实际气体，可以近似当作理想气体对待，理由就在于此。

物质的许多性质，如熔点、沸点、汽化热、表面张力和黏度等都和分子间作用力有密切联系。例如，在 F_2—Cl_2—Br_2—I_2序列中，由于分子体积依次变大，其色散力也依次增加，因此，卤族元素的熔点、沸点依次递增。在常温下，F_2是气体、Cl_2也是气体，但易液化；Br_2为液体，而 I_2为固体。HCl—HBr—HI 的熔点、沸点依次递增，也是因为它们的分子体积递增，色散力依次变大所致。又如，CCl_4为非极性分子，而 H_2O 为极性分子，分子间作用力是不相同的，CCl_4分子间以色散力为主，而 H_2O 分子间以取向力为主，这样 CCl_4分子间作用力大于 CCl_4—H_2O 分子间作用力，两者的互溶性差。而非极性的 I_2分子，其色散力较大，易溶于 CCl_4，这就是"相似相溶"（即"极性与分子结构相似者易相互溶解"）经验规律的依据。

一般地说，对类型相同的分子，其分子间作用力常随其相对分子质量的增加而变大。

视频 1-22 氢键

（4）氢键　卤化氢的熔点、沸点应依相对分子质量增加而升高。但实验表明，其中 HF"反常"，其熔点、沸点不仅不是低于 HCl，而是分别比 HBr、HI 的还要高。说明 HF 分子间除上述分子间作用力外，还存在一种额外的作用力。这种作用力叫氢键。

当电负性大的元素 X（如 F，O，N 等）和 H 形成共价键时，由于电负性相差较大，共用电子对强烈地移向 X 原子，而使 H 原子成为一个几乎没有电子云、半径很小、带正电荷的核，所以它不受其他原子外围电子云的排斥，反而受到吸引。这样，当形成 H—X 共价键后，H 原子还可以和另一个分子中电负性大而带负电荷的 Y 原子（F，O，N 等）间，由于静电吸引而形成 $\overset{\delta-}{X}—\overset{\delta+}{H}\cdots\overset{\delta-}{Y}$ 键，这就是氢键。图 1-26 中，表示出 HF 分子间形成的氢键（用虚线表示），其键长（150pm）要比 H—F键键长（92pm）大得多。

近代研究证明，只有当 X 元素的电负性大、半径小时，其与氢的化合物中才有氢键形成。除 F 外，O，N 与氢的化合物（H_2O 和 NH_3）也能形成氢键。Cl 原子电负性大，但半径也大，故 HCl 中只有极微弱的氢键。

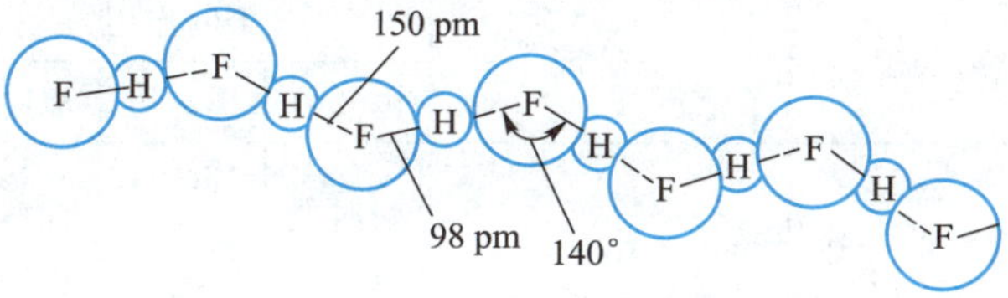

图 1-26 HF 分子间氢键的形成

由于氢键的存在，水有许多独特的性质。例如，水有很大的摩尔热容（75.4 $J\cdot mol^{-1}\cdot K^{-1}$）、很高的熔化热（6.01 $kJ\cdot mol^{-1}$）和汽化热（40.79 $kJ\cdot mol^{-1}$）。在通常状态下水是稳定的液态，所以水通常用作加热或制冷的介质。这对于调节环境温度和有机体的体温具有重要作用。

氢键比化学键弱得多，其键能约在 42 $kJ\cdot mol^{-1}$之下，稍强于一般的分子间作用力。

氢键在无机化合物（如水和水合物、氨和氨合物、酸和酸式盐等）、有机化合物（如醇类、酚类、有机酸和有机胺等）中相当普遍地存在。氢键强烈地影响这些物质的物理性质，使它们都有较高的熔点、沸点、低的蒸气压、高的介电常数和黏度，大都能与水很好地混溶，此外，对物质的酸碱性也有相当大的影响。

除分子间外，某些物质分子内也能形成氢键。例如，邻硝基苯酚可在分子内形成氢键，而间位和对位硝基苯酚则形成分子间的氢键。这就使邻硝基苯酚的沸点比对位和间位硝基苯酚低，在水中的溶解度也较小。

若苯甲酸解离常数为 K，则其邻、间、对位羟基取代物解离常数分别为 $15.9K$，$1.26K$ 和 $0.44K$；若左右两个邻位均有羟基，则解离常数为 $800K$，这是由于邻位羟基与羧基氧形成氢键，减弱了羧基氧原子对氢的吸引力。

氢键在生命物质的形成及生命过程中都扮演了重要角色。它既存在于肽键与肽键之间，也存在于同一螺旋肽键之中，是形成蛋白质 β 折叠和 α 螺旋二级结构的基础。蛋白质的三级、四级结构中氢键也发挥着重要作用。DNA 的自我复制首先是碱基对之间的氢键断裂，使两条链分离开来，然后再各自作为模板，合成出两条新的与“亲代”完全相同的双螺旋 DNA 分子。

总之，物质中存在着各种作用力，包括化学键、分子间作用力和氢键。它们的形成、特点、大小综合比较，如表 1-19 所示。

表 1-19 化学键、分子间作用力和氢键的综合比较

作用力类型	离子键	共价键	分子间作用力			氢键
			色散力	诱导力	取向力	
本质	正、负离子间静电引力	原子核对共用电子对的引力	电偶极间的静电引力			$\overset{\delta-}{X}—\overset{\delta+}{H}\cdots\overset{\delta-}{Y}$ 静电引力

续表

作用力类型	离子键	共价键	分子间作用力			氢键
			色散力	诱导力	取向力	
原理	得、失电子达到稳定结构	单电子配对；轨道最大重叠	瞬时偶极的形成	固有偶极引起的诱导偶极	固有偶极间的吸引	X 使共用电子对强烈偏移
条件	$\Delta\chi \geqslant 1.7$	$0 \leqslant \Delta\chi < 1.7$	一切分子间	极性分子和非极性分子间	极性分子之间	X、Y 的电负性大、半径小
特点	无方向性、饱和性	有方向性、饱和性	短距力			有方向性、饱和性
强度大小	很强（几百千焦每摩尔）	很强（几百千焦每摩尔）	很弱（一般小于 20 $kJ \cdot mol^{-1}$）			较弱（8~42 $kJ \cdot mol^{-1}$）
影响因素	与离子电荷成正比，与离子半径成反比	原子轨道的成键能力和共用电子对数	与分子体积、极性大小成正比，与距离的 6 次方成反比			与 X、Y 的电负性大小成正比

1.4　配位化合物结构概念

化合物除了离子化合物、共价化合物以外，还有一种叫配位化合物。该类化合物过去也叫络合物，即复杂化合物。之所以是复杂化合物，是因为不仅组成的元素复杂、结构复杂，更重要的是组成它的化学键也比较复杂。除了包含离子键、共价键以外，还包含一类特殊的共价键，叫**配位键**。这类化合物在自然界（特别是水体、生命体）中普遍存在。下面简要介绍这类化合物的基本概念。

视频 1-23
配位键及配合物

1. 配位键

根据价键理论，成键原子至少必须共用一对电子。如果这一对电子由原子 A 提供而与原子 B 共用，这样形成的共价键，称为配位键，用符号 A→B 表示。A 是提供电子对的一方，其价层中必有未共用的孤对电子（如 O，N 和卤素原子等），称为给予体；B 是接受共用电子的原子，其价层必须有空轨道[如$(n-1)$d，ns，np 甚至包括 nd 轨道]，称为接受体，多为金属正离子。

含有配位键的复杂离子，称为配离子，它通常是由一个金属正离子和若干中性分子或负离子结合而成的，而由配离子组成的化合物，称为配位化合物，或简称配合物。配离子又有正配离子和负配离子之分，如$[Cu(NH_3)_4]^{2+}$和$[Fe(CN)_6]^{3-}$等。现以$[Cu(NH_3)_4]SO_4$为例，分析配合物的组成和有关术语：

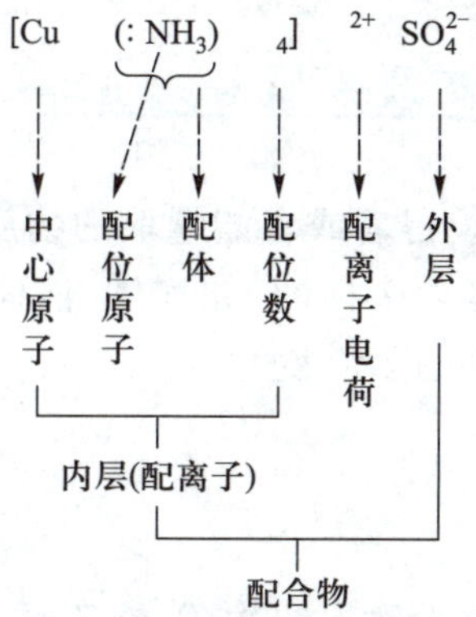

$[Cu(NH_3)_4]^{2+}$是配离子,金属离子(或原子)如Cu^{2+}称为配合物的中心离子或原子(统称为中心原子)或称为配合物的形成体;在中心原子周围配位的中性分子或负离子,称为配体,如NH_3分子。配体中,与中心原子以配位键结合的原子,称为配位原子,它应具有孤对电子,与中心原子共用,如NH_3中的N原子。与中心原子直接结合的配位原子的总数,称为中心原子的配位数。在$[Cu(NH_3)_4]^{2+}$中Cu^{2+}的配位数为4,最常见的配位数为2,4和6。

如一个配体中有两个或两个以上的配位原子与同一中心原子配合,如乙二胺分子($H_2N—CH_2—CH_2—NH_2$)中有两个配位原子N,它们均与中心原子Cu^{2+}配合形成环状结构:

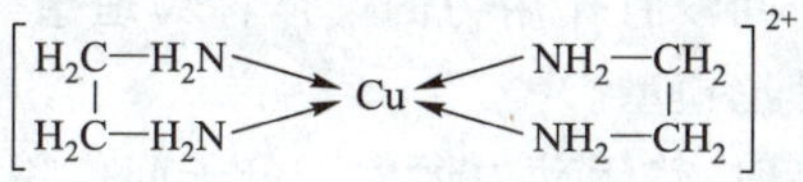

这种环状的配合物,称为螯合物,“螃蟹持螯取物”之意。螯合物环上有n个原子就称为n元环,上述结构是五元环。由于Cu^{2+}与4个氮原子相连,故Cu^{2+}的配位数为4。大多数螯合物都是五元环或六元环。这类结构的稳定性好。

2. 配合物的命名

配合物的命名与无机化合物的命名类似。

(1) 内层(配离子)和外层命名顺序是负离子在前,正离子在后。

(2) 内层有下列规定:

① 在配体与中心原子的名称间加一“合”字:某(配体)合某(中心原子)。

② 在配体名称前用一、二、三…表明其数目,在中心原子的名称后用罗马数字(Ⅰ)、(Ⅱ)、(Ⅲ)…表明其氧化数;

③ 如内层有多种配体,通常是由简单到复杂,先离子后分子。例如,$K_3[Fe(CN)_6]$名称是六氰合铁(Ⅲ)酸钾;$[CoCl_3(NH_3)_3]$名称是三氯三氨合钴(Ⅲ);$[Pt(NH_3)_6][PtCl_4]$名称是四氯合铂(Ⅱ)酸六氨合铂(Ⅱ),$H_2[SiF_6]$名称是六氟合硅(Ⅳ)酸;$[Fe(CO)_5]$的名称是五羰基合铁(0),等等。

二、宏观物质性质

人们能够直接看得见、摸得着或者能拿取的物质称为宏观物质。自然界中物质存在的形态和方式是多种多样的,如气体、液体、固体、纯物质、混合物,等等,它们都以一定的规律存在、运动、变化。

1.5 气体

1.5.1 纯气体

视频 1-24 理想气体及状态方程

仅由一种物种组成的物质称为纯物质,在不同条件下以不同的方式存在。大多数物质都可以以气体、液体、固体等任何一种形态存在。气体是指通常在常温、常压下以气态方式存在的物质。

1. 理想气体

气体通常是分子间作用力较小的物质,以单质或共价分子化合物为主。微观分子始终受到两个相反的作用力,一个是热运动力,使分子挣脱束缚自由运动,这个力取决于温度;另一个是分子间作用力,使分子凝聚,这个力取决于分子的属性。当这两个力达到平衡时,物质就处于确定的状态。气体就是分子的热运动力远大于分子间作用力的一种状态,因而气体是一种没有固定体积,没有固定形状的无定形状态。

分子没有体积,分子间没有作用力的气体称为**理想气体**。真正的理想气体是不存在的,它只是个理论模型。

但是,当温度足够高时,热运动力远大于分子间作用力,可看作分子间没有作用力;当气体的体积足够大(即压力足够小)时,可以忽略分子自身的体积。处于这种状态的任何气体可看作是理想气体,否则为**实际气体**。

当温度不断升高,压力也不断增大(体积不断减小),即两种相反的作用力同时不断增大时,物质会出现一种非液非气的状态,称为**超临界状态**。在超临界状态下,物质具有许多特殊的性能,这时对应的物理量(温度、压力、体积),也称为该物质的**超临界点**。不同的物质具有不同的超临界点。

2. 理想气体状态方程

理想气体分子是一个数学质点,没有体积,没有作用力,也就与分子的结构、属性无关,这就使理想气体具有了一些共同的性质,即任何 1 mol 理想气体都符合下列方程式:

$$\frac{pV}{T}=R=8.314\ \mathrm{J\cdot mol^{-1}\cdot K^{-1}} \quad 或 \quad pV=RT \qquad (1\text{-}6)$$

式(1-6)称为理想气体状态方程,$\boldsymbol{R}$ 为**摩尔气体常数**,其单位为 $\mathrm{J\cdot mol^{-1}\cdot K^{-1}}$;$p$ 为系统的压力(即压强),单位为 Pa(帕斯卡);V 为系统的体积,单位为 $\mathrm{m^3}$;T 为热力学温度,单位为 K。

当然,任何 n mol 理想气体,理想气体状态方程就变为

$$\frac{pV}{T}=nR \quad 或 \quad pV = nRT$$

在标准状况(即 101.325 kPa,273 K)下,任何 1 mol 理想气体的体积都是相同的,为 22.4 L。

1.5.2 混合气体

由于理想气体(以下简称气体)中,分子的距离比较远,之间没有作用力,所以气体的物理量(p,V,T)只取决于气体的粒子数,即物质的量。当不同种类的气体混合后,形成的混合气体仍然符合理想气体状态方程。

若系统中有 i 种气体,物质的量分别为 $n_1,n_2,\cdots,n_i$,则 $n=n_1+n_2+\cdots+n_i$。在等温等容下有

$$p_1V = n_1RT \qquad p_2V=n_2RT \cdots\cdots \qquad p_iV=n_iRT \qquad pV=nRT$$

视频 1-25
理想气体分压定律

显然,$p_1+p_2+\cdots+p_i=p$,称为分压定律。

$$\frac{p_i}{p}=\frac{n_i}{n}=x_i \qquad p_i=x_ip$$

其中,x_i为 i 物质的**摩尔分数**,是浓度的另一种表达方式,p_i为 i 物质的分压。同样在等温等压下有

$$pV_1 = n_1RT \qquad pV_2=n_2RT \cdots\cdots \qquad pV_i=n_iRT \qquad pV=nRT$$

显然,$V_1+V_2+\cdots+V_i=V$,称为**分体积定律**,V_i为 i 物质的**分体积**。

$$\frac{V_i}{V}=\frac{n_i}{n}=x_i \qquad V_i=x_iV$$

空气是我们熟知的混合气体,除了含有氮气、氧气外,还含有少量的惰性气体、二氧化碳、水蒸气及极少量的其他挥发性物质。

1.6 液体

当热运动力小到一定程度时,气体就会转化为液体。从原理上讲任何气体都可以冷凝为液体。由于液体物质分子间作用力较大,使其有了固定的体积,但分子在一定范围可以自由移动,使其没有固定的形状,仍然是一种无定形状态。

1.6.1 纯液体

视频 1-26
水溶液与水的物理性质

由一种物种组成的液体为纯液体,这种液体中每个分子受到的各个方向的作用力是相同的。但表面上的分子受到的分子间作用力是不平衡的,就产生了**表面张力**。同样,处于表面的分子受到热运动作用常常会挣脱液体分子的束缚,蒸发到一表面上的空间变成气体,产生压力,称为**蒸气压**。如图 1-27(b)所示。

以水为例,刚开始液面上空为真空,如图 1-27(a)所示,水分子不断地蒸发变成水蒸气,蒸气压也在不断地增加。同时,水蒸气分子失去能量后又会进入液

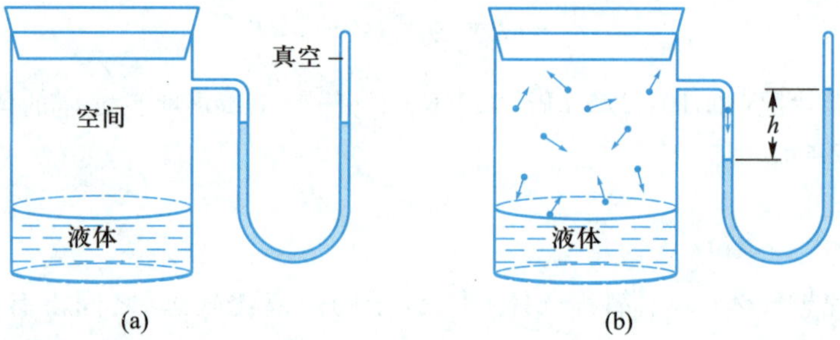

图 1-27　蒸气压示意图

面，冷凝成液态的水。在确定温度下蒸发与冷凝会达到平衡，液面上空的蒸气压被固定下来，称为**饱和蒸气压**，如图 1-27(b)所示。不同物质有不同的饱和蒸气压，其数值的大小取决于液体的属性(即分子间作用力)和温度。饱和蒸气压是物质的重要属性，将其简称为**蒸气压**，通常所说的蒸气压就是特指的饱和蒸气压，它是随温度变化的函数，水的饱和蒸气压如表 1-20 所示。

表 1-20　水的饱和蒸气压随温度变化的关系

温度/℃	0	10	20	30	40	50	60	70	80	90	100
蒸气压/kPa	0.611	1.23	2.34	4.24	7.3	12.35	19.92	31.15	47.33	70.08	101.31

由表 1-20 可知水的饱和蒸气压随着温度的升高不断地增大，当蒸气压达到外界压力，即 101.31 kPa 时，水就沸腾了。这时对应的温度称为**沸点**，标记为 T_b，如图 1-28 所示。沸点也是液体的重要性能指标，不同的液体有不同的沸点。

每天气温在不停地变化，水的饱和蒸气压也在不停地变化，自然界地表上的水也在不停地演绎着蒸发、冷凝的变化。

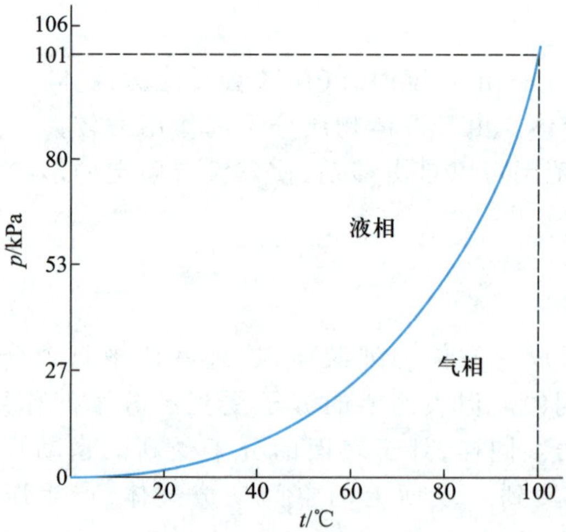

图 1-28　水的饱和蒸气压曲线

视频 1-27
分散系①

视频 1-28
分散系②

1.6.2 分散系

相对于气体，液体、固体又称为凝聚态。由于分子间有较强的作用力，凝聚态的混合物远比混合气体复杂得多。人们将这种复杂的混合系统称为**分散系**。在自然界中物质大多数以相互混合的分散系状态存在。根据物质分散的状态和尺寸不同，分散系又大致分为**溶液**、**溶胶**和**浊液**等。

1. 溶液

溶液是指一种物质以分子（原子）或离子的形式分散在另一种物质中而形成的混合物。粒子的直径一般小于 1 nm（大分子、高分子溶液除外）。溶液是均匀透明的连续相，是单相系统，系统中的任一部分的化学性质、物理性质是相同的。

溶液是由溶剂和溶质两部分组成的。溶剂是一种介质，溶质的分子或离子均匀地分布于其中。溶质和溶剂是相对的，没有严格的区别。通常将溶解时状态不变的组分称为溶剂，而将状态改变的组分称为溶质。如将 NaCl 溶于水中，NaCl 是溶质，水是溶剂。若组成溶液的两种组分分别在溶解前后的状态都相同，则将含量较多的组分称为溶剂。如 95%的乙醇，溶剂是乙醇，溶质是水。但对于水溶液，即使水的量较少，通常也将水看作溶剂。当两种组分的量差不多时，原则上可将任一组分看作溶剂。如 50%甲苯的苯溶液，也可以看作是 50%苯的甲苯溶液。

从广义的角度来讲，溶液不一定是液态，溶剂可以是气体、液体或固体。这样可形成三种类型的溶液。除了大家熟知的液态溶液以外，还有气态溶液（如气体混合物），固态溶液（如合金、固溶体等）。本书将重点介绍液态溶液。

由于液体分子之间的作用力强烈，当溶质与溶剂分子混合时分子间作用力就显得非常复杂，二者在混合前后的体积、密度等都发生了变化。如 50 mL 乙醇与 50 mL 水混合，体积不等于 100 mL。为了研究方便，人们也引入了**理想溶液**的概念。若溶质分子为 A，溶剂分子为 B，当 A–A、A–B、B–B 的作用力都相等时的溶液称为理想溶液。显然，真正的理想溶液也是不存在的。通常人们将稀溶液视为理想溶液，因为在这种条件下 A 被 B 完全包围，溶液中没有了 A–A 的作用力，A–B 的作用力占的比例很小，宏观上溶液的物理性质主要取决于溶剂 B。

2. 溶胶

溶胶，也称作胶体溶液，是物质（分散质）以细小粒子分散在另一种物质（分散剂）中形成的不均匀混合物系统，属于多相系统。粒子的直径一般为 1～100 nm。由于溶胶的这一尺寸和特殊的结构，使溶胶中分散质粒子（胶体粒子，简称胶粒）具有四大特性：

第一，**Brown 运动**，这是介质分子热运动的综合表现，在胶粒尺寸大小的范围内。胶粒受到介质分子热运动的不断撞击，不可能全部抵消而发生的无规则的热运动，粒子过大，Brown 运动不显著，粒子过小，又无法观察到这一结果。

第二，胶粒的尺寸与可见光波的波长相近，可对光产生散射作用，因而产生

Tyndall **效应**。

第三，由于粒径很小，表面张力很大，溶胶粒子吸附了溶液中的某种离子构成了扩散双电层结构，如图 1-29 所示。从而使胶粒带电荷，在电场中移向某一电极，这一现象称为胶粒的**电泳现象**。

第四，胶粒之所以能稳定的分散于分散剂中，是因为它具有扩散双电层结构，使胶粒之间相互排斥，阻碍了相互碰撞而团聚的作用。如果破坏了它的双电层，就会很快产生团聚而沉降，称为**溶胶的聚沉**。

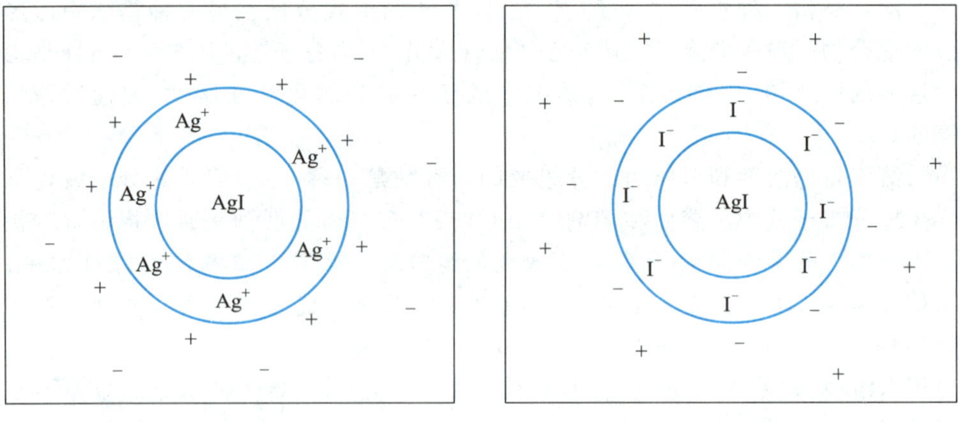

图 1-29　胶粒的双电层结构

电泳现象证明溶胶是带电荷的。这些电荷主要是胶核选择性地吸附溶液中某种离子而产生的。吸附正离子胶粒带正电荷，吸附负离子胶粒带负电荷，但整个溶液是电中性的。所以在胶粒的周围有等量的带相反电荷的离子存在，从而胶体表面吸附的离子与溶液中的带相反电荷的离子形成了双电层。如碘化银（AgI）胶体的形成，当生成的 AgI 沉淀的粒径达到 1～100 nm 时，就形成了胶核。由于胶核表面张力很大，故会吸附溶液中的离子。若溶液中的 Ag^+ 过量，胶核吸附 Ag^+ 带正电荷，如图 1-29（a）所示；若溶液中 I^- 过量，胶核吸附 I^- 带负电荷，如图 1-29（b）所示。胶核吸附的离子紧密地贴在胶核表面上，使胶核带有电荷。带相反电荷的离子则较为疏松地围绕在胶核周围，受到两个方向相反的作用：一是被胶核表面吸附的离子所吸引，力图将它们拉向界面；另一是离子本身的热运动，使之离开界面扩散到溶液中去。其结果使带相反电荷的离子在胶核外围呈平衡状态分布，从而构成了扩散双电层结构。

将稀的 $AgNO_3$ 溶液逐滴加入到稀的 KI 溶液中，会生成 AgI 沉淀。X 射线衍射证明，许多个 AgI 分子构成有晶体结构的**胶核**。由于溶液中 KI 过量，胶核吸附了 I^- 而带负电荷，电泳实验证明，起初胶核向正极移动。随着 $AgNO_3$ 的加入，消耗了溶液中过剩的 I^-，使胶体只以胶核存在，不具有电泳现象。$AgNO_3$ 的继续加入会使溶液中 Ag^+ 过量，胶核吸附了 Ag^+ 而带正电荷，在电泳中移向负极。

根据以上实验现象，将胶体分为三个部分，即胶核、吸附层、扩散层。以吸附

过量I^-而带负电荷的AgI溶胶为例,其结构如下所示:

$$\underbrace{\underbrace{\{\underbrace{(AgI)_m}_{\text{胶核}}\cdot\underbrace{nI^-\cdot(n-x)K^+}_{\text{吸附层}}\}^{x-}}_{\text{胶粒}}\cdot\underbrace{xK^+}_{\text{扩散层}}}_{\text{胶团}}$$

吸附层总是随着胶核移动,因此将胶核与吸附层等这些相对固定的部分称为**胶粒**,扩散层为可滑动的部分,与胶粒合在一起称为**胶团**。胶粒是带电荷的,而胶团是电中性的。胶团以外的介质(大多是水),称为**胶团间液**。

溶胶是一种亚稳态的多分散系统,正是由于双电层结构,在胶核外围形成了防护屏障,使胶粒之间相互排斥,不能团聚,得以相对稳定存在。只要破坏其双电层结构,就会使胶核团聚、长大,最后沉降下来,这一过程称为**聚沉**。通常溶胶聚沉有下列几种方法。

(1) 加入电解质聚沉　在胶体溶液中加入少量与溶胶带相反电荷的离子,会引起溶胶聚沉。研究表明,聚沉能力的大小与离子的种类无关,而取决于粒子所带的电荷。通常三价、二价、一价无机离子的聚沉能力有很大的差别。它们聚沉能力之比大致为1∶0.013∶0.0017,可见离子的价数越高,越容易破坏溶胶的双电层结构,聚沉溶胶的能力就越大。

(2) 不同溶胶相互聚沉　将带相反电荷的两种溶胶混合,也可发生聚沉。但在一定比例范围内才会完全聚沉,不成比例时,只能部分聚沉;而少量的一种溶胶加入到大量的另一种溶胶中,不发生聚沉。日常生活中,有些不同种类的墨水和不同种类的色浆不能混合使用,否则容易引起聚沉而使其失效。

(3) 加热聚沉　胶体的双电层结构是由吸附而形成的,吸附都是放热的。加热则有利于解吸,从而降低了溶胶的稳定性。同时,升温还能加速胶粒的热运动,加大了粒子之间的相互碰撞,并引起胶核团聚而聚沉。所以溶胶都只能在一定的温度范围内存在,剧烈加热将会聚沉。甚至在剧烈的机械搅拌下,也能引起溶胶的聚沉。

溶胶在自然界和日常生活中也是普遍存在的。同样,分散剂也可以是气体、液体或固体,溶胶也有三种类型。日常生活中使用的墨水、墨汁、一些印染和涂料中的色浆、浑浊的污水等都属于液体溶胶。空气中的烟尘属于气溶胶。球墨铸铁、高分子中的填料等属于固溶胶,纳米复合材料也是其中之一。

3. 浊液

浊液是粒子更大的分散系统,粒径一般在100 nm以上(有人认为粒径大于1000 nm,不管怎样,单纯用粒径区分溶胶和粗分散系统是不大恰当的),称为粗分散系统。

粗分散系统有多种形式,主要有悬浊液和乳浊(状)液两类。悬浊液是将不溶的固体分散质分散于液体分散剂中,乳浊液是将不溶的液体分散质分散于液体分散剂中。

由于粗分散系统粒子的尺寸较大,不具有光的散射和透射性能,因而呈不透明状态。布朗运动明显减弱，粒子之间容易团聚而沉降，很不稳定。需要用**表面活性剂**在粒子表面形成一层保护膜，使其不能相互团聚，才能使其稳定存在。

只需加入少量却能显著降低多相系统中分散质与分散剂之间表面（或界面）张力的物质，统称为**表面活性剂**。大多数情况下分散剂是指水，所以表面活性剂一般是对水系统而言的。

表面活性剂的功能，主要在于其具有**双亲**（亲油-亲水）分子结构。其分子的一端是非（或弱）极性的烃基，与水的亲和力极小，常称为**疏水基**（或亲油基、憎水基等）；分子的另一端则是极性基团（如—OH，—COOH，—NH_2，—SO_3H等），与水有很大的亲和力，故称为**亲水基**。

根据亲水基团的性质，表面活性剂大致分为阴离子表面活性剂、阳离子表面活性剂、两性离子表面活性剂、非离子表活性剂等几种类型。

在上述四种类型的表面活性剂中，根据疏水基的不同还有很多种。如其碳链的长短、结构不同等。不同的表面活性剂性能有所不同，选用时需要根据使用的目的、分散质的性质、系统的 pH 等多种因素综合考虑。通常是将几种表面活性剂复合使用，会达到更好的效果。

极性较大的物质表面张力（或表面自由能）较大；极性较小的物质表面张力（或表面自由能）较小。大家熟知的将油滴在水的表面上，表面张力较小的油很快铺开，占据表面张力较大的水的表面；相反将水滴在石蜡的表面上，水不能铺开，而是尽量缩小其表面积，以求能量最低。表面活性剂的作用机理就是在分散系中，将亲水基伸向表面张力较大的水，将亲油基伸向表面张力较小的物质，降低了系统的表面（或界面）的能量。如图 1-30 所示。

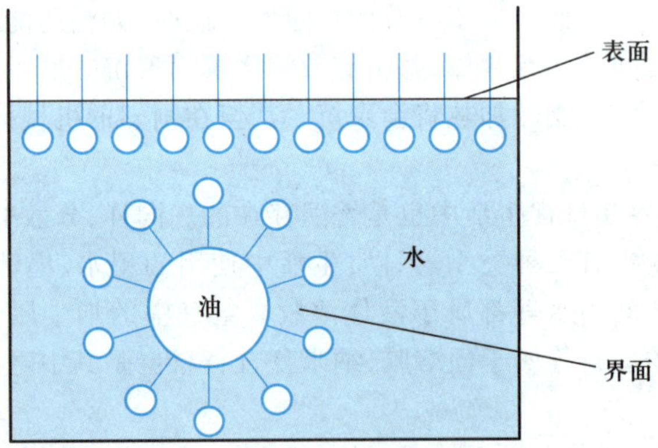

图 1-30 表面活性剂作用示意图

表面活性剂主要是将不溶于水的物质通过化学的方法将其分散于水中，其在生产上和科学研究中都有重要的应用。主要有洗涤作用、乳化作用、分散作用、发泡作用和消泡作用等，可作为**洗涤剂、乳化剂、分散剂、稳泡剂、消泡剂**等，这里不再赘述。

粗分散系统中最为重要的是乳状液(特别是水乳液),它可使化学性质差异较大而互不相溶的物质以粒子的方式分散于分散剂中(即水中),这就避免使用有机溶剂,大大减少环境污染。

乳液在自然界中广泛存在,如牛奶、豆浆、天然橡胶的胶乳及许多植物的汁等。在日常生活中乳液也获得广泛应用,如一些化妆品、农药及大家熟知的乳液涂料。

溶液、溶胶、浊液等三大类分散系的粒子尺寸、结构和性能见表 1-21。

表 1-21　三大类分散系的粒子尺寸和性能比较

名称	粒径/nm	外观	分散状态	特性
溶液	<1	清亮透明	分散质以原子、分子状态分散。均匀的单相系统	各部分的物理、化学性质相同
溶胶	1~100	透明或半透明	分散质以粒子状态分散,是不均匀的多相系统	双电层结构,具有 Tyndall 效应、电泳和 Brown 运动等现象,较稳定
浊液	>100	不透明	分散质以较大粒子状态分散。是不均匀的多相系统	不稳定,容易发生破乳、沉降

1.6.3　稀溶液及其通性

溶液是溶质以分子或离子状态均匀分散于溶剂之中的均相系统。形成溶液的过程是一个复杂的过程,不是一种简单混合的物理过程,溶质与溶剂分子之间有某种化学作用(即溶剂化作用)发生,但溶液中的组分还保留着某些原有的性质。溶解作用与组分的结构和性质直接相关。因而有些物质之间可以任何比例形成溶液,有些物质只能部分互溶(或溶解)或不溶(溶解度极小)。影响物质溶解性能的因素很复杂,溶解机理尚不很清楚,没有形成完整的理论,只有**相似相溶**的经验规律。所谓"相似"是指溶质与溶剂在结构和性质上相似;"相溶"是指溶质与溶剂彼此互溶。

视频 1-29
稀溶液的通性①

视频 1-30
稀溶液的通性②

由于水具有独特的性能,是最为理想的溶剂,在生产、生活中应用极为广泛。所以,我们只讨论以水为溶剂的溶液,以下的溶液特指水溶液。

溶液与纯液体相比许多性质发生了变化,如密度、黏度、介电常数及溶剂的蒸气压、沸点、熔点等。而且在溶质和溶剂中,这些物理性质变化的幅度与溶质的量(即浓度)通常不成正比关系。这是由于溶质和溶剂分子之间的相互作用随着溶液的浓度的变化而变化。但是,当溶液的浓度足够稀,溶质分子周围都被溶剂分子所包围,分子间的作用比较单一。这时,溶剂的蒸气压、沸点、熔点变化的幅度及产生渗透压的数值只取决于溶质的粒子数目,而与溶质的性质无关,这一性质称为**稀溶液的通性**,或者称稀溶液的**依数性**。

1. 溶液的蒸气压下降

为了使问题简化，只讨论难挥发非电解质作为溶质的稀溶液。这类溶质通常为沸点较高、蒸气压较低的物质，如乙二醇、甘油等液态物质，以及蔗糖等固态物质。由它们配制成的溶液，溶质的粒子数目是稳定的。而沸点较低、蒸气压较大的物质，如乙醇、丙酮等物质是易挥发非电解质，它们形成的溶液，性能比较复杂，这里不作讨论。

水在确定的温度下可达到气-液两相平衡，具有确定的**饱和蒸气压**（简称**蒸气压**）。随着温度的升高，水的蒸气压增加（如表 1-19 和图 1-28 所示）。当温度升至 100 ℃时，蒸气压达到 101.325 kPa，水便会沸腾，100 ℃为水的沸点。同样，随着温度的降低，水的蒸气压下降。当温度降低到 0 ℃时，水的蒸气压下降到 0. 611 kPa，与冰的蒸气压相同（如图 1-31 所示）。这时气-液-固三相平衡共存。此点称为**三相点**，由于水中溶有 CO_2 等杂质，使水的冰点（凝固点）偏离了三相点，真正的三相点为 273.16 K（即 0.01 ℃）。

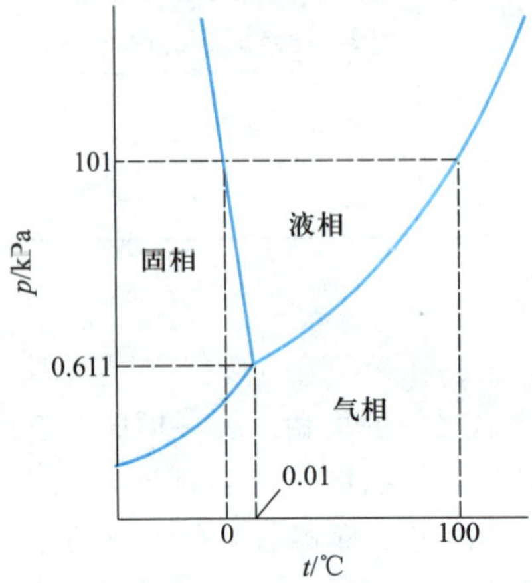

图 1-31　水的三相图

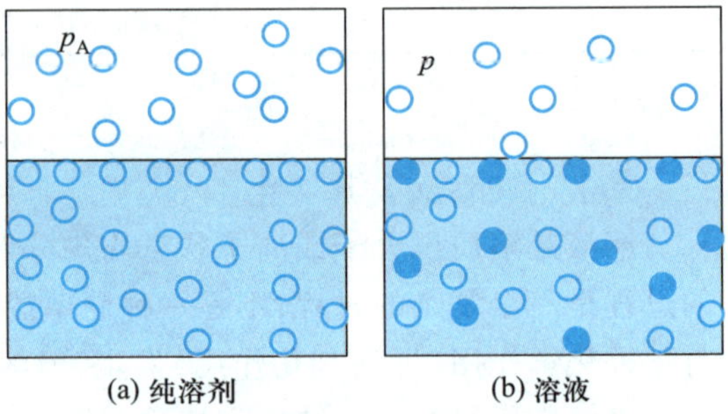

图 1-32　溶液和溶剂蒸气压示意图

其中○表示气态溶剂分子，●表示溶质分子

对于难挥发非电解质稀溶液，当气相、液相在一定温度下达到平衡时，气相只由溶剂分子组成，如图 1-32(a) 所示，因此溶液的蒸气压总是低于纯溶剂的蒸气压，如图 1-32(b)。这是因为，虽然溶质分子不挥发，但却占据了一部分液体表面，使溶剂分子在液面进出的概率下降，导致饱和蒸气压下降。随着温度的变化，溶液和纯溶剂的蒸气压分别形成两条曲线（如图 1-33 所示）。

由实验得出：难挥发非电解质稀溶液的蒸气压下降值Δp 等于稀溶液中溶质的摩尔分数 x_B 与纯溶剂蒸气压 p_A 的乘积，而与溶质的本性无关。数学表达式如下：

$$\Delta p = x_B p_A = \frac{n_B}{n} p_A \qquad (1-7)$$

式中，Δp 表示溶液蒸气压下降的数值；p_A 表示纯溶剂的蒸气压；p 表示溶液的蒸气压；x_B 表示溶质的摩尔分数，n_B 表示溶质 B 的物质的量，n 表示溶液中总的物质的量。

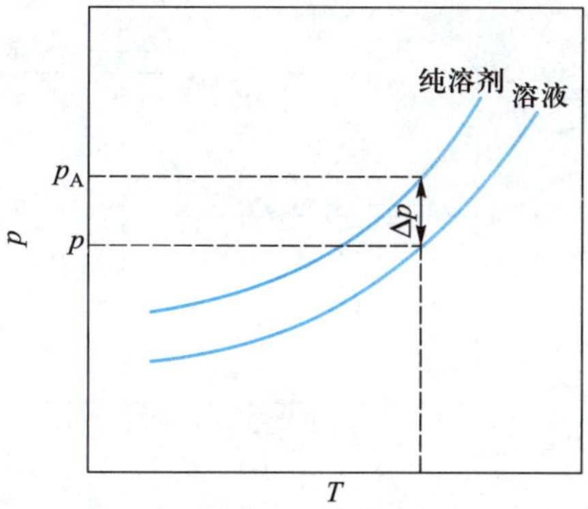

图 1-33　水溶液的蒸气压下降示意图

由式(1-7)也可以看出,由于 x_B 是小于 1 的数值,难挥发非电解质溶液的蒸气压总是低于纯溶剂的蒸气压。稀溶液的蒸气压下降,很容易用实验证明。如图 1-34 所示,在一个密闭容器内放置 A,B 两只烧杯,分别盛等体积的纯水和蔗糖水溶液。一段时间以后,可观察到 A 烧杯中的液面下降,而 B 烧杯中的液面相应上升。这是由于两只烧杯液面上的蒸气压不等,密闭容器内 A 烧杯中的纯溶剂饱和蒸气压较高,总是达不到平衡状态,水将会不断蒸发;而对于 B 烧杯中的蔗糖水溶液,饱和蒸气压较低,总是处于过饱和状态,则会不断有水蒸气冷凝下来。这就引起了水不断从蒸气压较高的 A 烧杯向蒸气压较低的 B 烧杯转移 。

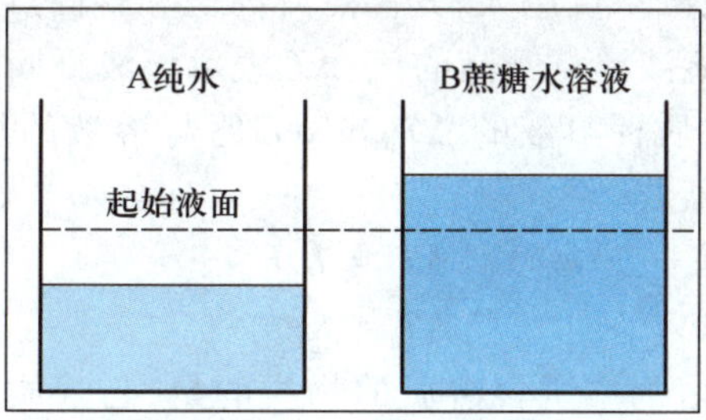

图 1-34　水分子从蒸气压较高处转移到蒸气压较低处

大家可以自己做一个实验:取一个干净、干燥的烧杯(或茶杯),放入几克无水 $CaCl_2$,放在房间内,过一段时间后,可观察到固体 $CaCl_2$ 消失而产生了大量的溶液。随着时间的延长,溶液还在增加,这就是无水 $CaCl_2$ 等能作为干燥剂使用的原因。

2. 溶液的沸点升高和凝固点降低

难挥发非电解质稀溶液蒸气压下降的结果,导致了溶液的沸点升高、凝固点降低。这也是难挥发非电解质稀溶液的重要通性。仍然以水溶液为例,讨论水、冰、溶液的蒸气压和温度的关系。如图 1-35 的三条曲线分别表示水、冰、溶液的蒸气压随温度变化的曲线。其中 T_f,T_b 分别代表溶液的熔点和沸点。

溶液的**沸点**是指它的蒸气压升高达到外界压力(即等于 101.325 kPa)时,对

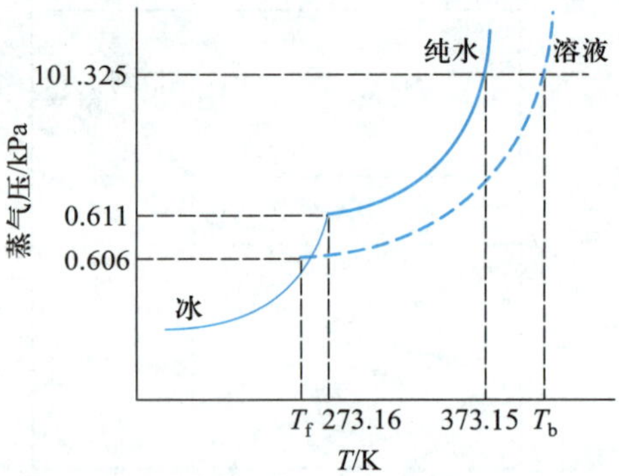

图 1-35　水溶液的沸点升高和凝固点降低示意图

应的温度。纯水加热到 100 ℃(373.15 K) 时，蒸气压就达到了 101.325 kPa，水就沸腾了。而溶液的蒸气压较低，加热到 100 ℃不能沸腾，只有继续加热到高于 100 ℃的另一温度 T_b时，蒸气压才能达到 101.325 kPa，因此，溶液与纯溶剂相比沸点总是升高的。

凝固点是气、液、固三相平衡共存时的温度，此时的特点就是冰与溶液的蒸气压相同。如图 1-35 所示，纯水与冰的曲线在 0 ℃(273.16 K)处相交，此时蒸气压相同，都等于 0.611 kPa。而溶液的蒸气压较低，此时，如加入冰，则冰将融化为水；只有继续降低温度，使稀溶液与冰的蒸气压曲线相交于 T_f，此处溶液与冰的蒸气压相同，才能达到三相平衡共存。因此，溶液与纯溶剂相比凝固点也总是降低的。显然，溶液的浓度越大，其沸点升高值和凝固点降低值也越大。

通常用 ΔT_b表示溶液沸点升高的值；ΔT_f表示溶液凝固点降低的值。在一定温度下，难挥发非电解质稀溶液的 ΔT_b和 ΔT_f值与溶液的**质量摩尔浓度** b 成正比，用数学式表达如下：

$$\Delta T_b = K_b b \tag{1-8}$$

$$\Delta T_f = K_f b \tag{1-9}$$

两式中 b 即单位质量溶剂中所含溶质的物质的量，与溶质的本性无关；K_b、K_f分别为沸点升高常数和凝固点降低常数，它们与溶剂的相对分子质量、沸点、熔点、蒸气压和溶解热等有关。不同溶剂有不同的 K_b、K_f(见表 1-22)，其单位是$K \cdot kg \cdot mol^{-1}$。

表 1-22　不同溶剂的沸点、凝固点和 K_b、K_f值

溶剂		沸点 / ℃	K_b / $K \cdot kg \cdot mol^{-1}$	凝固点 / ℃	K_f / $K \cdot kg \cdot mol^{-1}$
名称	化学式				
水	H_2O	100.0	0.512	0.0	1.86
醋酸	CH_3COOH	118.5	3.07	16.7	3.9
苯	C_6H_6	80.1	2.53	5.53	5.12
四氯化碳	CCl_4	76.8	5.03	−23.0	29.8
樟脑	$C_{10}H_{10}O$	208.3	5.95	178.4	37.7

对于一种物质作为溶质的稀溶液，可利用沸点升高或凝固点降低的规律来测定非电解质的相对分子质量。

[**例 1-3**] 将某非电解质 29.8 g，加入 1000 g 水中，所得的溶液比水的凝固点降低 0.372 ℃。求该物质的相对分子质量。

解：设此溶质的相对分子质量为 M_r，则溶液的质量摩尔浓度为

$$b = \frac{29.8}{M_r}(\text{mol}\cdot\text{kg}^{-1})$$

从表 1-21 中查得水的 K_f 为 1.86 K·kg·mol^{-1}。应用公式 $\Delta T_f = K_f b$，将数据代入得

$$M_r = \frac{1.86\ \text{K}\cdot\text{kg}\cdot\text{mol}^{-1}\times 29.8\ \text{mol}\cdot\text{kg}^{-1}}{0.372\ \text{K}} = 149$$

溶液的沸点升高、凝固点降低的规律在生产上和生活中有着广泛的应用实例。如利用用凝固点降低的规律，将一些难溶的金属制成较低熔点的合金。纯铁的熔点为 1535 ℃，而加入碳组成 Fe－C 合金，以铸铁为例，平均熔点为 1350 ℃。焊锡就是由铅、锡组成的低熔点合金。工业上经常用水作制冷介质，为了防止 0 ℃以下水结冰，不能流动，经常需要加入 NaCl、$CaCl_2$ 等化合物，可使水溶液在零下十几摄氏度，甚至零下几十摄氏度保持液体状态。坦克、汽车、拖拉机、筑路机械、矿山机械等使用内燃机的设备，都要用水冷却散热。冬季为了防止水结冰膨胀，损坏水箱和发动机，加入乙二醇、甘油、三乙醇胺等都有很好的防冻作用。为了防止冬季雨、雪结冰，飞机跑道打滑，喷洒氯化钙溶液化冰也是这个原理。

3. 具有一定的渗透压

渗透压是溶液的另一个重要属性，也是自然界普遍存在的现象。如图 1-36 所示装置，纯溶液之间用半透膜隔开，半透膜只允许溶剂分子通过，而不允许溶质分子通过。由于溶剂内部的能量高于溶液内部的能量，溶剂分子就会通过半透膜进入溶液，使溶液的液面升高。同时，因溶液液面的升高，内部压力增大，阻止溶剂分子进入。最终达到平衡时，溶液和溶剂的液面产生高度差 h，这种现象，叫**渗透现象**。由于液面高度差而产生的压力叫溶液的**渗透压**，用 Π 表示。

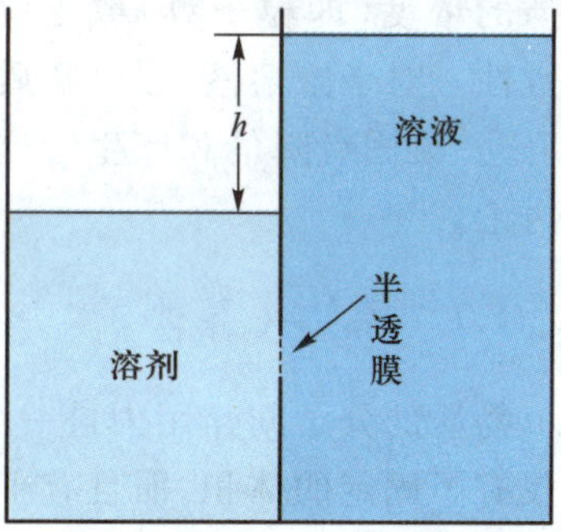

图 1-36 渗透现象

在一定的溶剂中，渗透压的大小与溶液的浓度有关。van't Hoff（范特霍夫）在总结大量实验数据后指出：稀溶液的渗透压与其物质的量浓度和热力学温度成正比。数学表达式如下：

$$\Pi = RcT \quad 或 \quad \Pi V = nRT \tag{1-10}$$

式（1-10）称为 van't Hoff **渗透压方程式**。其中：Π 为稀溶液的渗透压，单位为 Pa；c 为物质的量浓度，单位为 mol·m^{-3}；T 为热力学温度；V 为溶液的体积，单位为 m^3；n 为 V 体积溶液中溶质的物质的量，单位为 mol；R 为摩尔气体常数，8.314 Pa·m^3·mol^{-1}·K^{-1}（或 J·mol^{-1}·K^{-1}）。

van't Hoff 渗透压方程式表明，难挥发非电解质稀溶液的渗透压，在一定温度下和溶液中溶质的物质的量浓度成正比。利用此方程式也可测定溶质的相对分子质量。

渗透现象在自然界和动植物体内是广泛存在的，半透膜也在动植物体内普遍存在，与生命直接相关，如动物的膀胱、肠衣、细胞膜等。随着高分子材料科学的发展，各种规格、各种性能的人工半透膜也不断出现，有许多已商品化、产业化，如硝化纤维膜、醋酸纤维膜等。渗透现象在维系生命的过程中起着重要作用。植物细胞就是靠渗透压将根部的水分输送到茎部和叶片去的。在人体内正常温度时，血液的渗透压约为 780 kPa，因而在向血液注射溶液时，必须考虑注射液的渗透压。如常用的生理盐水是 0.9%，常用葡萄糖注射液是 5.0%。若要输入高渗溶液，则必须严格控制计量，否则会造成身体不适，甚至生命危险。

渗透原理在生产和生活中也广泛应用。如 $MgSO_4$ 叫泻盐，就是利用其高渗透的原理，在胃肠内产生大量的液体而腹泻；便秘时，将甘油从肛门注入，既可润滑，又可渗透稀释，起到通便的作用；当皮肤被轻微烫伤后，涂抹一点盐，可防止水肿；用盐或糖腌制食品，可防止腐烂霉变，就是利用在其高渗透环境下有害细菌等微生物不能存活的原理。在图 1-36 的装置中，在溶液的液面上施加压力，只要压力大于该溶液的渗透压就可使溶剂分子通过半透膜而进入纯溶剂一侧，这叫作**反渗透**，是海水淡化的方法之一。在工业上利用渗透原理发展的膜分离技术，可将混合物分离或污水净化，是正在兴起的一门绿色环保化工工艺。

式(1-7)、式(1-8)、式(1-9)和式(1-10)分别表示难挥发非电解质稀溶液的蒸气压下降、沸点升高、凝固点降低和产生渗透压等性质：在确定的溶剂下，与溶质的浓度(即粒子数)成正比，而与溶质的性质无关，这就是稀溶液的通性或依数性。对于浓溶液、强电解质溶液和高聚物溶液，仍然会产生蒸气压下降、沸点升高、凝固点降低和产生渗透压等性质，但不符合上述四个定量公式。此处不再讨论。

视频 1-31
其他溶液通性

1.7　固体（晶体）

物质的分子间作用力进一步加大，使得分子不能在较大的范围内自由移动，不仅有了固定的体积，而且有了固定的形状，就成了固体。大多数固体物的分子按照一定的方式整齐排列，叫作**晶体**。类似于液体，固体分为只有一种物种的纯固体(晶体)、固体溶液(固溶体)、混合物等。固体涉及的面很宽，作用力也十分复杂，这里只介绍纯固体——晶体。

视频 1-32
晶体和非晶体

1.7.1　晶体和非晶体

自然界的所有物质中，固态物质占绝大多数，工程材料更是以固态物质作为主要对象。根据结构和性质的不同，固态物质又可分为晶体和非晶体两大类。

视频 1-33
晶体的内部结构

1. 晶体和非晶体的特性比较

晶体和非晶体有三个重要而明显的区别。

(1) 晶体具有规整的几何外形，而非晶体（如玻璃、沥青等）则无固定几何形状。

(2) 晶体都有固定的熔点。非晶体的熔化则有一个过程：先由固态逐渐软化，最终变为可流动的熔体，其间涉及一个较大的温度区间，没有确定的熔点。

(3) 晶体有各向异性，即它们的许多物理性质随方向的不同而改变，而非晶体则是各向同性的。例如，打碎玻璃时，得到的是各种形状不同的碎片，而当晶体受外力时，常容易沿某一平面裂开，如食盐（NaCl）受力时，分成许多形状相同的小立方体。晶体的传热、导电性和光学性质在不同的方向上也有所不同，等等。

实际上，晶体又可分为单晶体和多晶体。单晶是由一个微小的晶核各向均匀长成的。晶体则由无数细小的晶粒结合而成，晶粒间由界面相互隔开；晶粒的结构和成分既可是相同的，也可是不同的。多晶体中每一小晶粒虽有各向异性，但由于晶粒的混乱排列，总体上并不表现出各向异性。天然矿物和陶瓷等许多材料都是多晶体物质。

有些物质，如炭黑和人工合成的粉体材料，其外观并不规整，但结构测定表明，它们是由无数细微晶体构成的多晶态物质，常称微晶体。

晶体和非晶体之间并无绝对界限。由于条件不同，同一物质，既可形成晶体，又可形成非晶体。二氧化硅可形成晶态的石英，也可形成非晶体燧石。非晶体玻璃，若经反复地加热冷却处理，会变成晶态玻璃，性质会发生很大的改变。传统的金属晶体，经过急速冷却处理，则可制得非晶态金属或金属玻璃，它具有许多一般金属不能兼有的特性，如高的强度和好的韧性，优异的耐蚀性和磁性等。由于晶体和非晶体的结构不同，往往显示出某些特殊的不同性能。这是人们获得新材料的一种重要方法。

晶体和非晶体在性质上的差别，是它们内部结构的反映。X 射线研究表明，晶体内部的粒子（离子、原子和分子）有规则地排列在空间的一定点上，它们相互的距离固定，行列与界面明显而规则。这些点的总和，称为点阵或晶格。晶体粒子所在的那些点，叫晶格结点。图 1-37 是晶格示意图。晶格为一切晶体所特有，可以说，晶体是具有空间结构的固体。不同的晶体中，粒子的种类、排列方式和间隔的大小有所不同。但同一种晶体，其粒子在空间排列的规律性总是相同的，因此，晶体具有整齐而规整的几何外形。晶体中各平行面上的粒子排列情况都是相同的，而在各个非平行面上的粒子排列情况则不相同，这就是晶体具有各向异性的内在依据。固定的熔点，反映了晶体内部作用力大小一定的这一特点。

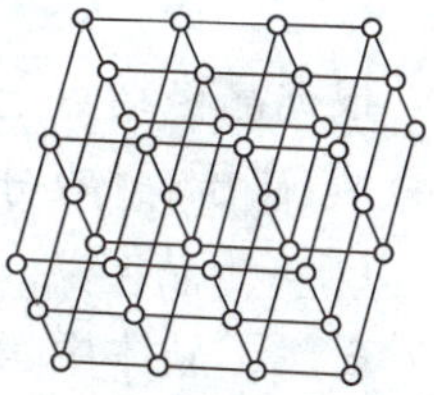
图 1-37 晶格

晶体内能够充分反映整个晶体结构特征的最小结构单位，称为晶胞。从一个晶胞出发，经不断重复，可以构成晶体的整体结构。因此，只要了解和测定出表示晶胞大小形状的基本参数，就能掌握晶体结构的特征。

2. 晶体结构的测定

晶体的内部结构，是通过 X 射线衍射技术来测定的。

X 射线是波长很短的光线（$10^{-11}\sim10^{-10}$m），与晶体中粒子层间的距离相近。因此，X 射线通过晶体时，会产生衍射而得到衍射图像。这些内容已在 1.1 节中讨论过。

图 1-38 中，a，b 两束 X 射线以入射角 θ，射入晶体中相邻的上下两粒子层，同时，按同样的 θ 角反射离开晶体。波 b 所经距离大于波 a，其光程差从图中可见为 $2d\sin\theta$。根据波的叠加原理，两波的光程差如等于波长的整数倍 $n\lambda$，即其相位相同时，则叠加而加强，其他方向的波则因相互干涉而削弱。因此，要得到衍射，必须满足的条件是

$$n\lambda=2d\sin\theta,\qquad n=1,2,3,\cdots$$

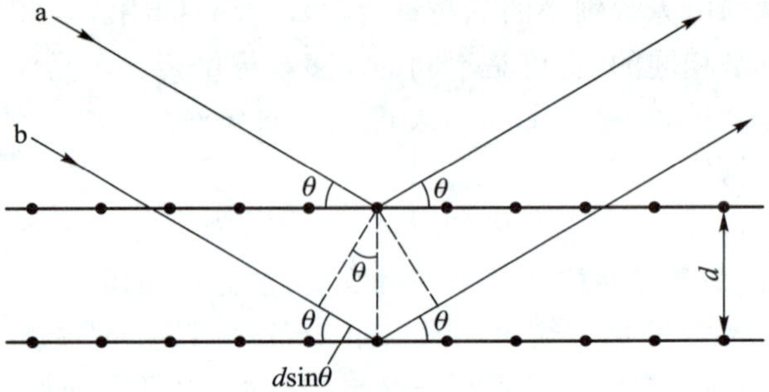

图 1-38 X 射线衍射测定晶体结构

已知 λ 和 θ，即可计算出晶体不同方向上粒子间的距离，从而确定晶体的结构。实际操作中，可以用固定入射角 θ，改变 λ（即用各种波长都有的连续 X 射线谱）的方法，也可用固定 λ（用单色 X 射线谱），改变 θ 的方法。上述方法中，用的都是单晶体，如果不用单晶体，改用大量无序堆积的细小粉末晶体或多晶体来代替入射角 θ 的改变，称为粉末法，这是目前用得最普遍的方法。

1.7.2 晶体的基本类型

视频 1-34 晶体的类型

根据晶格结点上粒子的性质和其间作用力的不同，又可将晶体分为几种基本类型：离子晶体，分子晶体，原子晶体，金属晶体和混合键型晶体。

1. 离子晶体

在离子晶体中，结点上交替地排列着正离子和负离子，其间以静电引力（离子键）相互结合，所有的固态离子化合物都是离子晶体。

NaCl 晶体是典型的离子晶体，图 1-39(a) 是 NaCl 晶体的晶胞，其外形为一立方体，其中每个 Na^+ 被 6 个 Cl^- 所包围。同样，每个 Cl^- 周围也有 6 个 Na^+，其个数比为 1∶1，故其化学式为 NaCl。这种排列方式，是为使晶体中正、负离子间吸引力最大，而排斥力最小。

CsCl 晶体是另一类型的离子晶体［图 1-39(b)］。晶体中，Cl^-（或 Cs^+）占据

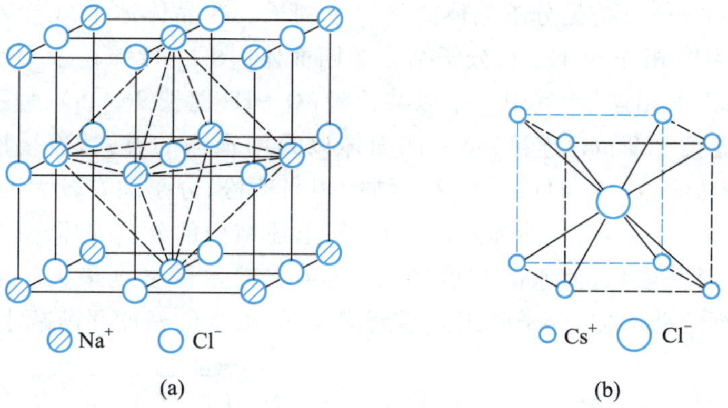

图 1-39 NaCl 与 CsCl 的晶体结构

立方体的 8 个顶角，而 Cs^+（或 Cl^-）填入立方体的中心，相当于每一个 Cs^+ 周围排列着 8 个 Cl^-，而每一个 Cl^- 也同样将 8 个 Cs^+ 吸引在自己的周围，故其化学式为 CsCl。

离子晶体中，离子键很强，没有自由移动的可能，因此，它是热和电的不良导体；当它熔化或溶于水后，离子键被破坏，出现了可自由移动的正、负离子，就有很好的导电性。离子晶体具有较大的硬度、较高的熔点和很低的挥发性（蒸气压很小）、延展性差而较脆等特性。

离子晶体中，正、负离子间结合力的大小，常用晶格能 U 来定量说明。在 100.0 kPa，298 K 下，由相互远离的气态正、负离子，结合成单位物质的量离子晶体时所放出的能量，称为该晶体的晶格能，常用 $kJ\cdot mol^{-1}$ 表示。例如，NaCl 的晶格能可表示如下：

$$Na^+(g)+Cl^-(g) \xrightarrow{U} NaCl(cr)$$

晶格能常为负值，负值越大，表明生成离子晶体时释放出能量越多，即正、负离子间结合力越大，离子晶体越稳定。

2. 分子晶体

共价化合物可形成两类晶体，即绝大多数的分子晶体和极少数的原子晶体。

在分子晶体中，晶格结点上排列的是各种共价键分子。虽然分子内部各原子间是以极性或非极性共价键相结合的，但在分子与分子之间的结合力是很弱的分子间作用力。例如，在固态二氧化碳（干冰）的晶体结构中，其晶胞为立方体，CO_2 分子占据立方体的八个顶角和六个面的中心位置。CO_2 分子内原子是以键能很大的 C═O 键结合，而晶体中 CO_2 分子间，则只存在极弱的色散力，因此，CO_2 晶体很容易被破坏。100 kPa 下，干冰在 −72.8 ℃ 时即升华为 CO_2 气体。CO_2 的晶体结构表示在图 1-40 中。

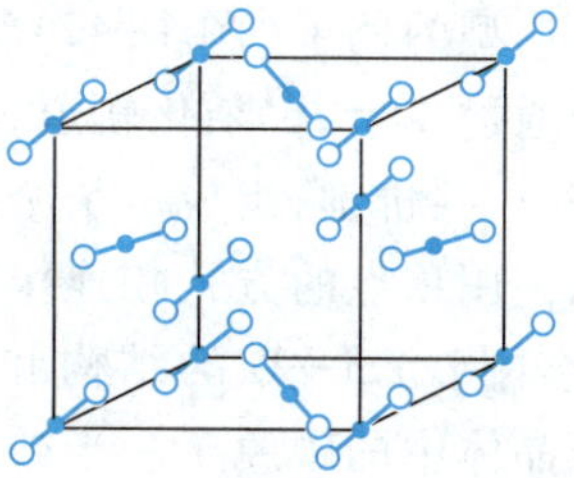

图 1-40 固态 CO_2 的晶体结构

固态的水——冰，是分子晶体的又一个例子。在晶体冰中，1 个水分子通过 4 个氢键与周围相邻的 4 个水分子结合成四面体[图 1-41(a)]。每个氢原子同时与两个氧原子相连接，其中一个以共价键(O—H，键长 96 pm)，另一个则以氢键(O---H，键长 179 pm)连接，每一四面体以共用顶点的方式，连接形成类似方石英结构的晶体[图 1-41(b)]，这种结构相当疏松，分子间有较大的空隙，这使得冰的密度比水要小。加热冰融化为水时，上述结构部分被破坏，变为许多小型四面体的较紧密堆积，使水的密度增大，到 4 ℃时水的密度最大。温度继续升高，分子的热运动增加，分子间距离逐渐增大，导致水的密度逐渐减小。

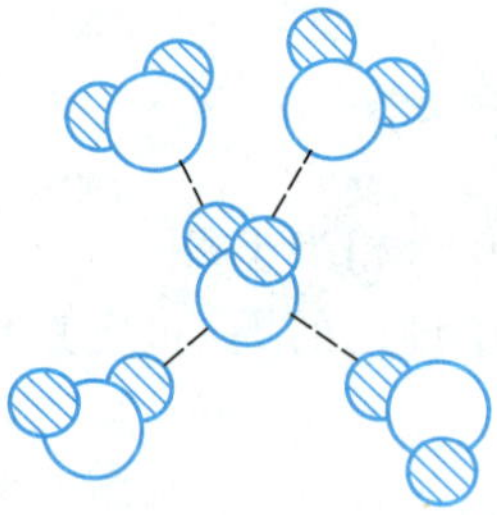

(a)

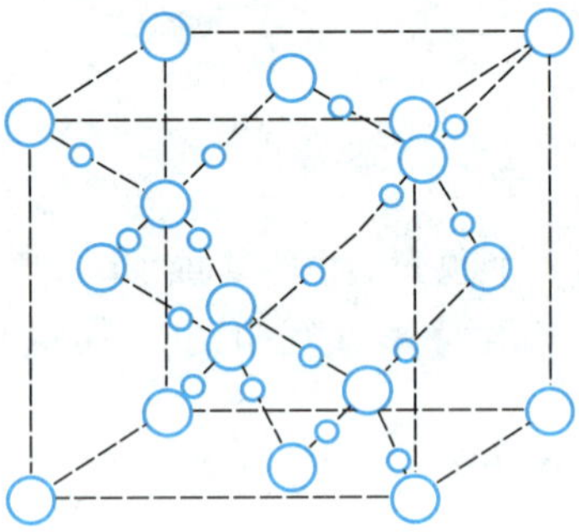

(b)

图 1-41　冰的晶体结构

在分子晶体中，由于分子间力很弱，只要供给很小的能量，就能破坏晶体。因此，分子晶体的硬度较小，熔点也较低，挥发性大。它们在常温时，大都以气态或液态存在。即使在常温下呈固态的，其挥发性也较大、蒸气压高，常具有升华的性质，如碘(I_2)和萘($C_{10}H_8$)等。一般地说，极性分子晶体，其熔点、硬度等，要比非极性分子晶体高。所有的分子晶体物质，在固态或熔融态时都不导电，导热性也很差。

3. 原子晶体

在原子晶体的晶格结点上排列的是中性原子，原子间以坚强的共价键相结合，向空间展开。金刚石就是典型的例子(图 1-42)。在金刚石晶体中，每个碳原子通过 4 个 sp^3杂化轨道，与其他 4 个碳原子形成 4 个 C—C 共价键，组成一个个的正四面体。这些正四面体以共用顶点的方式相连接而形成金刚石晶体。碳化硅(金刚砂)Si—C 的结构和金刚石相似，可看作是金刚石晶体中的碳原子一半被硅原子所代替，Si—C 间也是以共价键相结合并贯穿于整个晶体内的。

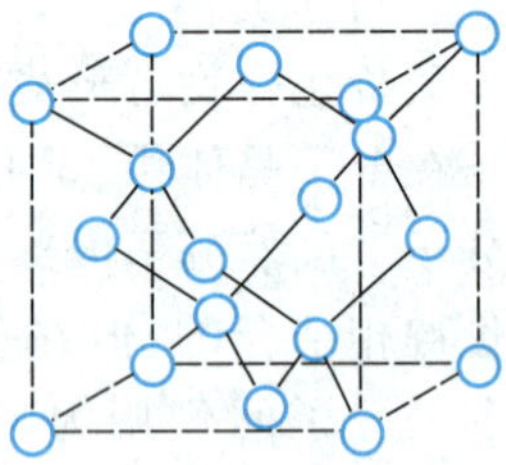

图 1-42　金刚石的晶体结构

另一个典型的原子晶体是二氧化硅(石英)晶体。SiO_2方石英的晶体结构表示于图 1-43 中。其中，硅原子与氧原子形成一个个硅氧四面体，每一个硅原子位于四面体的中心，四个氧原子分布在四面体的顶角上。每一个氧原子与两个硅原子相连而组成整个晶体。可见和离子晶体一样，在原子晶体中也不存在单个分子。整个晶体可看作一个巨型“分子”。化学式 SiO_2 只表示晶体中硅原子与氧原子数的最简比。但习惯上仍把它称作二氧化硅等原子晶体的分子式。

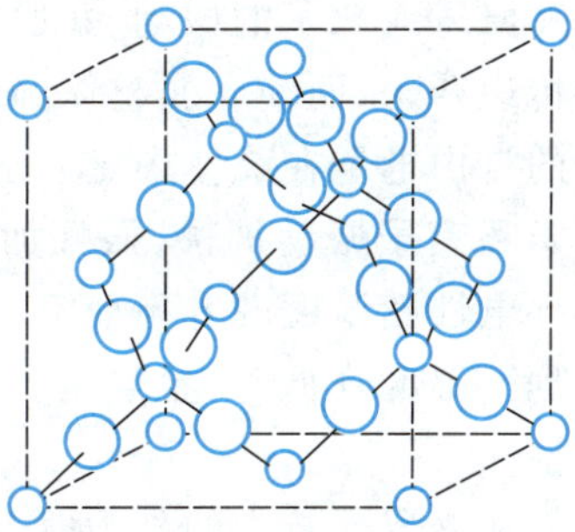

图 1-43 方石英（SiO_2）的晶体结构

元素周期表中ⅣA 族元素单质，碳（金刚石）、硅、锗、灰锡及ⅢA 族元素硼单质，属于原子晶体，ⅢA、ⅣA 和ⅤA 族元素间的许多化合物，如碳化硼（B_4C）、立方氮化硼（BN）、氮化铝（AlN）、砷化镓（GaAs）等的晶体中，原子间以共价键结合，具有与金刚石相类似的结构，也都是原子晶体。

由于共价键强度很大，要破坏它甚至扭歪其键角，都需要很大的能量。因此，原子晶体的熔点很高，硬度很大，是热和电的不良导体，不易溶于任何溶剂，化学性质稳定。例如，金刚石的熔点达 3500 ℃，是自然界中硬度最大的。在很高的温度和压力下合成的立方氮化硼（BN），其硬度甚至比金刚石还大。

原子晶体在工业上，被广泛用作耐磨材料和耐火材料，金刚石常用作钻探和切割工具，金刚砂是极重要的磨料，SiO_2 则是来源广、价格低的耐火材料。

绝大多数的非金属单质和共价化合物（包括大部分有机化合物），在固态时都形成分子晶体，只有少数属于原子晶体。晶体类型不同，共价化合物间的物理性质可有很大的差别。比如碳、硅两元素为同族元素，其氧化物 CO_2 和 SiO_2 都是共价化合物，它们组成相似，化学性质也相近，C═O 键键能（743 $kJ\cdot mol^{-1}$）比 Si—O 键键能（464 $kJ\cdot mol^{-1}$）大得多。但由于 SiO_2 是原子晶体，而 CO_2 为分子晶体，因此 CO_2 的熔点、硬度等要比 SiO_2 低得多。

4. 金属晶体

金属单质及其合金的电负性小，容易失去价层电子。因此，在金属晶体中，晶格结点上排列的是金属正离子和大量从金属原子上脱落下来的电子。这些电子不是固定于某一正离子，而是在整个晶体中“自由”地运动，通常被形象地叫作“自由电子气”。依靠“自由电子气”和金属正离子“胶合”起来形成金属晶体（如图 1-44 所示）。自由电子与金属正离子间的作用力，就叫金属键。和离子晶体、原子晶体一样，金属晶体中不存在孤立的离子或原子。自由电子运动遍及整个晶体内部，就是一巨大的“分子”，球形的金属原子或正离子将尽可能紧密堆积，以降低能量。

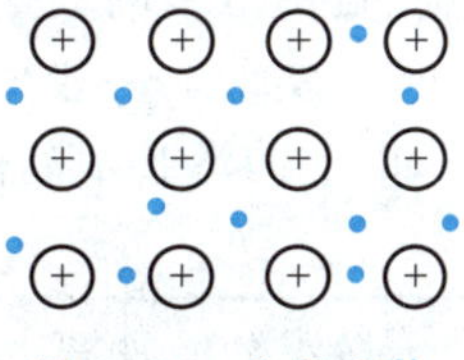
图 1-44 金属晶体示意图

金属的各种特征，可用上述的自由电子论大致说明。金属中的自由电子能吸收可见光而使金属具有不透明性；吸收能量的电子在跃迁至低能级时，又会辐射出各种波长的光，而使金属具有特征的光泽。当金属的某一部分受热时，会加强其原子或离子的振动，并通过自由电子的运动波及邻近的原子或离子，使热运动传递开来，而使金属整体温度很快升高并趋于均匀。在外加电场作用下，金属中的自由电子在晶体中定向运动，从而形成电流。但温度升高时，晶格结点上的原子和离子振动加快，振幅加大，自由电子流动时所受的阻力就随之加大，因而其导电性随温度的升高而降低。杂质的存在，也会降低金属的导电性，也是这个道理。温度降低时，金属的导电性有所增加；接近 0 K 时，某些金属还会出现超导性。

在金属受较大的外力时，晶体内部各层离子间发生相对滑动，由于电子运动所引起的一定的“润滑”作用，使各层间仍保持着不具方向性的金属键［图 1-45(a)］，因此金属将发生变形而不致断裂，即具有良好的延展性和可塑性，许多金属可以锻打、压成薄片或拉成细丝。金属的这种优良的加工性能使它们在工程材料中占有重要地位，是金属材料在生产和人类生活中获得广泛应用的主要原因。

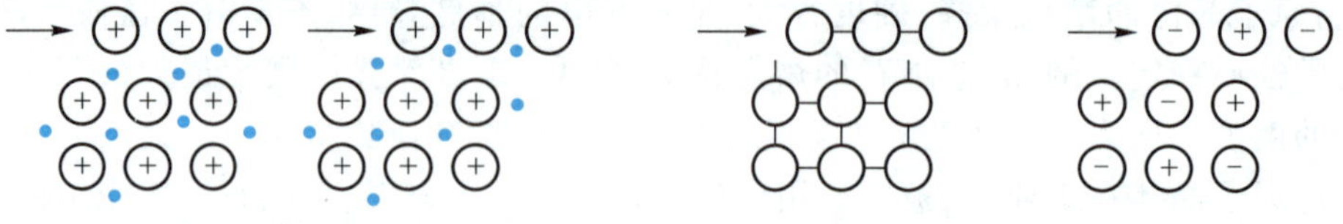

图 1-45　不同类型的晶体受外力作用的情况

原子晶体和离子晶体则与此不同。当有较大外力作用时，原子晶体中各层相对滑动，共价键断裂，晶体破坏［图 1-45(b)］；而离子晶体的层间滑动会使电荷相同的离子靠近而相互排斥，也会使晶体被破坏［图 1-45(c)］，表现出它们硬而脆的特性。因此，这两大类晶体物质基本上没有延展性。

金属键的强度可用升华热来衡量。升化热的大小，与金属正离子的电荷和半径、自由电子的数量有关。元素周期表中ⅤB 和ⅥB 族元素的高硬度和高熔点，就是实例。一般金属的升华热为 80～800 $kJ\cdot mol^{-1}$。

以上四类基本晶体的组成、作用力及其重要性质，归纳在表 1-23 中。

表 1-23　四类晶体的比较

晶体类型	离子晶体	原子晶体	分子晶体	金属晶体
晶格结点上的粒子	正、负离子	中性原子	非极性分子或极性分子	原子，正离子
晶格结点的作用力	离子键	共价键	分子间作用力（有的还有氢键）	金属键
机械性能	强度较大，脆性，机械加工性差	硬度大，脆性，机械加工性差	质软，机械加工性差	多数较硬，延展性好，机械加工性好

续表

晶体类型	离子晶体	原子晶体	分子晶体	金属晶体
热学性能	熔点较高，沸点高，导热性差	熔点、沸点高，无挥发性，导热性差	熔点、沸点低，挥发性高，导热性差	热的良导体，多数高熔点、高沸点，少数为低熔点
电学性能	不导电，熔化后或溶于水后导电	多数是绝缘体，少数是半导体	绝缘体（极性物质溶于水后导电）	电的良导体
光学性能	透明，对光吸收少	多数不透明，对光产生折射	依组成分子的性质而异	多数不透明，有金属光泽，对可见光有高反射率
实例	Na_2O，$MgCl_2$，$CaSO_4$	金刚石，SiC，BN	干冰（固体 CO_2），冰，碘，蔗糖	Na，Al，铜合金

5. 混合键型晶体

常见的晶体，除上述四种基本类型外，还有相当多的晶体类型，不仅有存在过渡型的化学键的晶体，还有粒子间存在着不同键型的混合的晶体，它们都属于混合键型晶体。

(1) 层状结构晶体　这类晶体的特点是层内为共价键结合，层与层间为 π 键或分子间作用力结合。

石墨是典型的层状晶体（图 1-46）。在晶体中，C 原子采用 sp^2 杂化轨道与其他 C 原子生成共价键，构成许多正六角形，这些六角形构成相互平行的一系列平面层。每一碳原子尚有一个 2p 轨道，可从侧面重叠而形成 π 键。同层的 C 原子很多，其剩余的 2p 电子都参与了 π 键的形成。这种包含了很多原子的 π 键，称为大 π 键。大 π 键中的电子并不局限在相邻的原子间，而是在同一层中较自由地运动，这就使石墨具有良好的传热、导电性。层与层间距离较大，其间引力近似于分子间作用力，故晶体中层与层间容易滑动与分离。因此，石墨质软，工业上常利用这一性质，用石墨作固体润滑剂和电极材料。

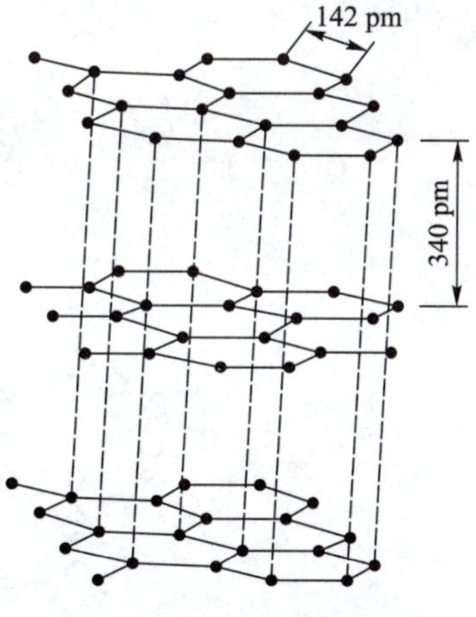

图 1-46　石墨的晶体结构

由于层间距离较大，可使某些单质或化合物插入层间形成间隙化合物，如 C_8K 等。这类物质都有很高的导电性。和石墨结构相同的氮化硼 BN 是白色粉状物。在晶体中，每个 B 原子和 3 个 N 原子、每个 N 原子和 3 个 B 原子都以共价键相结合。其质软，有优良的绝缘性，熔点极高（达 3300～3400 ℃），是一种比石墨更耐高温的固体润滑剂，有“白色石墨”之称，还可用作制造耐高温的容器，等等。

过渡金属的二硫化物，通式为 MX_2（M 为ⅣB—ⅦB 族的金属元素，X 为 S，Se 和 Te）。它们的晶体也具有层状结构。以 MoS_2 为例，一层 Mo 原子夹在两层 S 原子间形成夹心状结构。夹心层中 Mo 与 S 间以很强的共价键相结合，各 MoS_2 层间则是较弱的分子间作用力。层状化合物晶体易从层面裂开，具有良好的润滑性、很高的热稳定性和稳定性，是优异的固体润滑材料，广泛用于高温、低温、真空和辐射条件下的润滑。

（2）链状结构晶体　链状结构的晶体，也是过渡型晶体。

所有的硅酸盐（天然或人工合成）的基本结构单元是 1 个 Si 原子和 4 个 O 原子组成的 $(SiO_4)^{4-}$ 正四面体，不同的只是 $(SiO_4)^{4-}$ 的连接和排列方式。如果各 $(SiO_4)^{4-}$ 公用两个顶点连接成一条无穷的长链，就形成单链状结构，用 $(SiO_3)_n^{2n-}$ 表示；或双链状结构，用 $(Si_4O_{11})_n^{6n-}$ 表示［图 1-47（a），（b）］。链内硅原子间是带离子性的共价键，作用力很大，而链与链间是由相隔较远的金属正离子与链所带负离子间以离子键相结合，因而链间的结合力比链内弱，故外力作用时，易断裂为纤维状。石棉就属于这类硅酸盐，它是纤维状镁、钙和钠的硅酸盐矿物的总称，耐热、耐酸，工业上用作保温材料、耐火材料等。

硅酸盐的组成和结构十分复杂，除链状晶体外，还有单个阴离子型、层状和体形多种晶体构型。

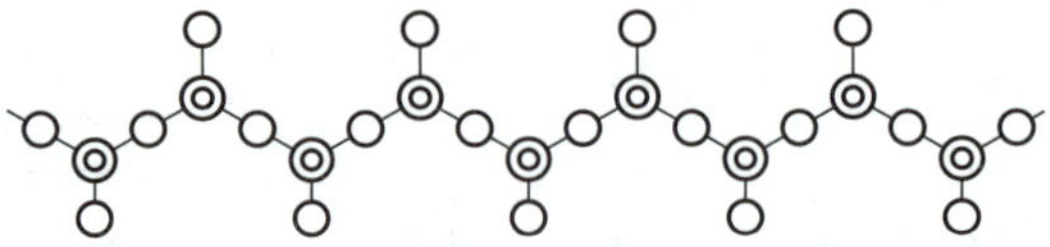

(a) 单链结构

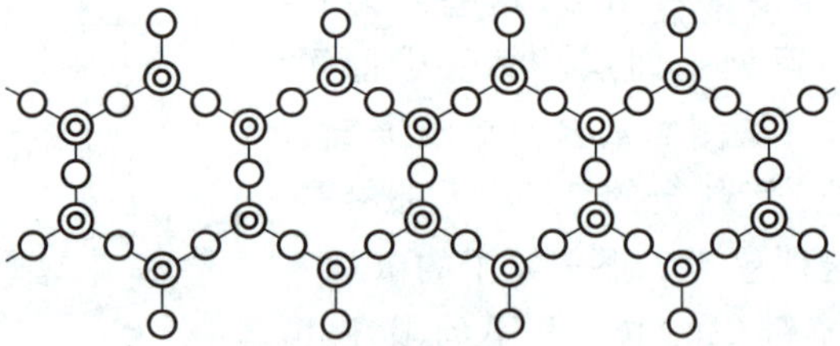

(b) 双链结构

图 1-47　$(SiO_4)^{4-}$ 构成的链状结构

晶体结构对物质的物理性能（力学、热学、电磁学和光学等）有决定性的影响。以碳元素为例，其不同的结构形成不同类型的晶体，其性质也相差极大。金刚石、石墨的晶体结构，前已讨论。近年来发现它的第三种晶体形态，称球烯或富勒烯，如 C_{60}，C_{70}，C_{84}和 C_{90}系列，都是空心笼状结构，其中 C_{60}形似足球，其结构如图 1-48 所示。它由 12 个正五边形和 20 个正六边形组成，结构十分稳定。其中每个碳原子都以 2 个单键和 1 个双键相结合，球面的内、外表面都由 π 电子所覆盖，显示出独特的芳香性。它有极好的抗腐蚀性和抗辐射性，易于接受或释放电子。在 C_{60}笼中掺入少量的 K，Rb，Cs，形成 $K_{60}C_{60}$，CsC_{60}和 RbC_{60}等，是很好的低温超导体；如在 C_{60}笼中掺入 Li，则可用于制造高能电池。因此，对 C_{60}系列进行深入研究，不仅有广阔的应用前景，还会极大地促进近代化学键理论的发展。像金刚石、石墨和富勒烯这类由相同的元素原子结合而成的不同晶体，称为同素异形体或同质异晶体。

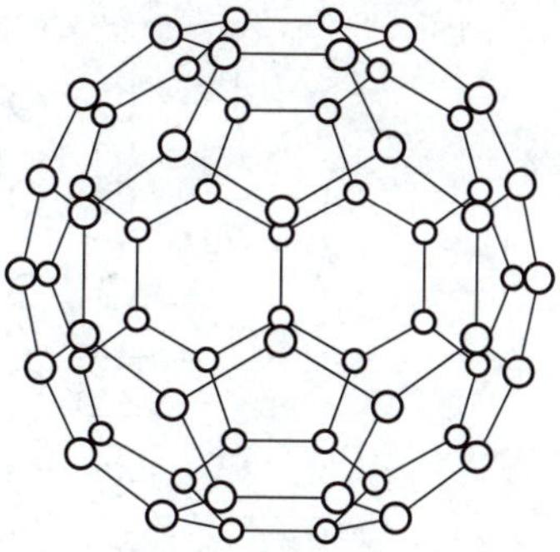

图 1-48　富勒烯 C_{60}的结构

上述几类晶体在元素周期表中也呈现出周期性的递变规律。同周期从左向右，大体是金属晶体、原子晶体向分子晶体演变，p 区是这种转变的过渡区，出现了各种不同类型的过渡型结构的晶体，例如，碳、锡、磷、砷、锑、硫、硒等都有同素异形体，而且在它们的不同晶形中，总有一种是层状或链状晶体。同类主族中，只有ⅢA、ⅣA、ⅤA 和ⅥA 族内自上而下元素单质的晶体结构是由分子晶体或原子晶体向金属晶体转变的。

上述规律性变化使得元素单质的性质，特别是物理性质也呈现出一定的规律性，元素单质的密度、硬度和熔点、沸点等，在同一周期中大体变化是“两头小、中间大”的特征，聚集态和颜色也有一定的规律，如卤素元素中，自上而下，F_2为无色气体，Cl_2是黄绿色、易液化的气体，Br_2为暗红色液体，I_2则为有金属光泽的固体，等等。

1.7.3　实际晶体

视频 1-35

实际晶体、液晶

以上介绍的是理想晶体，而在实际晶体中，即使是高纯的晶体，其某些区域粒子的排列也会表现出不完整性。这种偏离完整性的区域，就叫晶体的缺陷，晶体的缺陷有多种类型，即点缺陷、线缺陷、面缺陷和体缺陷等。这是按几何特征来分类的。化学家最关心的是其中的点缺陷。只有通过缺陷的运动（扩散）才能引发固态化学反应；同时缺陷的存在，使晶体的性能出现新的变化。

1. 点缺陷

点缺陷是晶体中晶格结点上粒子发生局部错乱的现象。产生点缺陷的原因有两个：晶体由于结点上粒子的热运动而形成的缺陷，称为热缺陷或本征缺陷；外来杂质进入晶格而引起的缺陷，称为杂质缺陷。

当晶体处在高于绝对零度（0K）时，晶格结点上的某些粒子由于热运动加剧而离开平衡位置，挤入晶格成为间隙粒子，而原位则留下“空穴”。在间隙粒子和空穴附近，会使周围的粒子偏离平衡位置，导致晶格“畸变”。本征缺陷既可发生在晶体内部，也可能出现在晶体的表面上，见图 1-49 所示。

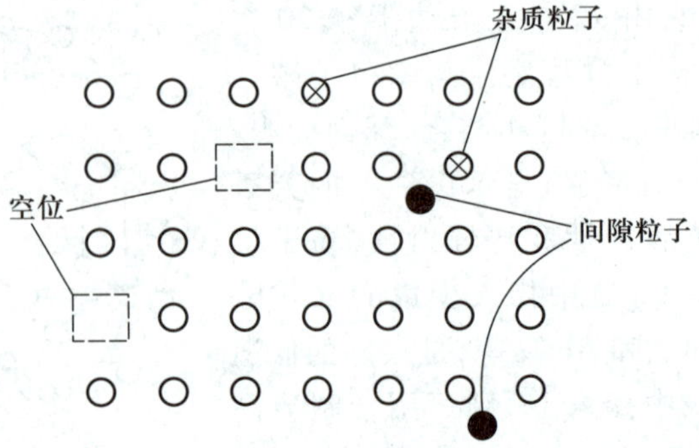

图 1-49 点缺陷示意图

杂质缺陷是由外来粒子进入晶格成为杂质粒子引起的。在金属冶炼过程中，这几乎是不可避免的；有时则是根据需要而人为加入的，此过程称为掺杂。

杂质进入晶体与溶质溶入溶剂相似，形成的晶体是固态溶液，简称固溶体。

杂质缺陷有两种形式：一种是杂质粒子置换原晶格结点上的粒子而形成置换固溶体，例如，Cr、Ni 等熔入 Fe 晶格中，Si 置换 Sb 晶格中 Sb 的位置；另一种是杂质粒子进入晶格中的间隙形成**间隙固溶体**。半径较小的 C，B 和 N 原子等进入金属晶体的晶格间隙中，如铁碳固溶体等，就是这类固溶体的代表。

杂质缺陷一般不改变原基质晶体的晶格，但会因晶格畸变而活化，为粒子的迁移提供条件。

点缺陷还有一类叫电子缺陷。根据近代理论，0 K 下绝大多数半导体是纯净完整晶体，但在高于绝对零度时，由于热、光等因素，会使少数电子被激发，原来电子所占据的轨道便空余出来，形成“空穴”，电子向空穴跃迁，又会出现新的空穴，这样，电子与空穴的浓度及其运动就是半导体导电的主要原因。

2. 非整比化合物

晶体中热缺陷和杂质缺陷的存在，会使原来的整比化合物 A_mB_n 发生变化，实际晶体中 A 与 B 原子个数比不等于 $m:n$，其化学组成可用 $A_mB_{n(1+\delta)}$ 表示，其中的 δ 是一个很小的正值或负值。这种偏离整数的化合物，就称为非整比化合物。

非整比化合物的概念，早在 19 世纪 Berthollet（贝托雷，法国）根据大量的实验数据就曾指出过，可惜他的观点在当时并未受到重视。直到 1930 年后，人们才充分认识到非整比化合物的存在。近代研究表明，非整比化合物要比整比化合物的存在更为普遍，数量更多。

在不含外来杂质的纯净晶体中，非整比性是由于空位、间隙粒子和错位等各种本征缺陷所引起的。以离子晶体为例，负离子空位或间隙正离子可导致金属离子过剩，如 TiO_{2-x}，ZrO_{2-x}，ZnO_{1-x} 等；正离子空位或间隙负离子，可使负离子过剩，如 NiO_{1+x}，PdH_{1+x} 等，它们都具有半导体性质。杂质缺陷更可使晶体在一个更大的范围内实现其组成的变动。以后，我们将会看到“掺杂”对发展半导体技术的重大意义。

1.7.4 液晶

液晶态是指在一定温度下，由固态转变为液态时的一种中间态，它既具有液态的流动性，又有晶体结构的有序性和各向异性的特点，因此，液晶具有独特的热、电磁和光学性质。一百多年来，人们已合成出 5 万多种液晶化合物；近 40 年来，液晶物质在生产和科学研究中获得了日益广泛的应用。

液晶物质主要包括向列相、胆甾相和近晶相三大类（图 1-50）。

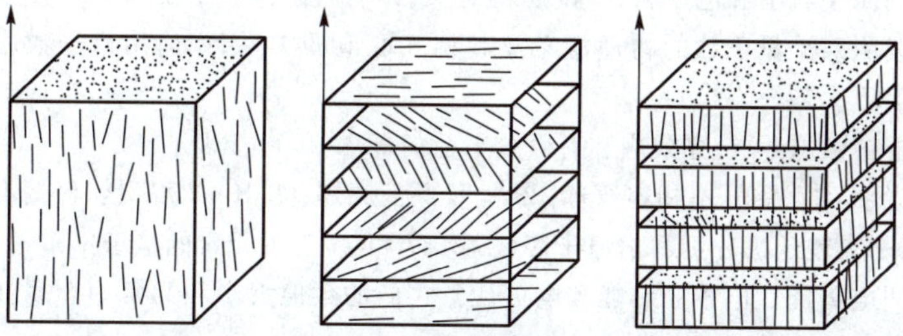

(a) 向列相　(b) 胆甾相　(c) 近晶相

图 1-50　三类液晶分子的排列

向列相分子具有一个长的刚性中心，呈棒状，一端或两端具有柔性链；分子的取向是长程有序的，但分子质心的分布是无规则的。胆甾相分子呈层状排列，每层中分子长轴大致平行，相邻平面的分子长轴要相差一确定的角度，分子排列呈螺旋状，主要是天然的胆甾醇（胆固醇）的酯或卤化物等。近晶相分子为棒状，形成层状结构，层内分子长轴大致平行，其分子排列状如火柴盒中的火柴。

对向列相和近晶相分子的研究表明，只有当其分子的长度与宽度比大于 4 时，才有可能呈液晶态。

液晶分子排列不像晶体那样牢固，易受温度、应力、电场和磁场等外界影响，致使其分子排列发生变化，从而使其各种光学性质（如双折射性 、旋光性等）随之变化，如 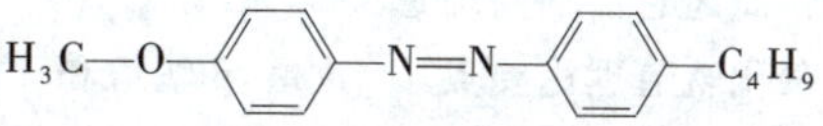

在 22℃ 时由晶相（各向异性）转变为液晶（兼有各向异性和流动性）；47℃ 时又转变为液态（各向同性）。用电场诱发，就出现了在不同温度条件下透明和不透明或者颜色变化的情况。

将液晶物质夹在两层透明的导电玻璃间，施以电压，液晶就会在电场有无间表现出不同的光学性质。选择一定形状的电极，就能显示出文字、符号或所要求的图像。若采用彩色偏振薄膜技术，便可实现彩色显示。

液晶显示具有功耗小、用量少、成本低、能在明亮环境下工作等特点。因此，自 1968 年液晶的电光效应首次报道以来，液晶工业得以迅速发展，广泛用于文字显示和图像显示的各种仪器装置和设备中，在医疗、生物科学中有多种的应用；在光电元件、传感器元件等研制中也有重要应用。目前，国内外在研究生物体中的直觉作用、信息传递和新陈代谢等与液晶的关系。可见，液晶材料的新开发和研制方兴未艾，应用领域也日益扩大。

问　题

1. 哪些实验事实可以说明原子的复杂性？根据这些事实，科学家们提出了哪些早期的原子结构模型？

2. 什么叫波粒二象性？如何证实电子等微观粒子具有波粒二象性？

3. 试区别原子轨道和电子云，ψ 和 ψ^2 的意义，说明其图像表示法。

4. 举例说明四个量子数的物理意义及其相互取值的关系，如何用量子数表示核外电子的运动状态？

5. 解释屏蔽效应、钻穿效应和有效核电荷的概念。

6. 举例说明：① Pauli 不相容原理；② 能量最低原理；③ Hund 规则。根据上述三原则，用原子实表示法分别写出原子序数 42，47 和 71 三种元素的电子排布式。

7. 什么叫电离能、电子亲和能和电负性？它们的数值大小和元素的金属性、非金属性之间有何关系？

8. 元素周期表中，各元素的原子半径变化有何规律性？试用镧系收缩解释 Sr，Ba，Ra 三元素的第一电离能的变化。

9. 解释下列事实：

(1) Al 的第一电离能小于 Mg；

(2) 过渡元素一般不存在氧化数为+1 的离子；

(3) 氯和锰元素的最高氧化数相同，而金属性和非金属性却极不相同；

(4) Cu 与 K 元素原子的最外层同为 $4s^1$ 构型，而金属活泼却相差很大。

10. 什么叫化学键？化学键有哪些基本类型？它们各有何特点？

11. 简述离子键的形成过程。离子有哪些特征？这些特征对离子键和离子化合物的性质有哪些影响？

12. 简述共价键价键理论的基本内容。如何理解共价键的饱和性和方向性？

13. 什么是 σ 键和 π 键？试比较两者的形成和性质的区别。

14. 什么是共价键的键参数？简述它们的物理意义。

15. 什么叫杂化轨道？简述杂化轨道理论要点。s 轨道、p 轨道和 d 轨道的杂化有哪些类型？它们分别有何特征？

16. 价层电子对互斥理论有哪些要点？如何用这一理论来预测 AB_n 型的共价分子（或离子）的空间构型？

17. 分子的极性是怎样产生的？如何量度分子的极性？能否预测一个共价分子有无极性？

18. 分子间作用力有几种？它们是怎样产生的？举例说明分子间作用力对物质性质的影响。

19. 氢键形成的条件是什么？它对物质的性质有哪些影响？

20. 晶体有哪些特征？这些特征与晶体内部结构有什么关系？

21. 什么叫作金属键？它有哪些特点？怎样用金属键理论说明金属的物理性

质和化学性质？

22. 为什么说在离子晶体、原子晶体和金属晶体中不存在单个的分子？

23. 何谓混合键型晶体？它们在结构上有哪些相同之处和不同之处？

24. 实际晶体主要是指什么类型的晶体？非整比化合物是怎样产生的？

25. 液晶主要包括哪些类型？其分子排列各有何特点？举例说明液晶材料的实际应用。

26. 溶液和溶胶的主要区别是什么？胶体溶液是单相系统还是多相系统？

27. 配合物溶液是真溶液吗？能产生 Tyndall 效应吗？

28. 简述溶胶的“扩散双电层”理论的主要内容。

29. 胶体的聚沉有哪些方法？各种方法形式不同，但它们的共同之处是什么？

30. 简述表面活性剂的结构特点和主要特性，它在工农业生产和日常生活中有哪些应用？

31. 稀溶液依数性的含义是什么？为什么又叫稀溶液的通性？它包括哪些性质？试用平衡原理加以说明。

32. 在讨论稀溶液的依数性时，强调的前提是难挥发非电解质稀溶液，如果选用电解质或挥发性物质为溶质，或浓溶液将又会如何？

33. 根据稀溶液的依数性，为什么不会出现凝固点升高或沸点降低的现象？

34. 在水介质中 AgI 胶体和 AgI 沉淀有什么不同？都符合溶度积规则吗？

习　题

1. 根据 de Broglie 关系式，计算速度为 $5.0\times10^{6}\ \mathrm{m\cdot s^{-1}}$ 的电子的 de Broglie 波的波长。

2. 用量子数分别表示：

(1) 3d 亚层　　(2) 4s 原子轨道

(3) 氧原子中的 4 个 p 电子　　(4) $4s^1$ 电子

3. 指出下列元素是主族元素还是副族元素？位于元素周期表中第几周期？第几族？

(1) $[Ne]3s^2 2p^6$　　(2) $[Kr]4d^{10}5s^2 5p^2$

(3) $[Ar]3d^2 4s^2$　　(4) $[Ar]3d^{10}4s^1$

4. 填充下表：

原子序数	电子构型	价电子层	最高氧化数	所属分区	周期	族	原子中未成对电子数
26							
33							
55							
75							

5. 根据下列电子构型，回答问题：

① $1s^2 2s^2 2p^6 3s^2$ ② $[Ne]3s^1$ ③ $1s^2 2s^2 2p^6$ ④ $[Ar]3d^{10}4s^2 4p^5$

⑤ $1s^2 2s^2 2p^3$

(1) 哪种元素具有最低的电离能？

(2) 哪种元素是稀有气体？哪种元素属于碱金属？哪种元素是卤素元素？

(3) 哪些是第三周期的元素？

(4) 哪种元素的氧化数为+3 和+5？

6. 根据元素周期表试分别指出：

(1) Ga 原子的价电子数；

(2) W 原子的电子构型；

(3) 最外层有 6 个电子的元素；

(4) Sb 原子中的未成对电子数。

7. 某元素 X 的电离能数据如下：

$$I_1 = 6.1\ \text{eV},\quad I_2 = 11.9\ \text{eV},\quad I_3 = 51.3\ \text{eV}$$

试判断：

(1) 该元素属于元素周期表中第几族？

(2) 该元素是金属或是非金属？其电负性大小如何？

(3) 该元素常见的氧化数为多少？写出其氧化物的化学式。

8. 利用元素周期表指出符合下列条件的元素名称、符号和电子构型：

(1) 最外层为 $3s^2 3p^2$ 的元素；

(2) 价电子层中有 6 个 $n=3, l=2$ 电子的元素；

(3) 有 4 个电子层且最高氧化数与氯相同的金属元素；

(4) 3d 亚层全满，4s 亚层半满的元素。

9. 判断下列各组离子化合物作用力大小及熔点的高低顺序：

(1) MgO 与 BaS

(2) KCl 与 CsCl

(3) NaCl、NaI、NaF、NaBr

(4) K_2SO_4 与 $MgSO_4$

10. 用表 1-4 中原子半径的数据计算下列共价键的键长：

(1) H—Cl (2) C—N (3) C—Cl (4) C—F (5) N—I

11. 按离子半径从小到大的顺序排出下列两组离子并简述理由：

(1) F^-, Na^+, O^{2-}, Mg^{2+} (2) Mg^{2+}, P^{3-}, Si^{4+}, Al^{3+}

12. 指出下列分子中中心原子可能采取的杂化轨道类型，并判断分子的空间构型：

(1) BBr_3 (2) $HgCl_2$ (3) SiH_4 (4) CS_2 (5) $[Hg(CN)_4]^{2-}$

(6) $[PtCl_6]^{2-}$

13. 根据 VSEPR 理论预测下列分子(或离子)的空间构型：

(1) $SiCl_4$ (2) H_2Se (3) CO_3^{2-} (4) ICl_3 (5) $AsCl_5$ (6) $[AlF_6]^{3-}$

14. 推测下列分子的空间构型，并判断分子有无极性：

(1) ClF_3 (2) $TeCl_4$ (3) SCl_2 (4) XeF_2 (5) NF_3 (6) BrF_5

15. 按电偶极矩增加的次序排列下列两组化合物，简述理由：

(1) PH_3, AsH_3, NH_3 (2) $AsCl_3$, AsI_3, AsF_3, $AsBr_3$

16. 有 X,Y,Z 三种元素,X 原子的价层电子构型为 $3s^2$,Y 为元素周期表中 VA 族元素,Z 属于卤族元素,X,Y,Z 三元素处于同一周期。试判断:

(1) X,Y,Z 三元素的电负性,何者最大?何者最小?

(2) X—Y 键和 Y—Z 键各属于离子键或是共价键?为什么?

(3) X 和 Z,Y 和 Z 之间可形成哪些化合物,写出它们的化学式,判断它们是离子化合物还是共价化合物,若是共价化合物,其分子有无极性?

17. 试判断下列分子间有哪些作用力(包括色散力、诱导力和取向力及氢键):

(1) HCl 分子间 (2) He 分子间 (3) H_2O 分子间

(4) H_2O 分子和 Ar 分子间 (5) 苯和 CCl_4 分子间

(6) 苯酚和对甲基苯酚分子间

18. 比较下列各组离子化合物的性质。

(1) 硬度的大小:MgF_2 和 TiO_2;NaF 和 NaCl

(2) 熔点的高低:MgO 和 $MgCl_2$;MgS 和 Na_2S

(3) 在水溶液中的溶解度:MgF_2 和 $MgBr_2$

(4) 晶格能的大小:CaO 和 $CaCl_2$

19. 排列下列各组物质,简述理由:

(1) 按沸点增加的顺序:Br_2,F_2,Cl_2,I_2

(2) 按熔点增加的顺序:BaF_2,$BaBr_2$,BaI_2,$BaCl_2$

(3) 按硬度增加的顺序:NaCl,NaBr,NaF,NaI

20. 根据晶体知识填充下表:

物质	晶体类型	晶格结点上的粒子	粒子间的作用力	主要的物理性质
$MgCl_2$				
O_2				
SiC				
HF				
SiO_2				
BaO				

21. 分别指出下列物质晶体熔化时各需克服什么作用力:

(1) CH_4 (2) $CaCl_2$ (3) BN (4) CO_2

(5) Ag (6) Ar (7) NH_3 (8) CuF_2

22. X,Y,Z 三种元素属于元素周期表中第三周期的ⅣA,ⅤA,ⅦA 族,试判断:

(1) X 元素单质的晶体结构和主要性质;

(2) X,Y,Z 三元素形成的化合物的晶体结构和主要物理性质。

23. 将 12 mL 0.02 $mol \cdot L^{-1}$ KCl 溶液与 100 mL 0.05 $mol \cdot L^{-1}$ $AgNO_3$ 溶液混合制得的 AgCl 溶胶电泳时,会向哪一电极移动?水相又向哪一电极移动?画出 AgCl 胶团的结构式。

24. 在图 1-34 的密闭罩内,放置两只烧杯,分别盛少量纯水(A 烧杯)和饱和食盐水溶液(B 烧杯)。待若干时间以后,下列的结论哪个是正确的?

(1) A 烧杯中的水全部转移到 B 烧杯中。

（2）A 烧杯中的水部分转移到 B 烧杯中，当 B 烧杯中的液面达到一定高度时，达到平衡。

25. 为了使汽车在−10 ℃下能正常运行，需要配制 20 kg 防冻液加入水箱中，试计算需要水和乙二醇（$C_2H_6O_2$）各多少千克？

26. 将 0.4 g 聚丙烯酰胺水溶性高分子溶于 1 L 水中，在室温下（即 25 ℃时），测得其渗透压为多少？

第二章

物质的能量及化学反应的能量变化

内容提要和基本要求

物质的能量及化学反应的能量变化是以热力学三大定律为指导思想研究物理和化学过程中的热效应规律。热力学是研究热和其他形式能量之间相互转换规律的一门科学。利用热力学的方法和原理研究化学现象(反应),以及与化学有关的物理现象,就形成了化学热力学(chemical thermodynamics)或称为热化学(thermochemistry)。热力学的主要基础是热力学第一定律和热力学第二定律。利用热力学第一定律解决化学变化中的热效应问题,利用热力学第二定律解决化学变化中的方向和限度问题,从而研究化学反应的有关现象及规律性。这些规律在探索新能源、有效利用能源、能量储存与转化等方面具有理论指导意义。本章在介绍热力学基本概念,以及热力学第一定律、第二定律和第三定律的基础上,重点介绍化学反应热效应、Hess 定律、化学反应熵变、Gibbs 函数变及化学反应方向的判断。

通过本章学习,应达到以下的基本要求:

1. 正确理解状态函数、热力学标准态、焓、熵和 Gibbs 函数等基本概念;

2. 熟悉热力学第一定律、第二定律、第三定律;掌握三大定律与物质的量及化学反应的能量变化的关系;

3. 掌握化学反应热效应的概念、计算方法,Hess 定律与应用;

4. 掌握化学反应的熵变和 Gibbs 函数变的计算;

5. 掌握 Gibbs 函数判据及应用条件,会用 Gibbs 函数变判断化学反应进行的方向,估算反应进行的温度范围。

2.1　基本概念

2.1.1　系统与环境

视频 2-1
基本概念

热力学的研究对象为宏观系统，即大量微观粒子组成的集合体。其研究方法的特点是只关注系统宏观性质的变化，不考虑物质的微观结构，这些宏观性质包括温度、压力、体积、密度等。

热力学将研究对象的物体或一部分空间人为地从其余部分中划分出来，将这些研究对象称为**系统**，将系统以外并与之相关的其余部分统称为**环境**。热力学中研究的系统可以很大，如地球上的江河湖泊；系统也可以很小，如烧杯中的物质。系统与环境之间可以有实际的界面，也可以没有实际的界面。不能以有无界面来划分系统与环境，环境必须是与系统有相互影响的有限部分。如一钢瓶氧气，若研究其中全部气体时有界面（气体与钢瓶内壁）。若研究其中部分气体时，只有想象的界面（气体与气体）。需要注意的是：系统与环境并无本质上的差别，是根据研究需要而人为划分的，它们不是由系统的某种物质决定的，因而并不是固定不变的，但一经确定，在研究中就不许随意变更系统与环境的范围。所以，系统的划分是人为决定的，选择系统时应该强调研究重点，以方便解决问题。

例如，若研究金属锌和硫酸铜的氧化还原反应：

$$Zn(s)+CuSO_4(aq) = Cu(s)+ZnSO_4(aq)$$

烧杯中包含金属锌的溶液可当作系统，液面上的空气、烧杯及其外部空间是环境。这种情况下，系统和环境的界限是真实存在的。若研究一个装有盐酸的烧杯中放入锌粒的反应：

$$Zn(s)+2HCl(aq) = ZnCl_2(aq)+H_2(g)$$

锌粒、盐酸及产物氯化锌溶液和氢气是系统，液面上的空气、烧杯及其外部空间是环境。这种情况下，系统中的氢气和环境中的空气并不存在可见的真实界面。

系统和环境之间相互关联，存在物质交换和能量交换，根据物质交换和能量交换的不同情况，将系统分为以下三种类型：

（1）敞开系统（也称开放系统）：系统与环境之间既有物质交换，又有能量交换，见图 2-1(a)。例如，未加盖的玻璃瓶里的热水是敞开系统。

（2）封闭系统：系统和环境之间没有物质交换，有能量交换，见图 2-1(b)。例如，加盖的玻璃瓶里的热水是封闭系统。

（3）孤立系统（也称隔离系统）：系统和环境之间既没有物质交换，又没有能量交换，见图 2-1(c)。例如，加盖的保温瓶里的热水是孤立系统。

严格说来，绝对的孤立系统是不存在的，因为没有绝对不传热的物质，也没有完全能消除电场、磁场等影响的物质。因此，孤立系统是一种理想系统。在某些情况下，系统与环境之间的相互作用极小，可以将系统近似看成孤立系统。例如，在钢瓶中瞬间完成的化学反应，由于反应瞬间完成，来不及与环境交换能量，

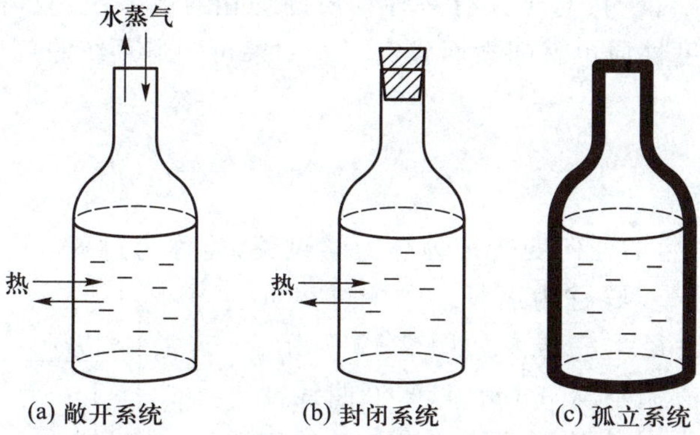

图 2-1 三种系统类型示意图

这时就可以将反应系统近似看成孤立系统。也可将研究的系统与有关的环境一起作为一个扩大的系统,这个扩大的系统也可以视为孤立系统。在热力学中,若不特别指明,所提到的系统都是封闭系统。

2.1.2 状态与状态函数

一个系统的**状态**就是系统一切性质的总和。由于热力学的研究对象为宏观系统,这些宏观性质包括温度、压力、体积、密度等。这些物理量有了确定的值,系统就处在一定的状态。即系统所有的性质一定时,系统的状态一定。其中任何一种性质发生变化,系统的状态就会改变,即系统的性质是系统状态的单值函数,因此,将这些决定系统状态的物理量称为**状态函数**。

当系统与环境不再发生相互作用,所有宏观性质都保持不变时,系统就处于热力学平衡态。当封闭系统达到热力学平衡态时,应同时满足以下几个条件:

(1) 系统处于热平衡,即系统各部分温度相同。

(2) 系统处于力平衡,即系统各部分之间没有不平衡的力存在。

(3) 系统处于相平衡,如果系统不止一相时,物质在各相之间的分布要达到平衡,即宏观上没有任何一种物质从一相迁移到另一相。

(4) 系统处于化学反应平衡,系统内任何化学反应都已达到平衡态,系统的组成不随时间而改变。

系统处于热力学平衡态时,所有的性质都具有一定的数值,热力学通常用这些宏观性质来描述系统的状态,如用压力、体积和温度来描述气体的状态。这些描述系统状态的宏观性质的物理量被称为**状态函数**。这些系统的宏观性质又根据特性分为强度性质和广度性质。强度性质不具有加和性,如温度、压力、浓度等;广度性质具有加和性,如体积、质量等。

系统的宏观性质之间是相互关联的,描述系统状态时,不需要罗列所有宏观性质的数值。例如,对于 1 mol 理想气体,可通过状态方程 $pV=RT$ 将 p, V, T 联系起来,三个变量中只有两个是独立的。这种联系系统状态函数之间的定量关系式称为状态方程。热力学不能给出最少需要指定哪几个性质来描述系统的状态，但是大量事实证明：对于只有一种物质的均相封闭系统，只需指定两个强度性质，其他的强度性质也就随之而确定了。如果再知道系统的总量，广度性质也可以随之确定。

2.1.3　过程与途径

系统状态发生的任何**变化**称为热力学**过程**，简称为过程。完成一个过程所经历的具体路线、步骤称为途径。一个过程可以经过不同的途径来完成。如图 2-2 所示，1 mol 理想气体等温下从 $A(p_1, V_1)$ 沿曲线变化到 $B(p_2, V_2)$。这个从始态 A 到终态 B 的定温变化过程也可以通过其他两个途径完成，途径 1：从 A 出发定容变化到 C，再从 C 定压变化至 B；途径 2：从 A 出发定压变化到 D，再从 D 定容变化至 B。任何一个过程，都伴随有状态函数的变化，可以有很多条途径，只要过程确定了，状态函数的变化值就确定了，就会有“殊途同归”的结果，即状态函数的变化值只取决于过程（即始态与终态），与途径无关。

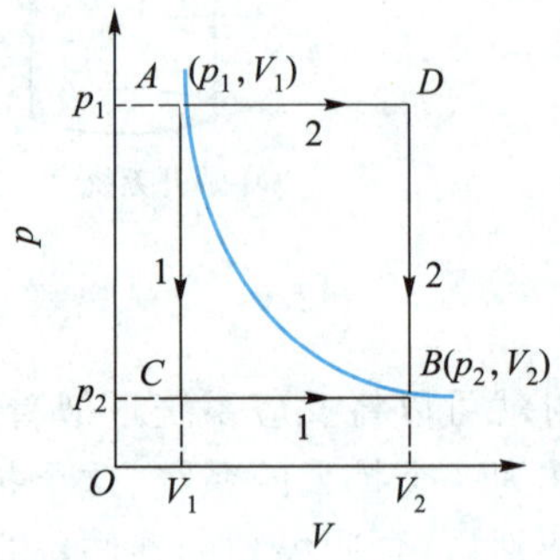

图 2-2　理想气体状态发生变化的不同途径

常见的热力学过程包括以下几种：

1. 单纯态参数变化过程

（1）等温过程　始态与终态温度相等，终态温度 T_2 和始态温度 T_1 相等，且等于环境的温度 T_e，即 $T_2 = T_1 = T_e =$ 定值。

（2）等压过程　始态与终态压力相等，终态压力 p_2 和始态压力 p_1 相等，且等于环境的压力 p_e，即 $p_2 = p_1 = p_e =$ 定值。

（3）等容过程　系统始态体积 V_1 与终态体积 V_2 相等，且在整个变化过程中保持这个体积。在密闭容器中进行的反应，可以看作等容过程。

（4）可逆过程　变化量无穷小（即无穷接近平衡）的过程，是一种理想过程。

2. 相变过程

3. 化学反应过程

实际上，化学反应的途径很复杂，但是根据上述状态函数的性质，抛开具体的途径，从始态和终态就可以直接计算状态函数的改变量。热力学方法之所以简便，就是基于这个原理。

视频 2-2
热力学第一定律①

2.2　热力学第一定律

视频 2-3
热力学第一定律②

2.2.1　热与功

热是系统和环境因温度不同而传递的能量，反映的是分子（或粒子）无规则运动的动能。用符号 Q 表示，单位为 J 或 kJ。热力学规定：当系统温度低于环境温度时，系统吸收热量，$Q>0$；当系统温度高于环境温度时，系统放出热量，$Q<0$。热量发生在具体的变化过程中，和具体的变化途径有关，因此，热不是状态函数，当系统的始态和终态确定之后，热量的数值可以随着变化途径的不同而不同。根据变化类型给予特定名称的热量有：溶解热、熔化热、蒸发热、混合热和反应热等。

功是系统和环境能量传递的另一种形式，反映的是分子（或粒子）定向运动的势能。功的符号为 W，单位为 J 或 kJ。当环境对系统做功时，$W>0$；当系统对环境做功时，$W<0$。功和热一样，与变化途径有关。在化学热力学中，功分为体积功和非体积功（也称有用功）。非体积功是指体积功以外的其他功的总和，如电功等。如图 2-3 所示，带活塞的汽缸中装有某种气体，活塞的内面积为 A，假设活塞质量为 0，且移动时与汽缸壁无摩擦力，若气体在抵抗一定的环境压力 p_e 下，发生膨胀，使活塞移动的距离为 l。

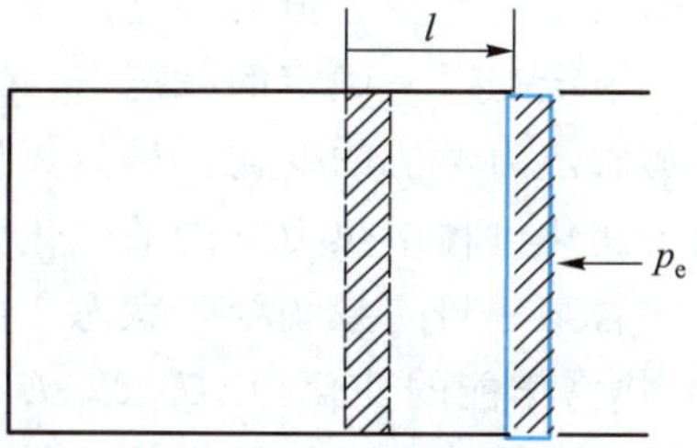

图 2-3 体积功示意图

根据功的定义

$$W=F_e \cdot l=F_e(V_1/A-V_2/A)=p_e(V_1-V_2)=p_e\Delta V$$

式中，F_e 为环境作用在活塞上的力，A 为活塞的面积；V_1 和 V_2 分别是膨胀前和膨胀后气体的体积。考虑功的符号规定，则体积功的计算公式为

$$W=-p_e\Delta V \qquad (2-1)$$

即如果气体抵抗外压膨胀，$\Delta V>0$，系统对环境做功，$W<0$；如果在外压作用下压缩，$\Delta V<0$，环境对系统做功，$W>0$。

2.2.2 热力学能

系统是大量微观粒子的集合体，这些微观粒子处于不断的运动和相互作用中。因此，微观粒子具有微观动能和微观势能，其能量总和称为**热力学能**（包含原子核、电子、原子、分子之间相互作用、运动的各种能量），过去称为内能，通常用符号“U”表示，单位为 J 或 kJ。

热力学能是系统本身的性质，当系统的状态一定时，热力学能像系统其他的宏观性质一样，具有确定的数值。当系统内部组成和某些条件确定后，系统内部能量总和就有了确定的值。当系统的状态发生变化时，如分子间作用力加强或减弱，化学键的形成或断裂等，系统的热力学能就随之改变。因此，热力学能是状态函数。但是，热力学能的绝对值还无法测定，实际运用中只能测定热力学能的改变值。当系统状态发生改变时，系统和环境之间通过热和功两种方式交换能量，据此可以测定系统热力学能的变化值。当系统发生变化时，热力学能的变量 ΔU 与变化的途径无关，只取决于系统的始态和终态。

2.2.3　热力学第一定律

热力学第一定律，即能量守恒与转化定律。自然界的一切物质都具有能量，能量有各种不同形式，能够从一种形式转化为另一种形式，在转化中，能量的总量不变。它表示封闭系统从始态变化到终态时，系统的热力学能与过程中热和功的关系。能量守恒与转化定律是人类长期经验总结出的公理。

系统在任一确定的状态下，具有确定的热力学能。在状态变化过程中，始终伴随着热力学能的变化。虽然无法知道系统中热力学能的绝对值，但可以获得状态变化过程中热力学能的变化值，这就是热力学解决问题的基本思路。

若某一封闭系统处于状态 1 的热力学能为 U_1，变为状态 2 时的热力学能为 U_2，热力学能的变化为$\Delta U=U_2-U_1$。由于不知道 U_1，U_2，ΔU 不能直接得出。

热力学认为系统能量的变化，不能无故消失或增加，只是与环境发生了能量交换，而且只以热和功两种方式交换，既从环境吸收了热（Q），又得到了功（W），系统的热力学能从始态的 U_1 变化到终态的 U_2，就会有

$$\Delta U=Q+W \tag{2-2}$$

如果系统仅发生微小的变化，习惯将式（2-2）表达为

$$\mathrm{d}U=\delta Q+\delta W \tag{2-3}$$

式（2-2）或式（2-3）为热力学第一定律的数学表达式。这里要注意，有的书上对于功的正、负号定义与本书相反，但不影响结果。

2.3　焓、焓变与 Hess 定律

视频 2-4

焓的定义与性质

视频 2-5

化学反应的热效应

2.3.1　焓的定义与性质

大多数化学反应是在等压下进行的，这时热力学第一定律可以写为

$$Q=\Delta U-W=\Delta U-W_{体}-W_{非}=\Delta U-W_{非}+p_e\Delta V$$

这里 $W_{体}$ 为体积功，$W_{非}$ 为非体积功，指除了体积功以外的所有功。如果系统只做体积功，不做非体积功（即 $W_{非}=0$），上式可简化为

$$Q=\Delta U+p_e\Delta V$$

若系统在等压下可逆膨胀（或压缩），即变化的量无穷小，无穷接近平衡态。认为系统的压力 p 与环境的压力 p_e 相等（$p=p_e$），上式进一步写成

$$Q_p=\Delta U+p\,\Delta V \tag{2-4}$$

注意，这时等式右边的物理量全部为系统的状态函数，可进一步整理得

$$Q=\Delta U+p\,\Delta V=U_2-U_1+p_2V_2-p_1V_1=(U_2+p_2V_2)-(U_1+p_1V_1) \tag{2-5}$$

令

$$H\equiv U+pV$$

则有

$$Q_p=H_2-H_1=\Delta H \tag{2-6}$$

H 称为焓，它是由三个状态函数 U、p、V 组合成的新的**状态函数**，是系统能量的另一种表达方式，单位依然为 J 或 kJ。

由式（2-6）不难看出，当系统由状态 1 变为状态 2 时，虽然有很多条途径，自然有很多个 Q，而ΔH 是固定的，它只取决于始态与终态（即过程），称为**焓变**

（或热函变）。但是，有一个途径是很特殊的，那就是等压可逆过程，在这个途径中 Q 的数值最大，且等于系统的焓变 ΔH。换言之，在等压可逆过程中，系统吸收最大热，做最大功，Q 不仅最大，而且是唯一的，数值等于焓变 ΔH。把这个 Q 特别标记为 Q_p，称为**等压热效应**。当然，Q_p 与 ΔH 仅仅是数值上的相等，属性完全不同，前者是非状态函数，后者是状态函数。

同理，在等容可逆过程中（即 $\Delta V=0$），由 $Q=\Delta U+p\Delta V$ 导出

$$\Delta U=Q_V$$

Q_V 称为等容热效应。显然，$Q_p=Q_V+p\Delta V$，等压热效应应用较为方便，但难以精确测量。等容热效应较易准确测量，但应用较少，通过此式可将其转化为等压热效应。

式（2-6）中焓的变化值 ΔH 在数值上等于等压过程中吸收或放出的热量，即 $\Delta H>0$，表示系统吸热；$\Delta H<0$，表示系统放热。一般的化学反应，均可看成是在等压条件下进行的，故都可使用上式。将式（2-6）代入式（2-2），则有

$$\Delta U=\Delta H-p\Delta V \tag{2-7}$$

应当注意的是，式（2-2）是适用于任何系统且不附带其他条件的，而式（2-4）、式（2-5）、式（2-6）和式（2-7）则是热力学第一定律在等压只做体积功的特定条件下的表达式，即通常发生化学反应时的环境条件。

如前所述，焓是一个组合的状态函数，但其物理意义不如体积（V），温度（T），压力（p）和热力学能（U）等状态函数那样直观、明显，因此需作进一步的讨论。

（1）对同一物系　设某系统的焓值为 H_1，吸收热量后变为 H_2，则

$$H_2-H_1=\Delta H>0, H_2>H_1$$

显然，吸热会使系统的焓值增加，放热则使系统的焓值降低。就一般的物理变化来说，吸热将使系统的温度升高。因此，对同一物质高温时的焓应大于低温时的焓。在不同的聚集状态，因为物质液态变为气态必须吸热，故气态时的焓要比液态时为高；同样，液态的焓又高于固态的焓。即同一物质（且同量时）：

$$H_{高温物}>H_{低温物}; H_{气}>H_{液}>H_{固}$$

（2）对某一化学反应　系统的焓变等于等压反应热：

$$Q_p=\Delta H=H_{生成物}-H_{反应物}$$

若 $H_{生成物}>H_{反应物}$，则 $\Delta H>0$，即系统吸收热量使焓值增加，为吸热反应。

若 $H_{生成物}<H_{反应物}$，则 $\Delta H<0$，即系统放出热量使焓值降低，为放热反应。

（3）根据状态函数性质，显然，当过程向相反方向进行时，ΔH 要改变符号。比如，始态的焓 H_1 变到终态的焓 H_2，则

$$\Delta H_{正}=H_2-H_1$$

如过程逆转，从终态回到始态，则

$$\Delta H_{逆}=H_1-H_2=-(H_2-H_1)=-\Delta H_{正}$$

即正过程的焓变与逆过程焓变的数值相等而符号相反。

（4）焓是与系统中物质数量有关的性质，因此，ΔH 数值的大小与物质的质

量或物质的量成正比。

和热力学能一样，焓的绝对值无法确知，但其变化量ΔH则是可以测定的。

焓的引出，使得无法直接测量的状态函数的变化值ΔH用可测定的非状态函数值 Q_p 在特定条件下等值置换，这正是前人解决问题的巧妙之处。

大多数化学反应是在等压条件下进行的，通常情况下如果不做特别说明，都是指等压热效应。本书中对反应热、反应焓不加区分。

2.3.2 标准态、标准生成焓、标准燃烧焓

视频 2-6

标准态与热化学方程式

1. 热力学标准态

化学反应中能量变化受外部条件的影响很大，为了讨论时不致引起混乱，有必要对物质所处的状态做出明确的规定，以便得出一套精确的热力学基本数据，方便人们的查用。为此，国际上规定了物质的**热力学标准状态**，简称**标准态**。

物质处于标准条件下的状态，称为物质的热力学标准状态。国际标准中规定 100 kPa 为标准压力①，用 $p^{\ominus}$ 表示。

对于具体各种物质的标准态规定如下：

(1) 气体物质的标准态是在指定温度为 T、该气体处于标准压力 $p^{\ominus}$ 下的状态。

(2) 液体和固体物质的标准态是在指定温度为 T、处于标准压力 $p^{\ominus}$ 下，纯液体和纯固体中最稳定的晶态。若固体物质在标准压力和指定温度下有几种不同的晶形，给出热力学数据时必须指明。

(3) 对于溶液，它的标准态是在指定温度为 T、处于标准压力 $p^{\ominus}$ 下，质量摩尔浓度 $b^{\ominus}=1\ \text{mol}\cdot\text{kg}^{-1}$时的状态。在很稀的溶液中质量摩尔浓度 $b^{\ominus}$ 与物质的量浓度 $c^{\ominus}$ 数值上近似相等，故可用 $c^{\ominus}$ 代替，记为标准浓度 $c^{\ominus}=1\ \text{mol}\cdot\text{L}^{-1}$。

注意，标准态没有特别指明温度，也就是说，每个温度 T 下都有一个标准态。通常用的是 298.15 K(可近似为 298 K)的数值。若所处温度为 298 K 可不必指出，如为其他温度，则需在右下角标出该热力学温度的数值。

对于某一化学反应，反应中各物质均处于标准态下，只要反应物和生成物的温度相同(298 K 可略去，其他温度则需指明)，状态函数的变化值 ΔX(即终态 X_2 与始态 X_1 之差 $\Delta X=X_2-X_1$)，称为该状态函数的标准变化值($\Delta X^{\ominus}$)。

视频 2-7

标准生成焓与标准燃烧焓

2. 标准生成焓

在标准态下、298K 时，由参考态单质②生成 1 mol 化合物时的焓变，称为该化合物的**标准摩尔生成焓**或标准生成热，简称**标准生成焓**，用 $\Delta_f H_m^{\ominus}$ 表示，符号中“f”表示生成反应，m 表示 1 mol 反应，其余前面已作说明，故其单位为

① 原定的标准是处于 1.013 25×10^5Pa 压力下的凝聚相物质，现据国际纯粹与应用化学联合会(IUPAC)于 1982 年决定以 100.0 kPa 作为新的标准压力。

② 对物质的标准摩尔生成焓，其参比标准曾经使用过三种描述方式：“最稳定单质”、“指定单质”、“参考态单质”。一般地，参考态单质就是在热力学标准状态下的最稳定单质，但也有例外。目前普遍采用的“参考态单质”这一叙述相对来说更为科学规范，本书使用大家公认的定义。

$kJ\cdot mol^{-1}$（或 $J\cdot mol^{-1}$）。显然，参考态单质的标准生成焓为零。大多数单质就是参考态单质，对于有多结构的同素异形单质，由指定的某一种为参考态单质。

例如，在 100 kPa，298 K 的条件下，下列各物质的标准生成焓 $\Delta_f H_m^\ominus$ 为

C(石墨) $\longrightarrow$ C(金刚石)　　$\Delta_f H_m^\ominus$(C，金刚石) = 1.90 $kJ\cdot mol^{-1}$

P①(白) $\longrightarrow$ P(红，三斜晶系)

　　$\Delta_f H_m^\ominus$(P，红，三斜晶系) = −17.57 $kJ\cdot mol^{-1}$

S(斜方) + O_2(g) $\longrightarrow$ SO_2(g)　　$\Delta_f H_m^\ominus$(SO_2，g) = −296.83 $kJ\cdot mol^{-1}$

2Ag(s) + 1/2O_2(g) $\longrightarrow$ Ag_2O(s)　　$\Delta_f H_m^\ominus$(Ag_2O，s) = −31.05 $kJ\cdot mol^{-1}$

H_2(g) + 1/2O_2(g) $\longrightarrow$ H_2O(l)　　$\Delta_f H_m^\ominus$(H_2O，l) = −285.83 $kJ\cdot mol^{-1}$

H_2(g) + 1/2O_2(g) $\longrightarrow$ H_2O(g)　　$\Delta_f H_m^\ominus$(H_2O，g) = −241.82 $kJ\cdot mol^{-1}$

上面箭头左边的单质都是参考态单质，标准生成焓指定为 0，由于元素组成相同而晶体结构不同的物质，同一物质的不同聚集态，其标准生成焓也是不同的，所以要注明其所处的状态，在使用时也务必注意。各物质的标准生成焓是很重要的热力学数据，可用来间接计算化学反应的热效应。一些常见物质的标准生成焓 $\Delta_f H_m^\ominus$ 数值见附录二。

3. 标准燃烧焓

在标准态下，298 K 时，1 mol 物质完全燃烧时的焓变，称为该物质的**标准摩尔燃烧焓**或标准燃烧热，简称**标准燃烧焓**，用 $\Delta_c H_m^\ominus$ 表示。

物质燃烧时，同一种元素的燃烧产物往往不止一种，而且燃烧产物也可能会以不同的聚集状态存在。例如，有机物质燃烧时，其中的 C 有可能生成 CO(g)，也可能生成 CO_2(g)；其中的 H 可以生成 H_2O(l)，也可以生成 H_2O(g)。为避免混乱，对燃烧产物必须有明确的规定。通常指定 C 燃烧为 CO_2(g)，H 燃烧为 H_2O(l)，S 燃烧为 SO_2(g)，N 燃烧为 N_2(g)等。这里 SO_2(g)、CO_2(g)、H_2O(g) 等的标准燃烧焓 $\Delta_c H_m^\ominus$ 指定为零。

标准燃烧焓的数据可由实验直接测定，也可由手册中查得。有了标准燃烧焓的数据，也可以间接计算化学反应的热效应。表 2-1 中列出一些常见的有机化合物的标准燃烧焓。

在热力学中，尽管认为指定了许多参考点为零，但不影响计算结果，因为我们计算的都是变化值。对于水溶液中进行的反应，常涉及水合离子的标准生成焓。水合离子的标准生成焓是指：在温度 T 及标准态下，由参考态单质生成 1 mol 溶于大量水（无限稀溶液）的水合离子的标准摩尔反应焓变，并指定水合氢离子的标准生成焓为零，即 $\Delta_f H_m^\ominus$(H^+，aq，298.15 K) = 0。

---

① 对于有多种同素异形体的单质，选择作为参比标准的依据不仅仅是物质的稳定性，通常要根据以下几方面：a. 此同素异形体的结构清楚、单一，便于纯化；b. 其反应活性高，有利于形成一系列化合物；c. 当生成某化合物时无副反应发生。因此，虽然红磷相较而言更稳定，但它结构复杂，很难纯化，故对于磷的化合物，选白磷作为参比标准而不是红磷。

表 2-1　一些有机化合物的标准燃烧焓

物质	$\frac{\Delta_c H_m^\ominus}{kJ\cdot mol^{-1}}$	物质	$\frac{\Delta_c H_m^\ominus}{kJ\cdot mol^{-1}}$	物质	$\frac{\Delta_c H_m^\ominus}{kJ\cdot mol^{-1}}$
$CH_4(g)$	-890.31	$CH_3OH(l)$	-726.51	甲酸	-254.6
$C_2H_6(g)$	-1559.8	$C_2H_5OH(l)$	-1366.8	乙酸	-874.5
$C_3H_8(g)$	-2219.9	正丙醇(l)	-2019.8	苯酚	-3053.5
$C_2H_4(g)$	-1411.0	乙醚	-2751.1	甲酸甲酯	-979.5
$C_2H_2(g)$	-1299.6	$HCHO(g)$	-570.78	蔗糖	-5640.9
$C_3H_6(g)$	-2085.5	乙醛	-1166.4	甲胺	-1060.6
$C_6H_6(g)$	-3267.5	丙酮	-1790.4	尿素	-631.66

2.3.3　化学反应焓的计算

视频 2-8
化学反应焓的计算

利用标准生成焓和标准燃烧焓的数据，可对某一化学反应的热效应进行计算。通常，将在标准态下、298 K 时，1 mol 化学反应时的焓变，称为该化合物的**标准摩尔反应焓**或标准反应热，简称**标准反应焓**，用 $\Delta_r H_m^\ominus$ 表示，符号中“r”表示化学反应，m 表示 1 mol 反应，其单位为 $kJ\cdot mol^{-1}$（或 $J\cdot mol^{-1}$）。标准反应焓的大小与化学反应式的书写有关，也需要一系列的规定。

1. 热化学方程式

既能表示出化学反应中的物质的量的关系，又能表明反应热效应的化学方程式，称为**热化学方程式**。例如：

$$C(s)+O_2(g) = CO_2(g) \qquad \Delta H^\ominus = -393.14\ kJ\cdot mol^{-1}$$

$$2H_2(g)+O_2(g) = 2H_2O(g) \qquad \Delta H^\ominus = -483.64\ kJ\cdot mol^{-1}$$

书写和使用热化学方程式时要注意以下几点：

（1）写出配平的化学计量方程式；

（2）注明参与反应的各物质的聚集状态和反应条件。常在各物质后用小括号标明物质的聚集状态，如 s—固态，l—液态，g—气态，aq—水溶液，等等。若反应温度为 298 K，可省略，否则必须指明反应的温度和压力；

（3）化学反应的焓变与化学计量方程式之间需隔开（不同于中学化学书中规定）；

（4）不能离开某一具体的反应来讨论反应的热效应。例如：

$$2H_2(g)+O_2(g) = 2H_2O(g) \qquad \Delta H^\ominus = -483.64\ kJ\cdot mol^{-1}$$

$$H_2(g)+\frac{1}{2}O_2(g) = H_2O(g) \qquad \Delta H^\ominus = -241.82\ kJ\cdot mol^{-1}$$

同样都是进行了 1 mol 反应，但两者特定的基本单元数不同，因此热效应也不同，这正好反映状态函数 $\Delta H^\ominus$ 具有容量性质。热效应的符号与前述的规定一致，$\Delta H<0$ 表示反应放热；$\Delta H>0$ 表示反应吸热。

2. 反应进度与 1 mol 反应

对于物质而言，标准生成焓 $\Delta_f H_m^\ominus$ 或标准燃烧焓 $\Delta_c H_m^\ominus$ 容易理解，是指生成 1 mol 物质或燃烧 1 mol 物质的焓变。对于化学反应而言，由于有多种物质参与反应或者有多种物质生成，那么，标准反应焓是如何定义的？就必须引入反应进度的概念。这里不作详细讨论，只告诉结果。如反应：

$$N_2(g)+3H_2(g) \xlongequal{} 2NH_3(g)$$

若 1 mol $N_2(g)$ 和 3 mol $H_2(g)$ 完全反应，生成 2 mol $NH_3(g)$，就称为**反应进度**是 1，该反应就为 1 mol 反应。在标准态下，298 K 时该反应的热效应就是标准反应焓。若 0.5 mol $N_2(g)$ 和 1.5 mol $H_2(g)$ 完全反应生成 1 mol $NH_3(g)$，反应进度为 0.5，反应只进行了 0.5 mol。很显然，摩尔反应与热化学方程的书写有关。若将反应方程写为

$$1/2N_2(g)+3/2H_2(g) \xlongequal{} NH_3(g)$$

就变成另外一个热化学反应方程式，若 0.5 mol $N_2(g)$ 和 1.5 mol $H_2(g)$ 完全反应生成 1 mol $NH_3(g)$，该反应的反应进度为 1，该反应就为 1 mol 反应。

换言之，各物质按照所写定的热化学方程式的反应系数完全进行的反应叫 1 mol 反应。

3. 标准摩尔反应焓的计算

各物质的标准生成焓是唯一的，而标准反应焓根据反应方程式的书写而定。各物质的标准生成焓是标准反应焓的特例。下面分别用标准生成焓和标准燃烧焓的数据计算化学反应的标准反应焓（化学反应的热效应）。

(1) 利用化合物的标准生成焓（$\Delta_f H_m^\ominus$）可直接计算化学反应热效应（$\Delta_r H_m^\ominus$）。如设计下列反应过程：

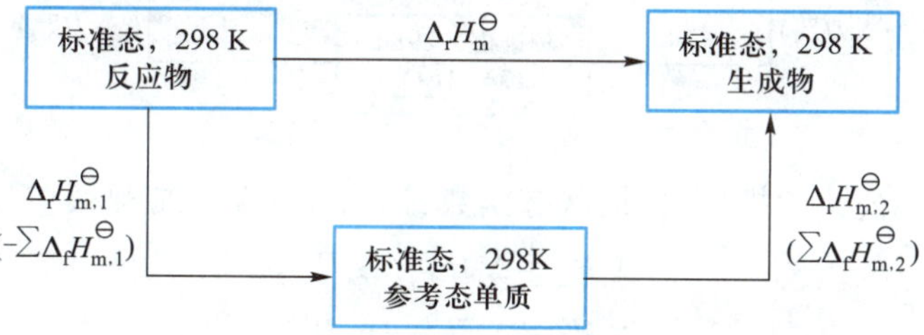

显然，根据状态函数特点，两过程的始态与终态相同，其热效应（$\Delta_r H_m^\ominus$）必相等，即

$$\Delta_r H_m^\ominus=\Delta_r H_{m,1}^\ominus+\Delta_r H_{m,2}^\ominus$$

可见，上述反应热效应 $\Delta_r H_m^\ominus$ 应等于两组热效应之和。式中 $\Delta_r H_{m,2}^\ominus$ 实为生成物标准生成焓之和 $\sum\Delta_f H_m^\ominus$（生成物），$\Delta_r H_{m,1}^\ominus$ 实为反应物标准生成焓之和 $\sum\Delta_f H_m^\ominus$（反应物）的负值，因此，该化学反应的标准热效应等于生成物标准生成焓之和减去反应物标准生成焓之和：

$$\Delta_r H_m^\ominus=\sum\Delta_f H_{m,2}^\ominus-\sum\Delta_f H_{m,1}^\ominus$$

对于一般反应：　　　　　$aA+bB \longrightarrow pC+qD$

式中，a,b,p,q 为反应中各物质的化学计量数，则计算反应热效应 $\Delta_r H_m^\ominus$ 的公式可写为

$$\begin{aligned}\Delta_r H_m^\ominus &= [p\cdot\Delta_f H_m^\ominus(C)+q\cdot\Delta_f H_m^\ominus(D)]-[a\cdot\Delta_f H_m^\ominus(A)+b\cdot\Delta_f H_m^\ominus(B)]\\ &=\sum\Delta_f H_m^\ominus(\text{生成物})-\sum\Delta_f H_m^\ominus(\text{反应物}) \qquad (2-8)\end{aligned}$$

式(2-8)表明，在标准态时，化学反应的标准反应焓或反应热效应 $\Delta_r H_m^\ominus$ 等于反应中各生成物标准生成焓的总和减去各反应物标准生成焓的总和。利用此式可直接计算标准反应焓，也可在反应焓已知时计算某些化合物的标准生成焓。

［例 2-1］ 利用标准生成焓数据计算下列反应的标准反应焓：

$$Fe_2O_3(s)+6HCl(g) \longrightarrow 2FeCl_3(s)+3H_2O(l)$$

解：自附录二中分别查出反应中各物质的标准生成焓（$\Delta_f H_m^\ominus$）；注意各物质的聚集态；代入数值时不要忘记各物质化学式前的化学计量数：

	$Fe_2O_3(s)$	$+6HCl(g)$	$\longrightarrow$	$2FeCl_3(s)$	$+3H_2O(l)$
$\Delta_f H_m^\ominus/(kJ\cdot mol^{-1})$	−824.25	−92.31		−399.49	−285.83

$$\begin{aligned}\Delta_r H_m^\ominus &= \sum\Delta_f H_m^\ominus(\text{生成物})-\sum\Delta_f H_m^\ominus(\text{反应物})\\ &=\{[2\times(-399.49)+3\times(-285.83)]-[(-824.25)+6\times(-92.31)]\}\ kJ\cdot mol^{-1}\\ &=-278.36\ kJ\cdot mol^{-1}\end{aligned}$$

即该反应为放热反应。

（2）利用化合物的标准燃烧焓 $\Delta_c H_m^\ominus$ 也可计算化学反应热效应（$\Delta_r H_m^\ominus$）。设计的反应过程如下：

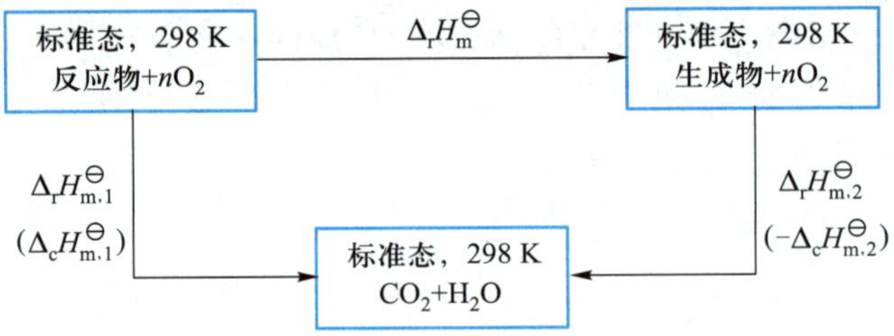

类似前一公式的推导，根据状态函数特点，其化学反应热效应（$\Delta_r H_m^\ominus$）为

$$\Delta_r H_m^\ominus=\Delta_r H_{m,1}^\ominus+\Delta_r H_{m,2}^\ominus$$

或

$$\Delta_r H_m^\ominus=\Delta_c H_{m,1}^\ominus-\Delta_c H_{m,2}^\ominus$$

可见，上述反应热效应 $\Delta_r H_m^\ominus$ 应等于两组热效应之和，只不过，计算式中前一项是反应物标准燃烧焓之和 $\sum\Delta_c H_m^\ominus$（反应物），后一项则为生成物标准燃烧焓之和 $\sum\Delta_c H_m^\ominus$（生成物）的负值，因此，该化学反应的标准热效应等于反应物标准燃烧焓之和减去生成物标准燃烧焓之和。

对于一般反应：　　　　　$aA+bB \longrightarrow pC+qD$

式中，a,b,p,q 为反应中各物质的化学计量数，则计算反应热效应 $\Delta_r H_m^\ominus$ 的公式可写为

$$\Delta_r H_m^\ominus=[a\cdot\Delta_c H_m^\ominus(A)+b\cdot\Delta_c H_m^\ominus(B)]-[p\cdot\Delta_c H_m^\ominus(C)+q\cdot\Delta_c H_m^\ominus(D)]$$

$$= \sum \Delta_c H_m^{\ominus}(\text{反应物}) - \sum \Delta_c H_m^{\ominus}(\text{生成物}) \qquad (2-9)$$

式(2-9)表明，在标准态时，化学反应的标准热效应 $\Delta_r H_m^{\ominus}$ 等于反应中各反应物标准燃烧焓的总和减去各生成物标准燃烧焓的总和。

要特别注意式(2-8)和式(2-9)中生成物和反应物位置的不同。

[例 2-2] 乙烷脱氢的反应为 $C_2H_6(g) = C_2H_4(g) + H_2(g)$。根据表 2-1 中的标准燃烧焓数据计算该反应在 298 K 下的标准反应焓。

解：自表 2-1 中查出乙烷的标准燃烧焓 $\Delta_c H_m^{\ominus}(C_2H_6, g) = -1559.8\ kJ \cdot mol^{-1}$；乙烯的标准燃烧焓 $\Delta_c H_m^{\ominus}(C_2H_4, g) = -1411.0\ kJ \cdot mol^{-1}$；$H_2(g)$ 的标准燃烧焓就等于 $H_2O(l)$ 标准生成焓，即 $\Delta_c H_m^{\ominus}(H_2, g) = -285.83\ kJ \cdot mol^{-1}$。

$$\begin{aligned} \Delta_r H_m^{\ominus} &= \sum \Delta_c H_m^{\ominus}(\text{反应物}) - \sum \Delta_c H_m^{\ominus}(\text{生成物}) \\ &= \Delta_c H_m^{\ominus}(C_4H_6, g) - \Delta_c H_m^{\ominus}(C_2H_4, g) - \Delta_c H_m^{\ominus}(H_2, g) \end{aligned}$$

故有

$$\begin{aligned} \Delta_r H_m^{\ominus} &= [-1559.8 - (-1411.0) - (-285.83)]\ kJ \cdot mol^{-1} \\ &= 137.03\ kJ \cdot mol^{-1} \end{aligned}$$

该反应为吸热反应。

2.3.4 Hess 定律及其应用

视频 2-9

Hess 定律及其应用

19 世纪 40 年代，在热力学定律建立之前，俄籍瑞士化学家 Hess（赫斯）从大量实践中总结出一条经验定律——**Hess 定律**。这一定律指出：不管化学反应是一步完成或是分几步完成，其热效应总是相同的。或者说，总反应的热效应等于各分反应热效应之和。

可以看出，这一定律实际上是状态函数特性的反映，它适用于等压热效应和等容热效应。在等压只做体积功的情况下，$\Delta H = Q_p$；在等容条件下，$\Delta H = Q_V$。H 和 U 都是状态函数，其变化量 ΔH 和 ΔU 只与终态和始态有关，而和变化的途径无关。可见，Hess 定律是热力学第一定律的特殊形式和必然结果。

Hess 定律有很大的实际意义。一些难于控制、甚至难以实现的化学反应，都可通过此定律间接计算其热效应。还可将热化学方程式，在保证始态与终态相同的情况下，像代数方程一样运算，所得的新反应的热效应（焓变）就是各分反应的代数运算的结果。换而言之，如果一个过程等于几个过程之和，则该过程的焓变应等于各个分过程的焓变之和，这一性质称为状态函数的**加和性**。

利用 Hess 定律进行计算时，除上面介绍过的方法外，还有两种求解方法，即方程式组解法和图解法。下面分别用两例说明。

[例 2-3] 已知下列反应：

$$4CO_2(g) + 2H_2O(l) = 2C_2H_2(g) + 5O_2(g) \quad \Delta_r H_{m,1}^{\ominus} = 2599.2\ kJ \cdot mol^{-1} \qquad (1)$$

$$C(\text{石墨}) + O_2(g) = CO_2(g) \quad \Delta_r H_{m,2}^{\ominus} = -393.14\ kJ \cdot mol^{-1} \qquad (2)$$

$$H_2(g) + 1/2O_2(g) = H_2O(l) \quad \Delta_r H_{m,3}^{\ominus} = -285.83\ kJ \cdot mol^{-1} \qquad (3)$$

试求反应(4) $2C(\text{石墨}) + H_2(g) = C_2H_2(g)$ 的 $\Delta_r H_{m,4}^{\ominus}$。

解：观察可得 4×(2)+2×(3)+(1)= 2×(4)，即

$$2\Delta_r H_{m,4}^{\ominus} = 4\Delta_r H_{m,2}^{\ominus} + 2\Delta_r H_{m,3}^{\ominus} + \Delta_r H_{m,1}^{\ominus} = 454.98\ kJ \cdot mol^{-1}$$

故 $2C(\text{石墨}) + H_2(g) = C_2H_2(g) \quad \Delta_r H_{m,4}^{\ominus} = 227.49\ kJ \cdot mol^{-1}$。

[例 2-4] 汽油的主要成分为辛烷 $C_8H_{18}(l)$，完全燃烧时放出热量 5512 $kJ\cdot mol^{-1}$。试计算辛烷的标准生成焓 $\Delta_f H_m^\ominus$。

分析：此题有两种思路，一种是将此燃烧反应放出的热量看作化学反应的热效应，查附录二得到 $CO_2(g)$，$H_2O(l)$，$O_2(g)$ 的标准生成焓进行计算；另一种是将此燃烧反应放出的热量作为辛烷的燃烧焓对待，利用标准燃烧焓的数据进行计算。思路不同，但均可通过 Hess 定律设计反应路线。相较而言，解法一用得较为普遍。

解一：据题意有

$$C_8H_{18}(l)+\frac{25}{2}O_2(g) = 8CO_2(g)+9H_2O(l),\Delta_r H_m^\ominus=-5512\ kJ\cdot mol^{-1}$$

根据 Hess 定律，有

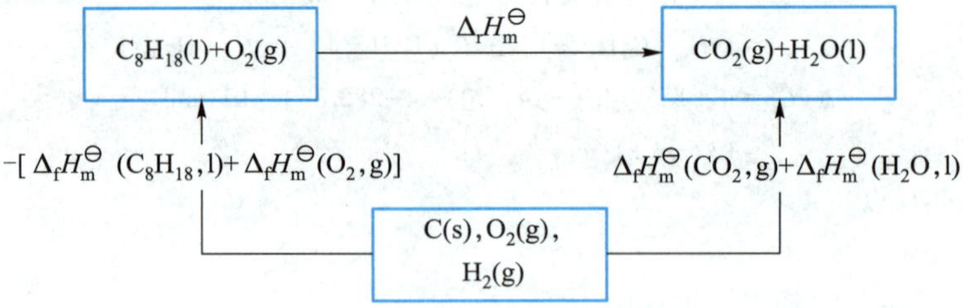

$$\Delta_r H_m^\ominus=[8\times\Delta_f H_m^\ominus(CO_2,g)+9\times\Delta_f H_m^\ominus(H_2O,l)]-\left[\Delta_f H_m^\ominus(C_8H_{18},l)+\frac{25}{2}\times\Delta_f H_m^\ominus(O_2,g)\right]$$

从附录二中查出 $CO_2(g)$ 和 $H_2O(l)$ 的标准生成焓值，参考态单质 O_2 的 $\Delta_f H_m^\ominus=0$，将有关数据代入，则有

$$-5512\ kJ\cdot mol^{-1}=[8\times(-393.14)+9\times(-285.83)]\ kJ\cdot mol^{-1}-[\Delta_f H_m^\ominus(C_8H_{18},l)+0]$$

$$\Delta_f H_m^\ominus(C_8H_{18},l)=-205.59\ kJ\cdot mol^{-1}$$

解二：据题意有

$$C_8H_{18}(l)+\frac{25}{2}O_2(g) = 8CO_2(g)+9H_2O(l)\quad \Delta_c H_m^\ominus=-5512\ kJ\cdot mol^{-1}$$

根据 Hess 定律，有

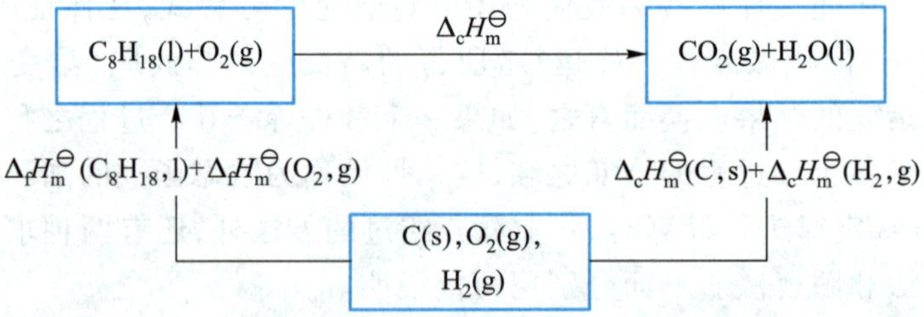

$H_2(g)$ 的标准燃烧焓就等于 $H_2O(l)$ 的标准生成焓，即 $\Delta_c H_m^\ominus(H_2,g)=-285.83\ kJ\cdot mol^{-1}$；$C(s)$ 的标准燃烧焓就等于 $CO_2(g)$ 的标准生成焓，即 $\Delta_c H_m^\ominus(C,s)=-393.14\ kJ\cdot mol^{-1}$；稳定单质 O_2 的 $\Delta_f H_m^\ominus=0$，则

$$\left[\Delta_f H_m^\ominus(C_8H_{18},l)+\frac{25}{2}\times\Delta_f H_m^\ominus(O_2,g)\right]+\Delta_c H_m^\ominus=[8\times\Delta_c H_m^\ominus(C,s)+9\times\Delta_c H_m^\ominus(H_2,g)]$$

$$\Delta_f H_m^\ominus(C_8H_{18},l)=[8\times(-393.14)+9\times(-285.83)-(-5512)]\ kJ\cdot mol^{-1}$$

$$\Delta_f H_m^\ominus(C_8H_{18},l)=-205.59\ kJ\cdot mol^{-1}$$

不少有机化合物的标准生成焓$\Delta_f H_m^\ominus$都无法直接测定，均可在已知标准燃烧焓后用这种方法间接计算出来。

2.4 熵、熵变与热力学第三定律

2.4.1 自发过程的特征

自然界中存在着许多能够自动发生的过程，即不需要人为干涉而自行发生的变化。例如，两个温度不同的物体相接触，热总是由高温物体传向低温物体，直至两物体温度达到相同为止；而从未见到热由低温物体传向高温物体这一过程能自动发生；水总是自动地从高处流向低处，而水从低水位流向高水位则必须借助水泵做功。类似的例子还可举出很多。

电流总是自动地从高电势流向低电势，气体总是从高压区流向低压区，流体中的扩散总是从浓度大的区域向着浓度较小的区域扩散，相反的过程绝不会自动发生。这些过程之所以自动进行，是由于系统中存在着温度差(ΔT)、水位差(Δh)、电势差(ΔV)、压力差(Δp)和浓度差(Δc)，过程总是向减少这些差值的方向进行，直到上述差值消失。

这些没有外力作用或人为干预而能自动进行的过程，叫作**自发过程**。非自发过程不是不能发生，只是需要靠外界做功才能进行。

人们通过长期的实践，概括出能够反映一切自发过程的本质特征。

(1) 自发过程具有不可逆性　自发过程只能朝某一确定的方向进行。自发过程之所以单向进行，是由于系统内部存在某种性质的差别(如温度差等)，过程总是向着消除这些差值的方向进行。换言之，这些差值就是推动过程自动发生的原因和推动力。这样，环境和系统都不可能恢复到原有状态。即自发过程的逆过程不可能自动进行，若要它们进行，必须借助外力，即环境对系统做功。

(2) 过程有一定的限度，最终将达到平衡状态　当上述过程的温度差、水位差、电势差、压力差和浓度差分别为零时，就达到了一个相对静止的平衡状态，这就是自发过程在一定条件下进行的限度。可见，自发过程就是系统从不平衡状态向平衡状态变化的过程。

(3) 有一定的物理量判断变化的方向和限度　各种不同的自发过程都可以找到一个物理量，用它可以判断过程的方向和限度。例如，在传热过程中，用温度来判断过程的方向和限度，变化方向是从高温物体到低温物体，温度差为零时达到平衡状态，这就是过程的限度；在水流过程中，用水位差来判断过程的方向和限度，其余如压力差、电势差和浓度差等，可分别判断气流、电流和物质扩散等过程的方向和限度。这些物理量统称为过程的**判据**。

对于化学反应，有无判据来判断它们进行的方向和限度呢？早在19世纪中叶，曾提出一个经验规则："没有任何外界能量的参与，化学反应总是朝着放热更多的方向进行"。显然，这是将焓作为化学反应方向和限度的判据。这个规则对大多数化学反应是适用的。例如：

$$2H_2(g)+O_2(g) = 2H_2O(g) \qquad \Delta_r H_m^\ominus = -483.68\ kJ\cdot mol^{-1}$$

$$Zn(s)+CuSO_4(aq) \xlongequal{\quad} ZnSO_4(aq)+Cu(s) \qquad \Delta_r H_m^\ominus = -216.81\ kJ\cdot mol^{-1}$$

上述两反应在标准态下都可自发进行。但这一判据却是片面的，因为还有一些反应在标准态下吸收热量，$\Delta_r H_m^\ominus > 0$，但也可以自发进行。例如：

$$NH_4HCO_3(s) \xlongequal{\quad} NH_3(g)+H_2O(g)+CO_2(g) \qquad \Delta_r H_m^\ominus = 62.1\ kJ\cdot mol^{-1}$$

$$NaCl(s) \xlongequal{\quad} Na^+(aq)+Cl^-(aq) \qquad \Delta_r H_m^\ominus = 4.0\ kJ\cdot mol^{-1}$$

类似的例子还可举出不少。另外，上述经验规则无法说明大多数化学反应的可逆性。因此，不能单纯用焓作为化学反应的判据。

2.4.2 混乱度和熵

视频 2-10

混乱度和熵

实践和研究表明，许多自发过程还会导致系统的混乱度增加。以理想气体的扩散为例，图 2-4 中是以旋塞相连的两个装有两种不同的理想气体的圆底烧瓶。如打开旋塞，两球中的气体则经扩散而均匀混合。这是一个自发过程。过程中，系统的温度、压力都无变化，不同的只是系统比先前更无秩序，亦即混乱度增加了。换言之，这一过程是自发地趋向于混乱度更大的状态。

再比如 NaCl 的溶解，在一定温度下这也是一个自发过程。固体的 NaCl 在水中先解离出 Na^+ 和 Cl^-，继而向水中扩散，直至形成均匀溶液。显然，溶解后的混乱度要比溶解前大得多。

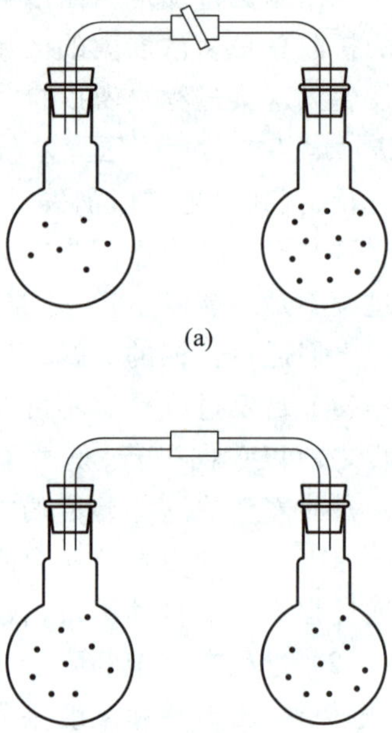

图 2-4 气体的扩散

我们知道，化学研究的对象都是包含大量微观粒子的系统。这些微观粒子无时无刻不在做着各种各样的运动，如电子的运动、分子的振动和转动、原子核的运动等。在热力学研究中，无法一一描述每一粒子的行为，而只能掌握它们平均行为的总体表现。正如系统的温度是微观粒子平均动能的总表现一样，系统中粒子运动混乱度的宏观量度，称为**熵**，用符号 S 表示。熵值小，对应混乱度小或较有秩序的状态；熵值大，则对应混乱度大或较无秩序的状态。熵与热力学概率之间的关系由 Boltzmann（玻耳兹曼，奥地利）于 1896 年首先提出。若以 Ω 表示热力学概率，即在系统约束的条件下拥有的微观粒子总数，则由统计力学可以证明：

$$S = k\ln\Omega \tag{2-10}$$

该式称为 Boltzmann 关系式，式中 k 为 Boltzmann 常数，$k=1.38\times10^{-23}\ J\cdot K^{-1}$。无序性越大，熵值越大。Boltzmann 关系式是统计力学方法计算系统熵值的基础，是连接宏观与微观的桥梁。从统计的观点可以证明，在孤立系统中自发过程总是向着混乱度增大的方向进行，达到平衡状态时混乱度最大，相反的过程即混乱度减少的过程不可能自发发生。

特别需要指出的是，这一结论与前面讨论的焓对自发过程的影响并不矛盾，因为这些系统都不是孤立系统，而是与外界有能量交换的封闭系统。对自然界中的客观事物，更不能简单地套用熵增的原理，复杂的生物体在存在期间长期维持着有序结构，而且不断进化发展，变得更加有序和复杂，这是因为这些系统是与外界有物质和能量的交换的敞开系统。还应注意，熵增的结论只适用于宏观有限的孤立系统，对含粒子数很少的微观系统也是不适用的。

上述熵的概念是从统计力学的角度得出的，也可通过热力学推导得出熵的热力学定义：

$$S_{终}-S_{始}=\Delta S=Q_r/T \tag{2-11}$$

表示可逆过程的热温商只取决于始态和终态，即可逆过程中系统吸收或放出的热量除以相应温度等于系统的熵变，熵的得名就来源于其定义“热温商”。这一定义被称为热力学熵，从统计力学的角度可以证明热力学熵和 Boltzmann 定义的熵是一致的，两者分别从宏观和微观的角度描述了熵的特性，这为熵变的实际测量提供了理论依据。

2.4.3 熵的性质和热力学第三定律

既然熵是反映系统内部粒子运动混乱度的物理量，那么当系统状态一定时，其混乱度的大小也就随之确定，对应就有一确定的熵值。因此，熵也是一个状态函数，其基本性质如下：

视频 2-11
熵与熵变

(1) 对同一物质而言，固态熵值最小，液态熵值较大，气态时熵值最大(图 2-5)，即 $S(s)<S(l)<S(g)$。

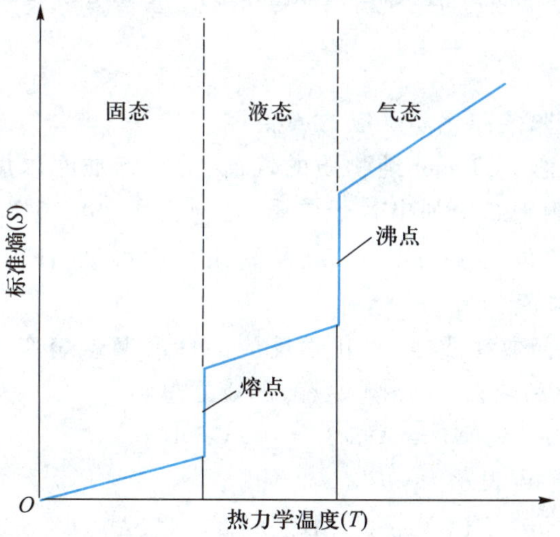

图 2-5 物质的熵值随温度的变化

(2) 对同一聚集态来说，温度升高，热运动增加，系统的混乱度增大，熵值也随之变大。对于气体物质，压力降低时，体积增大，粒子在较大空间里运动，将更为混乱，故有

$$S_{高温}>S_{低温};S_{低压}>S_{高压}$$

(3) 对不同物质,熵值大小与其组成和结构有关。一般地说,粒子越大,结构越复杂,其运动情况也越复杂,混乱度就越大,熵值也越大。

(4) 温度降低,物质的熵值将减小。在热力学温度零度(0 K)时,物质的完整晶体只有一种可能的微观状态,其中的每一个原子(或离子)必须整齐规则地排列在晶格节点上,这是一个完全有序的状态,与此状态相应的熵值应当为零。即"在绝对零度下,一切纯元素和化合物的完整晶体的熵值为零",即 S_0(0 K,完整晶体)= 0,这就是**热力学第三定律**。

(5) 因为熵是状态函数,则某一过程的熵变 ΔS 等于两个状态的熵值之差,即只决定于系统的始态和终态。如系统从 0 K 加热至某一温度 T,$\Delta S=S_T-S_0$。因为 S_0(0 K,完整晶体)= 0,所以 $\Delta S=S_T$。

可见,这一过程的熵变 ΔS 就是该物质在热力学温度 T 时的熵值 S_T,称为**绝对熵**。换言之,在任意温度下,任何物质都有一确定的熵值。绝对温度以上的任何温度的熵值总是正值。这是和前面介绍的热力学能 U 和焓 H 不同的,热力学能和焓的绝对数值无法求得,而物质的熵则有具体数值。

[例 2-5] 判断下列系统变化是熵增还是熵减:

(1) 碘的升华　(2) 蔗糖溶解于水　(3) 制备 AgCl(s)　(4) $Ca(HCO_3)_2$ 受热分解

解:由熵的性质可知

(1) 碘的升华,由固态变为气态,故该过程 $\Delta S>0$,熵增;

(2) 蔗糖溶解于水,固态物质变为溶液,故该过程 $\Delta S>0$,熵增;

(3) 制备 AgCl(s),粒子数量减少且有部分气态物质变为固态,故该过程 $\Delta S<0$,熵减;

(4) $Ca(HCO_3)_2$ 受热分解,生成物粒子数量增加,且有 $CO_2(g)$ 和 $H_2O(g)$ 产生,故该过程 $\Delta S>0$,熵增。

2.4.4　标准摩尔熵和化学反应的熵变

在热力学标准态下,1 mol 纯物质的熵值,称为**标准摩尔熵**(简称标准熵),符号记为 $S_m^\ominus(T)$,附录二中列出若干单质、化合物在 298.15 K 时的标准摩尔熵 $S_m^\ominus$(298.15 K),其单位为 $J\cdot mol^{-1}\cdot K^{-1}$,从附录二中可见,任何物质在任何状态下,都有大于零的熵值。

根据熵的状态函数性质,一个化学反应的**标准摩尔熵变** $\Delta_r S_m^\ominus$ 应等于生成物(终态)的熵之总和减去反应物(始态)的熵之总和。

对于一般反应:　　$aA+bB \xlongequal{\quad} pC+qD$

其总熵变 $\Delta_r S_m^\ominus$ 可表示为

$$\begin{aligned}\Delta_r S_m^\ominus &= [p\cdot S_m^\ominus(C)+q\cdot S_m^\ominus(D)]-[a\cdot S_m^\ominus(A)+b\cdot S_m^\ominus(B)]\\ &=\sum S_m^\ominus(生成物)-\sum S_m^\ominus(反应物)\end{aligned} \tag{2-12}$$

[例 2-6] 试计算下列反应的标准熵变:

$$2NH_3(g) \xlongequal{\quad} N_2(g)+3H_2(g)$$

解:查表可得反应中各物质的标准摩尔熵

$$2NH_3(g) = N_2(g) + 3H_2(g)$$

$S_m^\ominus/(J\cdot mol^{-1}\cdot K^{-1})$	192. 34	191. 50	130. 57

$$\begin{aligned}\Delta_r S_m^\ominus &= [S_m^\ominus(N_2,g)+3\times S_m^\ominus(H_2,g)]-2\times S_m^\ominus(NH_3,g)\\ &= [(191.50+3\times130.57)-(2\times192.34)]\ J\cdot mol^{-1}\cdot K^{-1}\\ &= 198.53\ J\cdot mol^{-1}\cdot K^{-1}\end{aligned}$$

2.5 Gibbs 函数变与热力学第二定律

2.5.1 Gibbs 函数变判据

视频 2-12
化学反应自发的判据

由上述讨论可知,决定某过程的自发性有焓变和混乱度变化两大因素,即受过程的焓效应和熵效应的共同影响。一般说,需综合评定二者中的哪一种起主要作用。

1873 年,美国化学家 Gibbs(吉布斯)引进了一个新的状态函数——**Gibbs 函数**,也称 Gibbs 自由能或自由能,用符号 G 表示,它将上述两种因素统一起来作为新的判据。Gibbs 函数的定义式为

$$G \equiv H-TS \tag{2-13}$$

式中,焓 H、熵 S 和热力学温度都是状态函数,因此 Gibbs 函数 G 也是一组合的状态函数。

在等温、等压,只做体积功的过程发生变化时,其相应的 Gibbs 函数变 ΔG 则应为

$$\Delta G = \Delta H - T\Delta S \tag{2-14}$$

式(2-14)称为 **Gibbs 等温方程式**。

Gibbs 等温方程式是热力学第二定律的数学表达式,实际上是系统在变化过程中将能量最低、混乱度最大两条规律组合在一起而形成的新的状态函数。由此,可得到只做体积功的等温、等压条件下,某过程自发性的判据,即

$\Delta G<0$ 或 $\Delta H-T\cdot\Delta S<0$　　过程自发

$\Delta G>0$ 或 $\Delta H-T\cdot\Delta S>0$　　过程非自发

$\Delta G=0$ 或 $\Delta H=T\cdot\Delta S$　　过程处于平衡状态

这就是说,在只做体积功的等温、等压下的系统发生自发过程时,系统的 Gibbs 函数将减小;系统达到平衡时,其 Gibbs 函数将减至最小,并保持恒定不变(这称为 Gibbs 函数最小原理);如系统的 Gibbs 函数变大,则必须依靠外力做功,过程才能发生,该过程为非自发过程。

Gibbs 函数判据所需的等温、等压只做体积功的条件,正是化学反应进行的一般条件,因此,Gibbs 函数变 $\Delta_r G$ 不仅是一切自发性过程的判据,也是化学反应自发性最常用的判据,经常用于判断化学反应的方向和限度。

从上面的讨论可知,宏观上可将化学反应划分为四种类型,如表 2-2 所示。

表 2-2　不同类型的化学反应与温度的关系

反应类型	ΔH	ΔS	ΔG	正向反应与温度关系
放热,熵增	−	+	任何温度均为负值	任何温度下可自发进行

续表

反应类型	ΔH	ΔS	ΔG	正向反应与温度关系
吸热，熵减	+	−	任何温度均为正值	任何温度下不可自发进行
吸热，熵增	+	+	温度升高可由正值变为负值	高温下可自发进行
放热，熵减	−	−	温度升高可由负值变为正值	低温下可自发进行

视频 2-13
Gibbs 函数及其物理意义

2.5.2 Gibbs 函数的性质与物理意义

1. Gibbs 函数是状态函数

从定义式(2-13)中可看出，Gibbs 函数是状态函数。因此，和热力学能 U、焓 H 及熵 S 一样，Gibbs 函数也具有下列性质：

(1) 如果终态与始态一定，则系统的 Gibbs 函数变 ΔG 就是一定值，而与过程所经历的变化途径无关。

(2) 正过程与逆过程的 Gibbs 函数变化量数值相等而符号相反，即 $\Delta G_{正}=-\Delta G_{逆}$。

(3) 若一个过程可看作几个过程之和，则该过程 Gibbs 函数变化量 $\Delta G_{总}$ 必等于各分过程 Gibbs 函数变化量 ΔG 之和。换言之，Gibbs 函数也具有加和性。

2. Gibbs 函数变是自发过程的推动力

从 Gibbs 函数判据可见，在只做体积功的等温、等压条件下，自发过程进行的方向是使系统的 Gibbs 函数减少。就是说，系统之所以能从一种状态自发地变到另一种状态，是因为在这两个状态间存在着 Gibbs 函数的差值 ΔG，就像在前面提到的温度差(ΔT)、水位差(Δh)等一样，Gibbs 函数差 ΔG 是自发过程进行的一种推动力。在上述条件下，自发过程总是从 Gibbs 函数大的状态向 Gibbs 函数小的状态进行，直到 $\Delta G=0$，达到平衡状态为止。

从另一角度看，Gibbs 函数越大的系统越不稳定，有自动向 Gibbs 函数小的状态变化的趋势；Gibbs 函数较小的状态，就比较稳定。因此，Gibbs 函数是系统稳定性的量度；任何系统，都有减小其 Gibbs 函数的自发趋势。Gibbs 函数的这一特性，类似于力学系统中势能的性质。

3. Gibbs 函数是可利用的能量

在定义式(2-13)中的每一项都是能量项，其单位为 J 或 kJ。因此，可以说 Gibbs 函数是系统的一种特殊形式的能量，Gibbs 函数究竟“特殊”在什么地方呢？

式(2-13)可改写为

$$H=G+TS$$

这就是说，系统的焓可分为两个部分：一部分是可以自由地转变为其他形式的能量，即 Gibbs 函数(由此就可理解 Gibbs 自由能的意义)；另一部分能量即 TS 项，则是用以维持该系统的特定温度和混乱度所消耗的能量。

如果系统在等温下变化，则有 $\Delta H=\Delta G+T\Delta S$。式中的 ΔH，即系统的焓变可看作由两部分能量组成，一部分为 $T\Delta S$，即在该温度下维持系统内部一定混乱度所需的能量变化，这部分能量是人们无法利用的，对应着系统中的无序变化，也称为无用功；另一部分则是可以自由地用来做有用功的能量，即 Gibbs 函数变 ΔG，对应系统中有序变化的能量，也称为有用功。从这个层面来讲，热力学中的功可理解为体积功、有用功、无用功等。

由 $\Delta H=\Delta G+T\cdot\Delta S$ 也体现了热力学第二定律的另外一个特性，即自发过程的不可逆性。人们有多种描述，最容易理解的就是功可以全部转化为热，而热不能全部转化为功（指有用功），所以制造 100% 热效率的热机是不可能的，这类热机被称为第二类永动机。

因此可将 Gibbs 函数理解为系统提供"有用功"的能力。在等温、等压条件下，系统的 Gibbs 函数越大，就表示它做功的能力越强。在这一过程中，系统的 Gibbs 函数变 ΔG，如果加以利用，就能转变成有用功。例如，在本书 5.4 节中，只要通过适当的装置，就可组成可逆电池，系统的 Gibbs 函数变会全部转变为电功。也就是说，Gibbs 函数变相当于系统做功的一种本领，其减小量就等于系统在过程中所做的最大有用功 W'_{max}，即

$$\Delta_r G=W'_{max} \tag{2-15}$$

式(2-15)可推导如下：

$$\Delta U=Q-p\,\Delta V+W'$$
$$Q=\Delta U+p\,\Delta V-W'$$
$$\Delta S=Q_r/T=(\Delta U+p\,\Delta V-W'_{max})/T=(\Delta H-W'_{max})/T$$
$$\Delta H-T\,\Delta S=W'_{max}$$

即

$$\Delta G=W'_{max}$$

如果系统的变化是自发的，$\Delta G<0$，$W'_{max}<0$，表明系统的 Gibbs 函数的减小，全部用于对环境做功。根据本书对功的定义，这个功是负的，因此，通常写成 $\Delta G=-W'_{max}$。换言之，在等温等压的可逆过程中，系统的 Gibbs 函数变等于系统对环境做的最大功。当然，它们二者也仅仅是数值上的相等，属性不同。前者是状态函数变，与途径无关；后者与途径有关，但最大功是唯一的。与前面所述的在可逆过程中系统吸收最大热，做最大功是一致的。

2.5.3 化学反应的标准 Gibbs 函数变

1. 化学反应中标准 Gibbs 函数变

视频 2-14

Gibbs 函数判据、化学反应的 Gibbs 函数变

在热力学标准态下（100 kPa），由参考态单质生成 1 mol 化合物的 Gibbs 函数变，称该物质的**标准摩尔生成 Gibbs 函数变**，简称**标准生成 Gibbs 函数变**，记作 $\Delta_f G_m^\ominus$；单位也是 $kJ\cdot mol^{-1}$，与 $\Delta_f H_m^\ominus$ 相同，参考态单质的标准 Gibbs 函数变也指定为零；释放能量为负，吸收能量为正。部分物质在 298 K 时的标准生成 Gibbs 函数变数值列于附录二中。

由于 Gibbs 函数是状态函数，根据 Hess 定律可以推导出如下结论：一个化学反应的标准 Gibbs 函数变 $\Delta_r G_m^\ominus$，等于该反应中各生成物的标准生成 Gibbs 函

视频 2-15

标准生成 Gibbs 函数变

视频 2-16

非标准态的化学反应的 Gibbs 函数变

数变的总和减去各反应物的标准生成 Gibbs 函数变的总和。$\Delta_r G_m^\ominus$ 仍然是指各物质在标准态下 1 mol 反应的标准 Gibbs 函数变。

上述结论用数学式表示为

$$\Delta_r G_m^\ominus = \sum \Delta_f G_m^\ominus(\text{生成物}) - \sum \Delta_f G_m^\ominus(\text{反应物}) \qquad (2-16)$$

这样，根据各物质的标准生成 Gibbs 函数变 $\Delta_f G_m^\ominus$，即可算出某一化学反应的标准 Gibbs 函数变 $\Delta_r G_m^\ominus$。

[例 2-7] 试根据各物质的标准生成 Gibbs 函数变 $\Delta_f G_m^\ominus$，计算下列反应在 298 K 时的标准 Gibbs 函数变 $\Delta_r G_m^\ominus$。

$$CH_4(g) + 2O_2(g) \longrightarrow CO_2(g) + 2H_2O(l)$$

解：先从附录二中查出各物质相应的 $\Delta_f G_m^\ominus$ 值，注意有关物质的状态及其化学计量数。

	$CH_4(g)$	$+2O_2(g)$	$\longrightarrow CO_2(g)$	$+2H_2O(l)$
$\Delta_f G_m^\ominus/(kJ\cdot mol^{-1})$	−50.75	0	−393.51	−237.18

根据 $\Delta_r G_m^\ominus = \sum \Delta_f G_m^\ominus(\text{生成物}) - \sum \Delta_f G_m^\ominus(\text{反应物})$

$$\begin{aligned}\Delta_r G_m^\ominus &= [\Delta_f G_m^\ominus(CO_2,g) + 2\times\Delta_f G_m^\ominus(H_2O,g)] - [\Delta_f G_m^\ominus(O_2,g) + 2\times\Delta_f G_m^\ominus(CH_4,g)] \\ &= [-393.51 + 2\times(-237.18)]\ kJ\cdot mol^{-1} - [(-50.75) + 2\times 0]\ kJ\cdot mol^{-1} \\ &= -817.12\ kJ\cdot mol^{-1}\end{aligned}$$

可见该反应在热力学上进行的可能性很大。

至此，我们已经介绍了热力学能(U)、焓(H)、Gibbs 函数(G)和熵(S)等四个状态函数；其中前三者的绝对数值无法确知，但它们的变化值 ΔU，ΔH 和 ΔG 使用起来却十分方便；而熵 S 则有一个确定的非零正值。ΔU，ΔH 和 ΔG 的单位是相同的，均为 $kJ\cdot mol^{-1}$，而标准熵的单位则为 $J\cdot mol^{-1}\cdot K^{-1}$，这是在使用数据时需要注意的。

溶液中离子的标准热力学数据，是以 H^+ 为参考标准而得到的相对值，规定在 100 kPa，298 K 下，1 $mol\cdot L^{-1}$ 理想溶液中 H^+ 的标准生成焓 $\Delta_f H_m^\ominus(H^+)$、标准生成 Gibbs 函数变 $\Delta_f G_m^\ominus(H^+)$ 和标准熵 $S_m^\ominus(H^+)$ 都等于零，即 $p^\ominus = 100.0$ kPa，$c^\ominus(H^+) = 1\ mol\cdot L^{-1}$ 时，$\Delta_f H_m^\ominus(H^+) = 0$，$\Delta_f G_m^\ominus(H^+) = 0$，$S_m^\ominus(H^+) = 0$。

由此可得出其余各种离子的 $\Delta_f H_m^\ominus$，$\Delta_f G_m^\ominus$ 和 $S_m^\ominus$ 比较值。若干常见离子的标准热力学数据见附录七，利用它们可以进行有关离子反应的热力学计算。

[例 2-8] 根据附录二和附录七中化合物和离子的标准热力学数据，计算下列离子反应的标准 Gibbs 函数变 $\Delta_r G_m^\ominus$。

$$AgCl(s) \longrightarrow Ag^+(aq) + Cl^-(aq)$$

解：从附录二和附录七查出有关化合物和离子的 $\Delta_f G_m^\ominus$ 数据和已知条件，得

	$AgCl(s)$	$\longrightarrow Ag^+(aq)$	$+Cl^-(aq)$
$\Delta_f G_m^\ominus/(kJ\cdot mol^{-1})$	−109.80	77.11	−131.17

$$\begin{aligned}\Delta_r G_m^\ominus &= [\Delta_f G_m^\ominus(Ag^+,aq) + \Delta_f G_m^\ominus(Cl^-,aq)] - [\Delta_f G_m^\ominus(AgCl,s)] \\ &= [-131.17 + 77.11 - (-109.80)]\ kJ\cdot mol^{-1} \\ &= 55.74\ kJ\cdot mol^{-1}\end{aligned}$$

$\Delta_r G_m^\ominus > 0$，表明该反应在热力学上不能自发。

2. 利用等温方程式的计算

利用式(2-16)计算的标准 Gibbs 函数变 $\Delta_r G_m^\ominus$ 只适用于 298 K 的情况，而大多数化学反应都不是在 298 K 下进行的，有的还需在上千摄氏度的高温下进行。由于 $\Delta_r H_m^\ominus$，$\Delta_r S_m^\ominus$，$\Delta_r G_m^\ominus$ 都是温度的函数，要计算它们在不同温度下的准确数值，超出了本书讨论的范围。但如在该温度区域内，反应中各物质没有“相变”（如熔化、汽化等）发生，则可做近似计算，即将反应的 $\Delta_r H_m^\ominus$ 和 $\Delta_r S_m^\ominus$ 近似当作与温度无关的常数处理，先利用各物质的标准生成焓 $\Delta_f H_m^\ominus$ 和标准熵 $S_m^\ominus$，分别计算出反应的标准热效应 $\Delta_r H_m^\ominus$ 和标准熵变 $\Delta_r S_m^\ominus$，再用等温方程式计算反应的标准 Gibbs 函数 $\Delta_r G_m^\ominus$，即

$$\Delta_r H_m^\ominus = \sum \Delta_f H_m^\ominus(\text{生成物}) - \sum \Delta_f H_m^\ominus(\text{反应物})$$
$$\Delta_r S_m^\ominus = \sum S_m^\ominus(\text{生成物}) - \sum S_m^\ominus(\text{反应物})$$

再代入等温方程式计算即得

$$\Delta_r G_m^\ominus(T) = \Delta_r H_m^\ominus - T\Delta_r S_m^\ominus \tag{2-17}$$

[例 2-9] 已知在标准态下各物质的有关热力学数据，试判断下列反应在 298 K 时的标准 Gibbs 函数变 $\Delta_r G_m^\ominus$。

	$2Al(s)$	+ $Fe_2O_3(s)$	═══ $Al_2O_3(s)$	+ $2Fe(s)$
$\Delta_f H_m^\ominus/(kJ\cdot mol^{-1})$	0	-824.25	-1675.7	0
$S_m^\ominus/(J\cdot mol^{-1}\cdot K^{-1})$	28.32	87.40	50.92	27.28

解：先分别算出反应的标准热效应和标准熵变

$$\begin{aligned}\Delta_r H_m^\ominus &= [\Delta_f H_m^\ominus(Al_2O_3,s)+2\times\Delta_f H_m^\ominus(Fe,s)]-[2\times\Delta_f H_m^\ominus(Al,s)+\Delta_f H_m^\ominus(Fe_2O_3,s)]\\ &= \{[(-1675.7)+2\times0]-[2\times0+(-824.25)]\}\ kJ\cdot mol^{-1}\\ &= -851.45\ kJ\cdot mol^{-1}\end{aligned}$$

$$\begin{aligned}\Delta_r S_m^\ominus &= [S_m^\ominus(Al_2O_3,s)+2\times S_m^\ominus(Fe,s)]-[2\times S_m^\ominus(Al,s)+S_m^\ominus(Fe_2O_3,s)]\\ &= [(50.92+2\times27.28)-(2\times28.32+87.40)]\ J\cdot mol^{-1}\cdot K^{-1}\\ &= -38.56\ J\cdot mol^{-1}\cdot K^{-1}\end{aligned}$$

再代入等温方程式计算 298 K 下，反应的标准 Gibbs 函数变 $\Delta_r G_m^\ominus$。

$$\begin{aligned}\Delta_r G_m^\ominus &= \Delta_r H_m^\ominus - T\Delta_r S_m^\ominus\\ &= [-851450-298\times(-38.56)]\ J\cdot mol^{-1}\\ &= -840.0\ kJ\cdot mol^{-1}\end{aligned}$$

尽管该反应的标准熵值减小，但由于 $\Delta_r H_m^\ominus$ 的负值很大，故 $\Delta_r G_m^\ominus$ 仍是一个大的负值，表明该反应在标准态下，298 K 时自发进行的趋势很大，是一个强烈的放热反应，放出的热量足以使铁熔化。这是中学化学中熟知的铝热剂的化学原理，它常被用作焊接加工。

[例 2-10] 试计算反应 C(石墨)+$CO_2(g) \longrightarrow 2CO(g)$ 在 1200 K 下的标准 Gibbs 函数变 $\Delta_r G_m^\ominus$。

解：从附录二中查出 298 K 时的有关数据，计算出该温度下反应的 $\Delta_r H_m^\ominus$ 和 $\Delta_r S_m^\ominus$，再代入等温方程式中做近似计算，注意此时 $T=1200$ K。

	C(石墨)+CO_2(g) $\longrightarrow$ 2CO(g)		
$\Delta_f H_m^\ominus/(kJ\cdot mol^{-1})$	0	-393.14	-110.52
$S_m^\ominus/(J\cdot mol^{-1}\cdot K^{-1})$	5.74	213.64	197.56

$$\begin{aligned}\Delta_r H_m^\ominus &= [2\times\Delta_f H_m^\ominus(CO,g)]-[\Delta_f H_m^\ominus(C,石墨)+\Delta_f H_m^\ominus(CO_2,g)]\\ &=[2\times(-110.52)]-[0+(-393.14)]\ kJ\cdot mol^{-1}\\ &=172.10\ kJ\cdot mol^{-1}\end{aligned}$$

$$\begin{aligned}\Delta_r S_m^\ominus &= [2\times S_m^\ominus(CO,g)]-[S_m^\ominus(C,石墨)+S_m^\ominus(CO_2,g)]\\ &=[(2\times197.56)-(5.74+213.64)]\ J\cdot mol^{-1}\cdot K^{-1}\\ &=175.74\ J\cdot mol^{-1}\cdot K^{-1}\end{aligned}$$

代入等温方程式，则有

$$\begin{aligned}\Delta_r G_m^\ominus(1200\ K) &= (172.10-1200\times175.74\times10^{-3})\ kJ\cdot mol^{-1}\\ &=-38.79\ kJ\cdot mol^{-1}\end{aligned}$$

计算表明，该反应在 1200 K 的高温下自发进行。

利用化学反应的标准焓变$\Delta_r H_m^\ominus$和标准 Gibbs 函数变$\Delta_r G_m^\ominus$，还可以反过来计算化学反应的标准熵变$\Delta_r S_m^\ominus$，如下例所示。

[例 2-11]　已知 298 K 时$\Delta_f H_m^\ominus(CH_3OH,g)=-201.08\ kJ\cdot mol^{-1}$，$\Delta_f G_m^\ominus(CH_3OH,g)=-161.42\ kJ\cdot mol^{-1}$，试计算此时反应 C(石墨)+$2H_2(g)+\frac{1}{2}O_2(g)\longrightarrow CH_3OH(g)$的熵变。

解：C(石墨)，H_2(g)，O_2(g)的$\Delta_r H_m^\ominus$，$\Delta_r G_m^\ominus$均为零，则

$$\Delta_r G_m^\ominus(T)=\Delta_r H_m^\ominus-T\Delta_r S_m^\ominus,\quad \Delta_r S_m^\ominus=\frac{\Delta_r H_m^\ominus-\Delta_r G_m^\ominus}{T}$$

$$\Delta_r S_m^\ominus=\frac{[(-201.08)-(-161.42)]\times10^3\ J\cdot mol^{-1}}{298\ K}=-133.09\ J\cdot mol^{-1}\cdot K^{-1}$$

2.5.4　Gibbs 函数变的应用

1. 判断反应进行的方向和限度

一个只涉及体积功、等温、等压下的化学反应自发进行的条件是，该反应的 Gibbs 函数变$\Delta_r G_m<0$，反应一直进行到$\Delta_r G_m=0$，即到达化学平衡时为止。这就是化学反应在该条件下的最大限度。如反应的$\Delta_r G_m>0$，则反应为非自发，其逆反应将自发进行。化学反应进行的方向和限度的判据如表 2-3 所示。

表 2-3　判断化学反应进行的方向和限度

非标准态	化学反应进行的方向和限度
$\Delta_r G_m<0$	正反应方向自发进行
$\Delta_r G_m>0$	正反应方向非自发，而逆反应方向自发进行
$\Delta_r G_m=0$	化学反应处于平衡状态，转化率达到最大限度

必须强调指出的是，自发过程判定的标准是 ΔG，而不是 $\Delta G^\ominus$。反应的 Gibbs 函数变会随着系统中反应物和生成物的分压或浓度变化而改变，即处于任

意态。实际应用中，反应物基本上都处于任意态。ΔG 和 $\Delta G^{\ominus}$ 之间的关系可表示为

$$\Delta_r G_m(T) = \Delta_r G_m^{\ominus}(T) + RT\ln J \qquad (2\text{-}18)$$

式中，J 称为**反应商**，此值的大小与系统中反应物和生成物的相对分压或相对浓度有关；R 是摩尔气体常数（$8.314\ \mathrm{J\cdot mol^{-1}\cdot K^{-1}}$）；$T$ 是相应的反应温度（K）。相关的内容将在第 3 章中详细介绍。

当某一反应的反应物和生成物的相对分压或相对浓度均为 1，即反应的各物质均处于标准态时，可以得知，此时 $J=1$，$\ln J=0$，$\Delta_r G_m(T)=\Delta_r G_m^{\ominus}(T)$。只有此时才能用$\Delta G^{\ominus}$直接判断反应自发的方向。实际上，$\Delta_r G_m^{\ominus}$ 是个常数，$\Delta_r G_m$ 随反应的进行是个变量。

［例 2-12］ 已知 HI 的气相分解反应 $2HI(g) = H_2(g)+I_2(g)$，它在标准态下各物质的有关热力学数据如下，试判断下列反应在 500 K 时能否自发进行？

	$2HI(g)$ ══	$H_2(g)$	+ $I_2(g)$
$\Delta_f H_m^{\ominus}/(\mathrm{kJ\cdot mol^{-1}})$	26.48	0	61.32
$S_m^{\ominus}/(\mathrm{J\cdot mol^{-1}\cdot K^{-1}})$	206.48	130.57	260.58

解：

$$\begin{aligned}\Delta_r H_m^{\ominus} &= [\Delta_f H_m^{\ominus}(H_2,g)+\Delta_f H_m^{\ominus}(I_2,g)] - 2\times\Delta_f H_m^{\ominus}(HI,g)\\ &= [(0+61.32)-(2\times 26.48)]\ \mathrm{kJ\cdot mol^{-1}}\\ &= 8.36\ \mathrm{kJ\cdot mol^{-1}}\end{aligned}$$

$$\begin{aligned}\Delta_r S_m^{\ominus} &= [S_m^{\ominus}(H_2,g)+S_m^{\ominus}(I_2,g)]-2\times S_m^{\ominus}(HI,g)\\ &= [(260.58+130.57)-(2\times206.48)]\ \mathrm{J\cdot mol^{-1}\cdot K^{-1}}\\ &= -21.81\ \mathrm{J\cdot mol^{-1}\cdot K^{-1}}\end{aligned}$$

$$\begin{aligned}\Delta_r G_m^{\ominus} &= \Delta_r H_m^{\ominus} - T\,\Delta_r S_m^{\ominus}\\ &= [8360-500\times(-21.81)]\ \mathrm{J\cdot mol^{-1}}\\ &= 19.27\ \mathrm{kJ\cdot mol^{-1}}\end{aligned}$$

因为各物质均在标准态下，因此有$\Delta_r G_m^{\ominus}(T)=\Delta_r G_m(T)>0$，故该反应在标准态下、500 K 时不能自发进行。事实上，此反应为“吸热，熵减”型反应，当各物质处于标准态时，任何温度下都不能自发进行。只有系统中反应物的相对分压很大，生成物的相对分压很小时，使$\Delta_r G_m(T)=\Delta_r G_m^{\ominus}(T)+RT\ln J<0$ 时，这一反应才有可能自发进行。

2. 判断物质的稳定性

在等温、等压，只做体积功条件下，自发过程的趋势是使系统的 Gibbs 函数减小。因此，Gibbs 函数越大的系统稳定性越小，故可用化合物的标准生成 Gibbs 函数变$\Delta_f G_m^{\ominus}$的数值和符号来比较它们稳定性大小。一般来说，对于某化合物个体，化合物标准生成 Gibbs 函数$\Delta_f G_m^{\ominus}$的负值越大，其稳定性越大，$\Delta_f G_m^{\ominus}$的负值越小，其稳定性越小；而对于有内在联系的系列物质，则是阐述其稳定性变化的依据，如例 2-13。

［例 2-13］ 试根据标准态下各物质的有关热力学数据判断 HF, HCl, HBr, HI 的稳定性大小。

解:从附录二中查出 298 K 时标准生成 Gibbs 函数变$\Delta_f G_m^\ominus$的数据为

	HF	HCl	HBr	HI
$\Delta_f G_m^\ominus/(\text{kJ}\cdot\text{mol}^{-1})$	-273.21	-95.30	-53.43	1.72

由此可知,在 298 K 时,四种物质的稳定性由大到小依次为 HF>HCl>HBr>HI。

由等温方程式可知,标准 Gibbs 函数变的值与温度有关,不同温度下,$\Delta_r G_m^\ominus$会有显著变化。有的化合物在低温下相当稳定,温度升高,稳定性变小,甚至变得很不稳定;而另一些化合物则与此相反。为了说明物质的稳定性,则需针对具体情况作具体分析。

[例 2-14]　标准态下,分别计算说明 298 K 下和 200 K 下,灰锡和白锡两种同素异形体,哪一种是锡的稳定单质?

解:298 K 时锡的热力学标准数据为

	Sn(白) ══ Sn(灰)	
$\Delta_f H_m^\ominus/(\text{kJ}\cdot\text{mol}^{-1})$	0	-2.09
$S_m^\ominus/(\text{J}\cdot\text{mol}^{-1}\cdot\text{K}^{-1})$	51.55	44.14

$$\begin{aligned}\Delta_r H_m^\ominus &= [\Delta_f H_m^\ominus(\text{Sn,灰}) - \Delta_f H_m^\ominus(\text{Sn,白})]\\ &= [(-2.09)-0]\ \text{kJ}\cdot\text{mol}^{-1}\\ &= -2.09\ \text{kJ}\cdot\text{mol}^{-1}\end{aligned}$$

$$\begin{aligned}\Delta_r S_m^\ominus &= [\Delta_f S_m^\ominus(\text{Sn,灰}) - \Delta_f S_m^\ominus(\text{Sn,白})]\\ &= (44.14-51.55)\ \text{J}\cdot\text{mol}^{-1}\cdot\text{K}^{-1}\\ &= -7.41\ \text{J}\cdot\text{mol}^{-1}\cdot\text{K}^{-1}\end{aligned}$$

$$\begin{aligned}\Delta_r G_m^\ominus(298\ \text{K}) &= \Delta_r H_m^\ominus - T\Delta_r S_m^\ominus\\ &= [-2090-298\times(-7.41)]\ \text{J}\cdot\text{mol}^{-1}\\ &= 118.18\ \text{J}\cdot\text{mol}^{-1}\end{aligned}$$

$$\begin{aligned}\Delta_r G_m^\ominus(200\ \text{K}) &= \Delta_r H_m^\ominus - T\Delta_r S_m^\ominus\\ &= [-2090-200\times(-7.41)]\ \text{J}\cdot\text{mol}^{-1}\\ &= -608\ \text{J}\cdot\text{mol}^{-1}\end{aligned}$$

由上述计算可知,$\Delta_r G_m^\ominus(298\ \text{K})>0$,故 298 K 下,白锡稳定;$\Delta_r G_m^\ominus(200\ \text{K})<0$,200 K 下,灰锡稳定。

3. 估算反应进行的温度

在等温方程式中,将反应的$\Delta_r H_m^\ominus$和$\Delta_r S_m^\ominus$近似当作与温度无关的常数,就可用标准热力学数据近似地估算出化学反应进行时所需温度条件:

$$\Delta_r G_m^\ominus(T) = \Delta_r H_m^\ominus - T\Delta_r S_m^\ominus < 0$$

即

$$\Delta_r H_m^\ominus - T\Delta_r S_m^\ominus < 0$$

对$\Delta_r S_m^\ominus>0$,$\Delta_r H_m^\ominus>0$的反应,其可自发进行的温度条件为

$$T > \frac{\Delta_r H_m^\ominus}{\Delta_r S_m^\ominus}$$

而对于$\Delta_r S_m^\ominus<0$,$\Delta_r H_m^\ominus<0$的反应,其可自发进行的温度条件则为

$$T < \frac{\Delta_r H_m^\ominus}{\Delta_r S_m^\ominus}$$

定义$\Delta_r G_m^\ominus(T)=0$时的温度，即$\Delta_r G_m^\ominus(T)$改变正、负号时的温度为**转变温度** $T_转$，即

$$T_{转}=\frac{\Delta_r H_m^\ominus}{\Delta_r S_m^\ominus} \tag{2-19}$$

据此，即可估算化学反应自发进行的温度条件。

［例 2-15］ 试计算标准态下反应 $CaCO_3(s) \longrightarrow CaO(s)+CO_2(g)$ 在 298 K 能否自发进行？并计算该反应自发进行所需的温度条件。

解：从附录二中查出 298 K 时的热力学标准数据

	$CaCO_3(s) \longrightarrow$	$CaO(s)+$	$CO_2(g)$
$\Delta_f H_m^\ominus/(kJ\cdot mol^{-1})$	-1206.92	-635.09	-393.14
$S_m^\ominus/(J\cdot mol^{-1}\cdot K^{-1})$	92.88	39.75	213.64

$$\begin{aligned}\Delta_r H_m^\ominus &= [\Delta_f H_m^\ominus(CaO,s)+\Delta_f H_m^\ominus(CO_2,g)]-\Delta_f H_m^\ominus(CaCO_3,s)\\ &= [(-393.14)+(-635.09)-(-1206.92)]\ kJ\cdot mol^{-1}\\ &= 178.69\ kJ\cdot mol^{-1}\end{aligned}$$

$$\begin{aligned}\Delta_r S_m^\ominus &= [S_m^\ominus(CaO,s)+S_m^\ominus(CO_2,g)]-S_m^\ominus(CaCO_3,s)\\ &= (213.64+39.75-92.88)\ J\cdot mol^{-1}\cdot K^{-1}\\ &= 160.51\ J\cdot mol^{-1}\cdot K^{-1}\end{aligned}$$

$$\begin{aligned}\Delta_r G_m^\ominus &= \Delta_r H_m^\ominus - T\Delta_r S_m^\ominus\\ &= (178690-298\times160.51)\ J\cdot mol^{-1}\\ &= 130.86\ kJ\cdot mol^{-1}\end{aligned}$$

$\Delta_r G_m^\ominus(298\ K)>0$，故标准态下，该反应在 298 K 下不能自发进行。此反应属于“焓增、熵增”的类型，提高反应温度，可将反应由非自发转变为自发进行的反应。

$$T_{转}=\frac{\Delta_r H_m^\ominus}{\Delta_r S_m^\ominus}=\frac{178690\ J\cdot mol^{-1}}{160.51\ J\cdot mol^{-1}\cdot K^{-1}}=1113\ K$$

所以，标准态下，$CaCO_3$ 的最低分解温度为 1113 K(840 ℃)。

4. 设计耦合反应

如果一个反应等于两个或两个以上的反应之和(或差)，则该反应的 Gibbs 函数变应等于各分反应的 Gibbs 函数变之和(或差)，这是前面讲过的状态函数的加和性。即当

$$反应(1)=反应(2)+反应(3)$$

则有

$$\Delta_r G_{m,1}=\Delta_r G_{m,2}+\Delta_r G_{m,3}$$

工业上常利用这种加和性，将一个不能自发进行的反应和一个自发趋势很大的反应相耦合，组合成一个可以自发进行的反应，称为**耦合反应**。例如，用廉价、杂质含量相当高的粗 TiO_2 矿石制取 $TiCl_4(l)$ 的反应，在室温下，这一反应的 $\Delta_r G_m^\ominus$ 正值很大，是不能进行的：

$$TiO_2(s)+2Cl_2(g) = TiCl_4(l)+O_2(g) \qquad \Delta_r G_m^\ominus=173.2\ kJ\cdot mol^{-1}$$

如该反应与一个$\Delta_r G_m^\ominus$负值很大的反应相耦合，便可使之变为自发反应。例如，用下列人们熟知的碳燃烧反应与之耦合：

$$C(石墨)+O_2(g) = CO_2(g) \qquad \Delta_r G_m^\ominus = -393.51\ kJ\cdot mol^{-1}$$

则得

$$TiO_2(s)+2Cl_2(g)+C(石墨) = TiCl_4(l)+CO_2(g)$$

$$\Delta_r G_m^\ominus = [173.2+(-393.51)]\ kJ\cdot mol^{-1} = -220.31\ kJ\cdot mol^{-1}$$

$\Delta_r G_m^\ominus$ 远小于零，可见耦合所得的反应自发倾向很大，从而实现由稳定性较大的 TiO_2 制备稳定性较小的 $TiCl_4(l)$ 的要求。

再如，AlN，Si_3N_4，TiN 和金属卤化物等典型无机物制备技术所涉及的化学反应，也均可看作耦合反应的实例：

$$Al_2O_3(s)+N_2(g)+3C(s) \longrightarrow 2AlN(s)+3CO(g)$$

$$3SiO_2(s)+2N_2(g)+6C(s) \longrightarrow Si_3N_4(s)+6CO(g)$$

$$TiCl_4(l)+NH_3(g)+\frac{1}{2}H_2(g) \longrightarrow TiN(s)+4HCl(g)$$

在生命系统中，为了保证某一过程能够自发进行，也常常进化出一些耦合反应，通过反应之间的耦合，满足 $\Delta_r G<0$ 的条件，从而使一些单独无法自发进行的过程变得可以自发进行。例如，在动植物系统的呼吸代谢中，大量存在的葡萄糖和无机磷生成 6-磷酸葡萄糖的反应，其 $\Delta_r G = 17.1\ kJ\cdot mol^{-1}$。由于 $\Delta_r G>0$，这一反应过程是不能自发进行的。但是，如果耦合一个三磷酸腺苷和水生成二磷酸腺苷与无机磷的反应，这一反应的 $\Delta_r G = -30.5\ kJ\cdot mol^{-1}$，两个反应耦合后的总的 Gibbs 函数变 $\Delta_r G = [17.1+(-30.5)]\ kJ\cdot mol^{-1} = -13.4\ kJ\cdot mol^{-1}<0$，从而使得 6-磷酸葡萄糖的生成反应可以自发进行。

在材料科学等重要学科领域中，选择合理的合成方法与工艺是至关重要的。

从本章的讨论可以看出热力学方法对于处理化学问题的重要性和有效性。但必须指出，热力学的讨论只能回答化学反应的可能性，并不能说明某一化学反应是否真正发生。化学反应进行的快慢，反应的历程如何，也都对实际的反应情况有重要影响。例如，$2H_2(g)+O_2(g) \longrightarrow 2H_2O(l)$ 的反应，由热力学计算可知 $\Delta G^\ominus$ 是一个很大的负值，表明反应在常温 298 K 时自发进行的趋势很大。但这一反应在室温下的反应速率极小，以至可以看作反应并没有进行。所以，不能仅根据热力学计算就断定某一个反应实际发生的情况。有关化学平衡和化学反应速率的内容将在第三章详细讨论。

问　题

1. 什么是状态函数？它有什么特征？列举几个广度性质的状态函数。
2. 简述热力学能、功和热的定义。三者当中哪一个是状态函数？
3. 写出热力学第一定律的数学表达式及应用条件。
4. 写出焓的定义式。为什么热化学方程式中的热效应可用焓变表示？
5. 什么是物质的标准摩尔生成焓？定义标准摩尔生成焓的目的是什么？
6. 简述 Hess 定律。能否用热力学第一定律的知识说明其正确性？

7. 下列叙述是否正确？简单说明理由。

(1) 化合物的标准生成焓即 1 mol 化合物在标准态下焓的绝对值。

(2) $H_2(g)$的标准燃烧焓等于 $H_2O(l)$的标准生成焓。

(3) 石墨和金刚石的标准生成焓相等。

(4) $\Delta U=Q+W$, U 是状态函数，所以 $Q+W$ 与途径无关。

8. 什么是自发过程的特征？非自发过程是否一定不能发生？

9. 简述热力学第三定律。比较 1 mol 液态和气态乙醚熵值的大小，简单说明理由。

10. 简述熵判据及其应用条件。

11. 简述 Gibbs 函数判据及其应用条件。

12. 计算化学反应的标准摩尔 Gibbs 函数变 $\Delta_r G_m^\ominus$ 有哪些方法？能否用反应物和产物的标准摩尔生成 Gibbs 函数计算一个反应在 600 K 时的 $\Delta_r G_m^\ominus$？

13. 化学反应的 $\Delta_r G_m^\ominus$ 和 $\Delta_r G_m$ 有何区别？什么情况下可用 $\Delta_r G_m^\ominus$ 判断反应进行的方向？

14. 如何得到熵增吸热反应的温度条件？

15. 下列过程哪些是熵增过程？简述理由。

(1) 水结成冰。

(2) 干冰蒸发过程。

(3) 从海水中提取纯水和盐。

(4) $2NH_4NO_3(s) \xlongequal{} 2N_2(g)+4H_2O(g)+O_2(g)$

(5) $AgNO_3(aq)+NaCl(aq) \xlongequal{} AgCl(s)+NaNO_3(aq)$

16. 下列说法是否正确？简单说明理由。

(1) 稳定单质的标准摩尔熵为零。

(2) 熵减放热反应在任何温度下都能自发进行。

(3) $O_3(g)$的标准摩尔生成 Gibbs 函数为零。

(4) 所有的化学反应都是向着 Gibbs 函数减小的方向进行。

习 题

1. 某系统由始态变化到终态，经历了两个步骤，和环境发生的能量交换关系为：(1) 从环境中得到热量 100 kJ，并对环境做功 50 kJ；(2) 向环境放热 150 kJ，体积未发生变化，未做非体积功。计算该系统热力学能变 ΔU。

2. 在 298 K 和 101.3 kPa 的条件下，封闭系统发生了某一化学反应，反应过程中系统体积由 0.002 m^3 变为 0.008 m^3，且放出热量 213.29 kJ。试求该系统的热力学能变 ΔU。

3. 计算下列反应在 298 K 下的标准摩尔反应焓，所需数据可从附录二中查找。

(1) $C_2H_4(g)+2H_2O(l) \xlongequal{} 2CO(g)+4H_2(g)$

(2) $Fe_3O_4(s)+H_2(g) \xlongequal{} 3FeO(s)+H_2O(g)$

(3) $C_2H_5OH(l)+3O_2(g) \xlongequal{} 2CO_2(g)+3H_2O(l)$

(4) $2CO(g)+O_2(g) \xlongequal{} 2CO_2(g)$

(5) $3C_2H_2(g) = C_6H_6(l)$

(6) $CaCO_3(s) = CaO(s)+CO_2(g)$

(7) $SO_2(g)+\frac{1}{2}O_2(g) = SO_3(g)$

4. 已知反应 $C_2H_5OH(l)+3O_2(g) = 2CO_2(g)+3H_2O(l)$，试求当反应消耗了 3 mol $O_2(g)$时，该反应的反应进度。

5. 在一定温度下，将 4.0 mol $H_2(g)$和 2.0 mol $O_2(g)$混合，经过一段时间生成 0.8 mol $H_2O(g)$，试按下列两种化学计量方程计算反应进度。

(1) $2H_2(g)+O_2(g) = 2H_2O\ (g)$

(2) $H_2(g)+\frac{1}{2}O_2(g) = H_2O\ (g)$

6. 已知乙醇（C_2H_5OH，l）和乙醛（CH_3CHO，l）的标准摩尔燃烧焓分别为 $-1366.8\ kJ\cdot mol^{-1}$和$-1166.4\ kJ\cdot mol^{-1}$。请写出两物质燃烧反应的热化学方程式；计算标准态下乙醇氧化为乙醛的热效应。

7. 在25 ℃和标准压力下，使石墨完全燃烧变成 CO_2。该变化过程可以沿两条不同路线来完成。请分别计算沿不同路线燃烧时的摩尔反应焓变。所需的数据请查表。

(1) 反应一步完成即　$C(石墨)+O_2(g) = 2CO_2(g)$

(2) 反应分两步进行即

① $C(石墨)+\frac{1}{2}O_2(g) = 2CO(g)$　　② $CO(g)+\frac{1}{2}O_2(g) = CO_2(g)$

(3) 比较两种计算结果能说明状态函数的什么性质？

8. 在 600 ℃下，已知下列反应的标准摩尔反应焓变

(1) $3Fe_2O_3(s)+CO(g) = 2Fe_3O_4(s)+CO_2(g)$　　$\Delta_r H^{\ominus}_{m,1}=-6.3\ kJ\cdot mol^{-1}$

(2) $Fe_3O_4(s)+CO(g) = 3FeO(s)+CO_2(g)$　　$\Delta_r H^{\ominus}_{m,2}=22.6\ kJ\cdot mol^{-1}$

(3) $FeO(s)+CO(g) = Fe(s)+CO_2(g)$　　$\Delta_r H^{\ominus}_{m,3}=-13.9\ kJ\cdot mol^{-1}$

求同温度下反应 $Fe_2O_3(s)+3CO = 2Fe(s)+3CO_2(g)$的标准摩尔反应焓变。

9. 已知一定温度时，下列反应的标准摩尔反应焓变

(1) $CO(g)+H_2O(g) = CO_2(g)+H_2(g)$　　$\Delta_r H^{\ominus}_{m,1}=-40.8\ kJ\cdot mol^{-1}$

(2) $C(石墨)+H_2O(g) = CO(g)+H_2(g)$　　$\Delta_r H^{\ominus}_{m,2}=131.3\ kJ\cdot mol^{-1}$

(3) $CO(g)+3H_2(g) = CH_4(g)+H_2O(g)$　　$\Delta_r H^{\ominus}_{m,3}=-206.1\ kJ\cdot mol^{-1}$

试计算反应 $2C(石墨)+2H_2O(g) = CH_4\ (g)+CO_2(g)$的标准摩尔反应焓变。

10. 油酸甘油酯 $C_{57}H_{104}O_6$ 是一种脂肪物质。油酸甘油酯在人体内发生的反应如下：

$$C_{57}H_{104}O_6+80O_2(g) = 57CO_2(g)+52H_2O(g)$$

该反应在 25 ℃的标准摩尔反应焓为 $\Delta_r H^{\ominus}_m=-3.35\times10^4\ kJ\cdot mol^{-1}$。如果成年人平均日消耗 10,000 kJ 的能量，而且假设这些能量完全由这种脂肪来补充，则每个人平均日消耗多少克这种脂肪？

11. 已知 $\Delta_c H^{\ominus}_m(C_2H_5OH,l)=-1366.8\ kJ\cdot mol^{-1}$，$\Delta_c H^{\ominus}_m(CH_3CHO,l)=-1166.4\ kJ\cdot mol^{-1}$。

利用已知数据，求下列反应的标准摩尔反应焓变（若需要其他热力学数据可查附录二）。

$$C_2H_5OH(l) = CH_3CHO(l) + H_2(g)$$

12. 在附录二中查找所需物质的标准摩尔熵，计算下列反应的标准摩尔熵变。

(1) $2SO_2(g) + O_2(g) = 2SO_3(g)$

(2) $NH_4Cl(s) = NH_3(g) + HCl(g)$

(3) $CaCO_3(s) = CaO(s) + CO_2(g)$

(4) $SiO_2(s) + 2H_2(g) = Si(s) + 2H_2O(g)$

13. 已知 298 K 下

	$PCl_3(g) + Cl_2(g)$	$= PCl_5(g)$
$\Delta_f H_m^\ominus/(kJ\cdot mol^{-1})$	-287.0	-374.9
$\Delta_f G_m^\ominus/(kJ\cdot mol^{-1})$	-267.8	-305.0

试计算该反应同温度下的标准摩尔熵变。

14. 试用两种方法计算反应 $2HI(g) = H_2(g) + I_2(g)$ 的标准摩尔 Gibbs 函数变，并判断反应在 298 K、标准态下，该反应能否自发进行。

15. 利用标准摩尔生成 Gibbs 函数，求下列反应在 25 ℃ 下的标准摩尔反应 Gibbs 函数变 $\Delta_r G_m^\ominus$。

(1) $H_2(g) + Br_2(g) = 2HBr(g)$

(2) $2CO(g) = C(s) + CO_2(g)$

(3) $CuSO_4(s) + 5H_2O(g) = CuSO_4\cdot 5H_2O(s)$

16. 试利用下列已知反应的标准摩尔 Gibbs 函数变，求出 HCl(g) 的标准摩尔生成 Gibbs 函数 $\Delta_f G_m^\ominus(HCl, g)$。

(1) $2H_2(g) + O_2(g) = 2H_2O(l)$ $\Delta_r G_{m,1}^\ominus = -474.36\ kJ\cdot mol^{-1}$

(2) $H_2O(l) = H_2O(g)$ $\Delta_r G_{m,2}^\ominus = 8.59\ kJ\cdot mol^{-1}$

(3) $2H_2O(g) + 2Cl_2(g) = 4HCl(g) + O_2(g)$ $\Delta_r G_{m,3}^\ominus = 75.98\ kJ\cdot mol^{-1}$

17. 尿素的生成可用下列反应方程式表示

$$CO_2(g) + 2NH_3(g) = (NH_2)_2CO(s) + H_2O(l)$$

试求该反应在 298 K 时的标准摩尔反应 Gibbs 函数变，并说明在 298 K 和标准态下反应能否自发进行。在标准态下，最高温度为多少时，反应不能自发进行？

18. 已知反应 $Cu_2O(s) = CuO(s) + Cu(s)$ 在 300 K 时 $\Delta_r G_m^\ominus(300\ K) = 14.5\ kJ\cdot mol^{-1}$，400 K 时 $\Delta_r G_m^\ominus(400\ K) = 16.2\ kJ\cdot mol^{-1}$。计算该反应在 298 K 时的 $\Delta_r H_m^\ominus$ 和 $\Delta_r S_m^\ominus$，并判断该反应进行的温度条件（假设该反应的 $\Delta_r H_m^\ominus$ 和 $\Delta_r S_m^\ominus$ 不随温度变化）。

19. 已知 298 K 时下列各物质的相关热力学数据

	NO(g)	$NO_2(g)$	$N_2O_3(g)$
$\Delta_f H_m^\ominus/(kJ\cdot mol^{-1})$	90.25	33.18	83.72
$S_m^\ominus/(J\cdot mol^{-1}\cdot K^{-1})$	210.65	239.95	312.17

试求 298 K 时反应 $N_2O_3(g) = NO(g) + NO_2(g)$ 的标准摩尔 Gibbs 函数变。

20. 合成氨的化学反应计量方程为 $N_2(g) + 3H_2(g) = 2NH_3(g)$。假定反应中各物质均处于标准态，试计算

(1) 在 298 K 下该反应的标准摩尔 Gibbs 函数变；

(2) 该反应自发进行的温度条件。

21. 在附录二中查找下列反应的所需热力学数据，计算该反应的标准摩尔焓变、标准摩尔熵变和标准摩尔 Gibbs 函数变，利用这些数据探讨利用下列反应净化汽车尾气中 NO 和 CO 的可能性。

$$CO(g)+NO(g) \xlongequal{\quad} CO_2(g)+\frac{1}{2}N_2(g)$$

第三章

化学平衡与化学反应速率

内容提要和基本要求

化学平衡与化学反应速率都是化学所讨论的中心问题，但二者属于不同性质范畴的化学问题。化学平衡，亦即反应进行的方向与限度是化学热力学的内容，它能解答化学反应进行的可能性。而反应速率问题是化学动力学讨论的内容，它解答反应的现实性。实际上，两者是相辅相成的。化学反应的现实性，首先取决于反应的可能性。如果一个在热力学上是不可能的反应，也就不存在动力学过程。一个可能进行的反应，则要通过动力学的研究来改变反应速率和历程，以适应生产的需要。

通过本章的学习，应达到以下的基本要求：

1. 了解化学平衡的意义，熟悉化学平衡的原理，并能利用其预测浓度、气体的压力、温度对平衡的影响，掌握化学平衡系统的计算。

2. 了解化学反应速率的概念，熟悉活化能的意义，熟悉浓度、气体分压和温度及催化剂对反应速率的影响。熟悉反应速率的影响因素，了解通过实验探讨浓度对反应速率影响的方法，掌握 Arrhenius 公式相关的 E_a 及 k 的计算。

3. 了解元反应、反应速率常数、反应级数、半衰期等概念。

自然界的一切实际发生的宏观过程是有确定方向的过程。我们可以对在一定条件下化学反应自发实现的方向做出预期的判断，同时也希望了解化学平衡，即自发反应进行所能达到的极限（或最高限度），对所有的化学反应都是如此。这个客观存在的规律对指导实际生产是十分有意义的。对一个化学反应，首先从热力学角度讨论化学反应的方向、限度和估计一定条件下反应物的理论转化率等问题是必要的，但这还是不充分的。因为热力学不涉及反应的快慢问题，即反应的速率问题。客观上，在我们身边发生的化学反应所需时间差异很大，即反应的快慢有很大区别；同时人们又期待能够控制反应进行的快慢，如延缓金属的腐蚀，塑料的老化，加速光合作用的进行等。可见每个反应的可能性问题与现实性问题是缺一不可的。

本章从化学平衡入手，再讨论化学反应速率等问题。

视频 3-1
非标准态化学反应的 Gibbs 函数变

3.1　化学平衡

3.1.1　非标准态化学反应的 Gibbs 函数变 $\Delta_r G$

第 2 章中讨论了标准态下纯物质的$\Delta_r G_m^\ominus(T)$。实际应用中，反应混合物很少处于相应的标准态。实际上，随着反应的进行，气体物质的分压和溶液中溶质的浓度都在不断地变化之中。若不是纯物质或不处于标准态下，则各物质的 Gibbs 函数变 ΔG 除与温度 T 有关外，也应与这些物质的分压或浓度有关。从化学热力学中推导出了等温等压条件下计算非标准态反应的 Gibbs 函数变 $\Delta_r G_m(T)$ 称为**化学反应等温式**（由于本书篇幅有限不做推导，直接给出）：

$$\Delta_r G_m(T) = \Delta_r G_m^\ominus(T) + RT\ln J \tag{3-1}$$

式中，$\Delta_r G_m(T)$ 为温度 T 下反应的标准 Gibbs 函数变，R 是摩尔气体常数（8.314 $J \cdot mol^{-1} \cdot K^{-1}$），$T$ 是反应温度（K）。J 称为反应商，由于它出现在对数项里，量纲为 1，其表达式中必须用相对分压或相对浓度，纯物质（纯液体或固体）不计入式中。

例如，对于反应：

$$aA(g) + bB(aq) \longrightarrow pC(s) + qD(g)$$

非标准态 Gibbs 函数变 $\Delta_r G_m(T)$ 为

$$\Delta_r G_m(T) = \Delta_r G_m^\ominus(T) + RT\ln \frac{[p(D)/p^\ominus]^q}{[p(A)/p^\ominus]^a [c(B)/c^\ominus]^b}$$

式中，$p(A)$、$p(D)$ 为物质 A、D 在反应中的分压（Pa）；$c(B)$ 为 B 物质在反应中的浓度（$mol \cdot L^{-1}$）；$p^\ominus$ 为标准压力（100 kPa）；$c^\ominus$ 为标准浓度（1 $mol \cdot L^{-1}$）。

例如，氧化钨的还原反应：

$$WO_3(s) + 3H_2(g) \xlongequal{\quad} W(s) + 3H_2O(g)$$

$$\Delta_r G_m(T) = \Delta_r G_m^\ominus(T) + RT\ln \frac{[p(H_2O)/p^\ominus]^3}{[p(H_2)/p^\ominus]^3}$$

又如，硫化氢与氯化铜溶液的反应：

$$CuCl_2(aq)+H_2S(g)\xlongequal{}CuS(s)+2HCl(g)$$

$$\Delta_r G_m(T)=\Delta_r G_m^\ominus(T)+RT\ln\frac{[p(HCl)/p^\ominus]^2}{[c(CuCl_2)/c^\ominus][p(H_2S)/p^\ominus]}$$

视频 3-2

化学平衡

3.1.2 化学平衡的特征

在化学反应中，只有少数反应在一定条件下能够基本进行到底。例如，氯酸钾热分解和氟化氢的合成：

$$2KClO_3(s)\xrightarrow{MnO_2}2KCl(s)+3O_2(g)$$

$$H_2(g)+F_2(g)\longrightarrow 2HF(g)$$

由于它们逆反应的倾向极小，因此实际上可以认为这些反应是不可逆的，称为不可逆反应。

但是，很多化学反应，在同一条件下能同时向正、逆两个方向进行，这种反应称为可逆反应。为了表示化学反应过程的可逆性，在化学方程中用两个指向相反的箭头（$\rightleftharpoons$）代替等号（$\xlongequal{}$）。例如，合成氨的反应：

$$N_2(g)+3H_2(g)\rightleftharpoons 2NH_3(g)$$

该可逆反应在密封容器中不能进行到底，因为在 N_2和 H_2合成 NH_3的同时，NH_3又分解为 N_2和 H_2。在一定温度下，可以达到这样一种状态，单位时间内，有多少新的 NH_3分子生成，就会有同样数目的 NH_3分子分解为 N_2和 H_2，可逆反应所处的这种状态，是这个反应的最大限度，称为**化学平衡状态**。

系统达到化学平衡时有以下三个特征：

（1）在中学化学中，我们知道化学平衡最明显的特征是正反应速率等于逆反应速率，呈动态平衡。当然这并不是反应的停顿，宏观上的平衡是由微观上仍持续进行着的正、逆反应的效果相互抵消所致。

（2）从热力学观点看，到达平衡时，化学反应的非标准态 Gibbs 函数变 $\Delta_r G_m(T)=0$，反应到了该条件下的极限。此时反应中，各物质的浓度（或分压）不再随时间改变，即平衡组成不变，可用平衡常数来表征。

（3）化学平衡是相对的，有条件的，因此是可以改变的。若维持平衡的条件发生变化，系统内各种物质的浓度（或气体的分压）将发生变化，原来的平衡被破坏，直至再重新建立平衡。

视频 3-3

平衡常数

3.1.3 平衡常数

对于式（3-1），$\Delta_r G_m(T)=\Delta_r G_m^\ominus(T)+RT\ln J$，当平衡时，$\Delta_r G_m(T)=0$，反应商中各物质以平衡浓度或平衡分压出现，即

$$0=\Delta_r G_m^\ominus(T)+RT\ln K^\ominus \qquad (3-2)$$

式中，$\Delta_r G_m^\ominus(T)$是反应的**标准摩尔 Gibbs 函数变**，R 是摩尔气体常数，T 是热力学温度（K），$K^\ominus$是特殊的反应商，即反应达到平衡时的反应商。在温度 T 下 $K^\ominus$是一个常数，称为**标准平衡常数**，与反应商 J 的表达式、属性完全相同，量纲为

1，在平衡系统中各物质的量必须用相对分压或相对浓度，纯物质不出现在表达式中。

$K^\ominus$ 和 $\Delta_r G_m^\ominus(T)$ 都是给定反应的特征常数，是两种不同的表达方式。反应和温度确定后，$K^\ominus$ 和 $\Delta_r G_m^\ominus(T)$ 也就成为确定的常数，不随反应变化。它们与反应是否处于平衡没有关系，但它们是衡量反应达到平衡的尺度（或者说它们确定着平衡点的位置）。根据式（3-2），可将化学反应区分为以下三种情况：

(1) 若 $\Delta_r G_m^\ominus(T)<0$，则 $K^\ominus>1$ ，且 $\Delta G_m^\ominus(T)$ 负值越大，$K^\ominus$ 就越大，表明平衡时生成物越多，也即反应正向进行的程度越大。

(2) 若 $\Delta_r G_m^\ominus(T)>0$，则 $K^\ominus<1$，且 $\Delta G_m^\ominus(T)$ 正值越大，$K^\ominus$ 就越小，表明平衡时生成物越少，反应正向进行的程度越小。

(3)若 $\Delta_r G_m^\ominus(T)=0$，则 $K^\ominus=1$，反应处于平衡状态，反应物的相对浓度积等于生成物的相对浓度积。

从式（3-2）中，还可对标准 Gibbs 函数变化值的物理意义有进一步理解。虽然从热力学原理看，一切化学反应都是可逆的，在任何温度下，它们都有一个与其 $\Delta_r G_m^\ominus(T)$ 相联系的标准平衡常数 $K^\ominus$ 值，但当 $\Delta_r G_m^\ominus(T)$ 是一个很大的负值数，$K^\ominus$ 将远大于 1，通常正向反应几乎可以进行完全，称为不可逆反应。相反，若 $\Delta_r G_m^\ominus(T)$ 是一个很大的正值数，$K^\ominus$ 将是很小数值，即正向反应几乎不可以进行，认为不反应。因此，反应可逆与否是相对而言的。

例如，当 $\Delta_r G_m^\ominus(T)$ 分别为 $-40\ \text{kJ}\cdot\text{mol}^{-1}$ 和 $+40\ \text{kJ}\cdot\text{mol}^{-1}$ 时，相对应的化学反应标准平衡常数值分别是 1.0×10^{7} 和 9.8×10^{-8}，正、逆反应进行程度相差悬殊，完全可看作不可逆反应处理。因此，前面提到的不可逆反应实际上可看作是可逆反应的极限情况和特例。只有当 $\Delta_r G_m^\ominus(T)$ 的绝对值较小时（如在 $-10\sim+10\ \text{kJ}\cdot\text{mol}^{-1}$ 范围内），$K^\ominus$ 值的大小才能使平衡系统内的反应物和生成物都具有可观的浓度（见表 3-1）。

表 3-1　298K 时反应的 $\Delta_r G_m^\ominus$ 与相应的 $K^\ominus$ 值

$\Delta_r G_m^\ominus/(\text{kJ}\cdot\text{mol}^{-1})$	-40	-10	-5	0	$+5$	$+10$	$+40$
$K^\ominus$	1.0×10^{7}	57	7.5	1.0	0.13	0.02	9.8×10^{-8}
平衡混合物的组成	反应物可忽略	生成物占优势			反应物占优势		生成物可忽略
结论	反应正向进行	正反应为主			逆反应为主		反应逆向进行

从图 3-1 可进一步说明化学平衡与 $\Delta_r G_m$，$\Delta_r G_m^\ominus$，$K^\ominus$ 的关系。设有一个反应，其热化学方程式为

$$A(g)\rightleftharpoons B(g)$$

则在温度 T（假设温度为 298K）下 $\Delta_f G_m^\ominus(A)$，$\Delta_f G_m^\ominus(B)$，$\Delta_r G_m^\ominus$、$K^\ominus$ 等都已确定，与该反应进行到什么程度，是否达到平衡都没有关系。$\Delta_r G_m^\ominus$ 表示若 A 全部转化成 B 时反应可能的标准摩尔 Gibbs 函数变，它的大小取决于 $\Delta_f G_m^\ominus(A)$，$\Delta_f G_m^\ominus(B)$；$K^\ominus$ 表示该反应达到平衡时的反应商，它的位置（图 3-1 中的 E 点）取决于 $\Delta_r G_m^\ominus$。

反应过程中一直在变的是$\Delta_r G_m(T)$，变到 E 点时为零，反应达到了平衡。由图3-1可以看出$\Delta_r G_m^{\ominus}$，$K^{\ominus}$是常数，是这个反应的固有属性，不随反应的进行而变化。

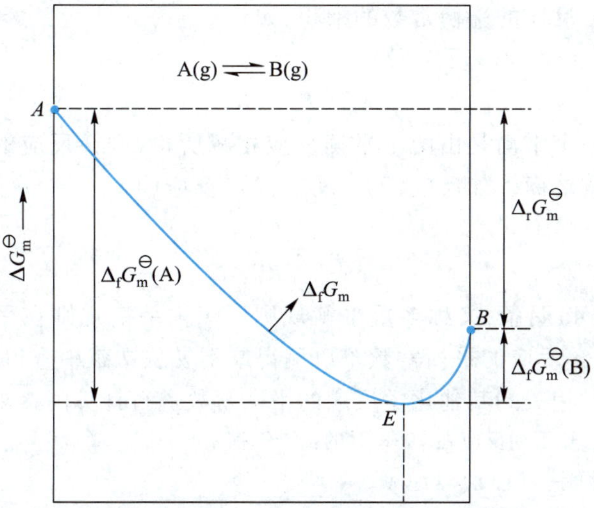

图 3-1 反应的标准 Gibbs 函数变与化学平衡关系图

3.1.4 多重平衡法则

视频 3-4 多重平衡法则

应该注意平衡常数表达式与化学反应方程式的写法有关。例如，合成氨反应：

$$N_2(g) + 3H_2(g) \rightleftharpoons 2NH_3(g)$$

$$K_1^{\ominus} = \frac{[p(NH_3)/p^{\ominus}]^2}{[p(N_2)/p^{\ominus}][p(H_2)/p^{\ominus}]^3}$$

如写为 $$1/2N_2(g) + 3/2H_2(g) \rightleftharpoons NH_3(g)$$

则 $$K_2^{\ominus} = \frac{p(NH_3)/p^{\ominus}}{[p(N_2)/p^{\ominus})^{1/2}[p(H_2)/p^{\ominus}]^{3/2}}$$

而氨的分解方程式：$2NH_3(g) \rightleftharpoons N_2(g) + 3H_2(g)$

则 $$K_3^{\ominus} = \frac{[p(N_2)/p^{\ominus}][p(H_2)/p^{\ominus}]^3}{[p(NH_3)/p^{\ominus}]^2}$$

对上述三种不同的化学反应方程式，其标准平衡常数的关系为

$$K_1^{\ominus} = (K_2^{\ominus})^2; \qquad K_1^{\ominus} = \frac{1}{K_3^{\ominus}}$$

由此，可推论与归纳出若干平衡常数运算规则：

(1) 一个平衡反应乘以系数 J，其平衡常数 K 变为 K^J，就是新平衡反应的平衡常数。

(2) 当正反应的平衡常数为 $K^{\ominus}_{正}$ 时，逆反应的平衡常数为 $K^{\ominus}_{逆}=\dfrac{1}{K^{\ominus}_{正}}$。

(3) 如果一个反应中可以表示为两个或更多个反应之和，则总反应的 $K^{\ominus}$ 等于同温度时各个反应的平衡常数的乘积，如

反应(3)= 反应(1)+反应(2)

则
$$K^{\ominus}_3=K^{\ominus}_1\cdot K^{\ominus}_2$$

(4) 如果一个平衡是由两个平衡反应相减所得，则该反应的平衡常数等于后两个平衡常数之商。如反应(3)= 反应(2)-反应(1)

则
$$K^{\ominus}_3=\frac{K^{\ominus}_2}{K^{\ominus}_1}$$

其中(3)、(4)两条，又称多重平衡规则。多重平衡规则在平衡运算中是很有用的，当某化学反应的平衡常数难以测得或不易从文献中查得时，可利用多重平衡规则通过对相关的其他化学反应的平衡常数进行计算间接求得。

[例 3-1] 已知下列反应在 298K 时的标准平衡常数：

(1) $2BrCl(g) \rightleftharpoons Cl_2(g)+Br_2(g)$ $K^{\ominus}_1=0.45$

(2) $Br_2(g)+I_2(g) \rightleftharpoons 2IBr(g)$ $K^{\ominus}_2=0.051$

试求该温度时反应(3) $2BrCl(g)+I_2(g) \rightleftharpoons 2IBr(g)+Cl_2(g)$ 的标准平衡常数 $K^{\ominus}_3$。

解：由以上三个方程式可以看出：反应(1)+反应(2)= 反应(3)，根据多重平衡规则，则有

$$K^{\ominus}_3=K^{\ominus}_1\cdot K^{\ominus}_2=0.45\times0.051=0.023$$

视频 3-5
化学平衡系统的计算

3.2 化学平衡系统的计算

3.2.1 标准平衡常数的计算

平衡常数可以定量地表示出反应进行的限度，因此是化学反应的重要数据。

通过有关的热力学数据，用式(3-2)，由反应的标准 Gibbs 函数变 $\Delta_r G^{\ominus}_m(T)$ 可以计算不同温度下的标准平衡常数 $K^{\ominus}$。

$$\Delta_r G^{\ominus}_m(T)=-RT\ln K^{\ominus}$$

前已指出，确定 $\Delta_r G^{\ominus}_m$ 的方法主要有两种。

(1) $\Delta_r G^{\ominus}_m=\sum\Delta_f G^{\ominus}_m(生成物)-\sum\Delta_f G^{\ominus}_m(反应物)$

所用数据可从附录二或有关手册中查到，但这些数据是 298.15K 下测定的，因此只能算得 298.15K 时的 $K^{\ominus}$。

(2) 用等温方程式计算

$$\Delta_r G^{\ominus}_m(T)=\Delta_r H^{\ominus}_m(T)-T\cdot\Delta_r S^{\ominus}_m(T)\approx\Delta_r H^{\ominus}_m(298K)-T\cdot\Delta_r S^{\ominus}_m(298K)$$

式中，$\Delta_r H^{\ominus}_m(298K)=\sum\Delta_f H^{\ominus}_m(298\ K,生成物)-\sum\Delta_f H^{\ominus}_m(298K,反应物)$；

$$\Delta_r S^{\ominus}_m(298K)=\sum S^{\ominus}(298K,生成物)-\sum S^{\ominus}(298K,反应物)$$

如将 $\Delta_r H^{\ominus}_m$ 和 $\Delta_r S^{\ominus}_m$ 当作与温度无关的常数，则可估算出任何反应温度(T)下的 $\Delta_r G^{\ominus}_m(T)$。

利用标准平衡常数,可进行许多重要判断或回答许多重要的问题。如由标准平衡常数 $K^{\ominus}$ 预计反应实现的可能性,判断反应的进行方向和限度等问题。

1. 预计化学反应实现的可能性

例如,目前国内外都在开展常温常压下化学固氮的研究工作,这是一个理论上和实践中都具有重大意义的前沿课题。下列的三个化学反应可供利用:

(1) $N_2(g)+3H_2(g) \rightleftharpoons 2NH_3(g)$

$\Delta_r G_m^{\ominus}(T) = -33.47\ \text{kJ} \cdot \text{mol}^{-1}$, $K^{\ominus}(298\text{K}) = 10^6$

(2) $N_2(g)+3H_2O(l) \rightleftharpoons 2\ NH_3(g)+\frac{3}{2}O_2(g)$

$\Delta_r G_m^{\ominus}(T) = 682\ \text{kJ} \cdot \text{mol}^{-1}$, $K^{\ominus}(298\text{K}) = 10^{-100}$

(3) $N_2(g)+3SO_3^{2-}(aq)+3H_2O(l) \rightleftharpoons 2NH_3(g)+3SO_4^{2-}(aq)$

$\Delta_r G_m^{\ominus}(T) = -91.2\ \text{kJ} \cdot \text{mol}^{-1}$, $K^{\ominus}(298\text{K}) = 10^{16}$

从上述三个反应的 $K^{\ominus}(298\text{K})$ 可见,反应(1)和反应(3)在常温常压下都可得到数量可观的氨,特别是反应(3)产率更大。反应(1)已有工业化生产,反应(3)则是寻找合适的催化剂使之实现的问题。就是说,热力学可指出反应的可能性,要把这种可能性变成现实性,则需要化学动力学的研究。目前,科学工作者正循着反应(3)的途径展开艰难的探索。

2. 判断化学反应的方向和限度

已知 $\Delta_r G_m(T) = -RT\ln K^{\ominus}$, $\Delta_r G_m(T) = \Delta_r G_m^{\ominus}(T)+RT\ln J$

则
$$\Delta_r G_m(T) = -RT\ln K^{\ominus}+RT\ln J$$

或
$$\Delta_r G_m(T) = RT\ln\left(\frac{J}{K^{\ominus}}\right)$$

可得出如下结论:

(1) 如 $J<K^{\ominus}$,则 $\Delta_r G_m(T)<0$,表示反应在讨论条件下可正向自发进行;

(2) 如 $J>K^{\ominus}$,则 $\Delta_r G_m(T)>0$,表示反应在讨论条件下逆向自发进行;

(3) 如 $J=K^{\ominus}$,则 $\Delta_r G_m(T)=0$,此时,反应商即为标准平衡常数 $K^{\ominus}$,表示反应在讨论条件下处于平衡状态。

[例 3-2] 在某温度下,将 O_2,SO_2 和 SO_3 气体混合一容器中,分压分别为 34.25 kPa,27.13 kPa 和 35.77 kPa,已知反应的标准平衡常数 $K^{\ominus}=4.04$,问下列反应将向何方向进行?

$$2SO_2(g) + O_2(g) \rightleftharpoons 2SO_3(g)$$

解:本题所给为各物质分压,故应先计算有关物质的反应商:

$$J = \frac{[p(SO_3)/p^{\ominus}]^2}{[p(SO_2)/p^{\ominus}]^2[p(O_2)/p^{\ominus}]} = \frac{(35.77/100)^2}{(27.13/100)^2(34.25/100)} = 5.08$$

$J>K^{\ominus}$,说明在该条件下反应逆向自发进行,即向 SO_3 分解方向进行。

[例 3-3] 甲烷与水蒸气反应,是工业上制氢和制取燃料的重要反应:

$$CH_4(g) + H_2O(g) \rightleftharpoons CO(g)+3H_2$$

试利用标准生成 Gibbs 函数变 $\Delta_f G_m^{\ominus}$,计算 25℃时的标准平衡常数 $K^{\ominus}$,判断该反应的可行性。

解:由附录二中查得

$$CH_4(g)+H_2O(g) \rightleftharpoons CO(g)+3H_2$$

$$\Delta_f G_m^\ominus/(kJ\cdot mol^{-1}) \quad -50.75 \quad -228.59 \quad -137.15 \quad 0$$

$$\begin{aligned}\Delta_r G_m^\ominus &= \sum \Delta_f G_m^\ominus(\text{生成物}) - \sum \Delta_f G_m^\ominus(\text{反应物}) \\ &= [\Delta_f G_m^\ominus(CO,g)+3\Delta_f G_m^\ominus(H_2,g)]-[\Delta_f G_m^\ominus(CH_4,g)+\Delta_f G_m^\ominus(H_2O,g)] \\ &= \{[(-137.15)+3\times 0]-[-50.75+(-228.59)]\}\ kJ\cdot mol^{-1} \\ &= 142.19\ kJ\cdot mol^{-1}\end{aligned}$$

$$\ln K^\ominus = \frac{-\Delta_r G_m^\ominus}{RT} = \frac{-142.19\times 1000\ J\cdot mol^{-1}}{8.314\ J\cdot mol^{-1}\cdot K^{-1}\times 298\ K} = -57.40$$

$$K^\ominus = 1.179\times 10^{-25}$$

此反应标准平衡常数极小,表示在该温度下,甲烷几乎不可能生成一氧化碳和氢气,即此反应在室温下无可行性。但它是吸热、熵增类型的反应,故在加热至一定的高温下则是可实现这一反应的。

3.2.2 平衡系统中各物质的量及转化率的计算

有了平衡常数,即可计算平衡时各物质的平衡浓度,反应的最大产量、转化率、解离率,以及达到某种要求所需反应物的量等。既然化学平衡是一个反应所能达到的极限状态,当某一反应处于平衡时,生成物的分压或浓度都应是在此平衡条件下的最大量。转化率是指反应物在平衡时已转化为生成物的百分数。解离度是指反应物在平衡时已解离为生成物的百分数。

[例 3-4] 在 298K 时,乙酸与乙醇的酯化反应的 $K^\ominus=4.0$。现有乙酸与乙醇各 2 mol 在容器中混合、反应,问能生成多少摩尔乙酸乙酯?

解:从化学反应式中可以看出,生成 1.0 mol 乙酸乙酯,同时需消耗 1.0 mol 乙酸和 1.0 mol乙醇。设平衡时生成 x mol 乙酸乙酯,并令溶液的体积为 V(L),则各物质的平衡浓度如下所列:

$$CH_3COOH(l) + C_2H_5OH(l) \rightleftharpoons CH_3COOC_2H_5(l)+H_2O(l)$$

	$CH_3COOH(l)$	$C_2H_5OH(l)$	$CH_3COOC_2H_5(l)$	$H_2O(l)$
起始浓度	$\frac{2.0\ mol}{V}$	$\frac{2.0\ mol}{V}$	0	0
平衡浓度	$\frac{(2.0-x)\ mol}{V}$	$\frac{(2.0-x)\ mol}{V}$	$\frac{x\ mol}{V}$	$\frac{x\ mol}{V}$

根据化学反应式,可写出标准平衡常数表达式:

$$K^\ominus = \frac{[c(CH_3COOC_2H_5)/c^\ominus]\cdot[c(H_2O)/c^\ominus]}{[c(CH_3COOH)/c^\ominus]\cdot[c(C_2H_5OH)/c^\ominus]}$$

代入后即得

$$\frac{\left(\frac{x\ mol}{V}\right)\left(\frac{x\ mol}{V}\right)}{\left(\frac{2.0\ mol-x\ mol}{V}\right)\left(\frac{2.0\ mol-x\ mol}{V}\right)} = 4.0$$

$$x^2 = 4.0(4.0-4.0x+x^2)$$

解得 $x=1.3$,故乙酸的平衡转化率为

$$\alpha(CH_3COOH)=\frac{1.3\ mol\cdot L^{-1}}{2.0\ mol\cdot L^{-1}}\times 100\%=65\%$$

一般说，通过计算所得的平衡转化率，是理论上的最高转化率。但是，实际生产中由于受到生产条件、操作技术等的限制，尤其是某些副反应的发生，使得实际的转化率往往比理论转化率要低。

应当指出，原料配比能直接影响平衡转化率。如在例 3-4 中，增加乙醇量将导致酸转化率增加。实际生产中物料比并非是化学反应式中的摩尔比关系。所应选用的过量品种和过量程度是取决于经济因素的。例如，利用苯甲酸和乙醇反应制备苯甲酸乙酯，乙醇比苯甲酸便宜，故利用提高乙醇的浓度来保证苯甲酸的高转化率。工业生产中就是利用这一原理来调控反应物的转化率的。

视频 3-6

化学平衡的移动

3.2.3　化学平衡的移动

化学平衡是相对的，只有在一定条件下才能保持平衡。一旦条件变化，就会影响到各物质的 Gibbs 函数，使反应的 Gibbs 函数变 $\Delta_r G_m(T)$ 不再等于零，化学平衡状态被破坏，成为不平衡状态。反应将继续向某一方向进行，直至 $\Delta_r G_m(T)$ 再次为零，反应达到新的平衡。此时反应中的浓度（或分压）已发生了变化，和旧的平衡浓度（或平衡分压）就不相同。在新的条件下，一个化学反应对应着新平衡状态。从一个平衡状态变化到另一个新的平衡状态，叫作化学平衡的移动。

1884 年，法国化学家 Le Châtelier（吕 · 查德里）从实验中总结出一条规律：如果改变平衡系统的条件之一（如浓度、压力或温度等），平衡就会向减弱这个改变的方向移动。这称作 Le Châtelier 原理，是适用于一切平衡的普遍规律。应用这一规律，可以通过改变条件，使反应向所需的方向转化或使所需的反应进行得更完全。

1. 浓度对化学平衡的影响

反应物的浓度与反应的 Gibbs 函数变有密切关系，当物质浓度增大时，其 Gibbs 函数值也增大。平衡时，$\Delta_r G_m(T)=0$，即 $\sum\Delta G$（生成物）$=\sum\Delta G$（反应物）。如增加反应物浓度（或减小生成物浓度）时，都将使 $\sum\Delta G$（生成物）$<\sum\Delta G$（反应物），反应将向减小 Gibbs 函数的方向，即平衡向反应的正方向移动。反之，反应物的浓度减小（或生成物浓度增加）时，都将使 $\sum\Delta G$（生成物）$>\sum\Delta G$（反应物），平衡也会逆向移动。即增加某物质浓度，平衡总是向减少该物质浓度的方向移动；如果减少某物质浓度，则平衡总是向着生成该物质的方向移动。例如，在接触法制硫酸时，为了尽量利用二氧化硫，就需加入过量的氧气（空气），反应则向减少氧气（当然同时也使 SO_2 减少）的方向移动。

如果及时除去生成物之一，平衡就会不断地向生成该物质的方向移动。这样就能使可逆反应进行得更完全些，并趋向于不可逆反应。在例 3-4 的酯化反应中，若将副产物水从系统中分出，平衡就会向生成酯的方向移动。又如用氢气还原四氧化三铁的可逆反应，若将不断生成的水蒸气随时排出，则四氧化三铁就可能全部转变为铁。可见，只有在密闭容器中的可逆反应才是不能进行到底的。

2. 压力对化学平衡的影响

在气体参加的平衡系统中，无论总压或分压发生变化，都可能会引起各物质的 Gibbs 函数变化，从而都会使化学平衡移动。其规律如下：

（1）增加平衡系统中某气体的分压，平衡将向减少该气体分压的方向移动；反之，减少某气体的分压，平衡将向着增加该气体分压的方向移动。这与增加（或减少）物质浓度的结果相一致。

（2）总压对平衡的影响较复杂。增加总压力，系统的平衡向着反应中气体分子数减少的方向移动；减少总压，平衡则向气体分子数增多的方向移动；如反应前后气体分子数相同，则总压不影响平衡。如 $C(s)+CO_2(g) \rightleftharpoons 2CO(g)$，当温度不变时，只增大总压，平衡将向气体分子数减少的方向，即生成 CO_2 的方向移动。同样，减少总压，平衡向着气体分子数增多的方向，即生成 CO 的方向移动（见表 3-2）。

表 3-2 压力对碳的气化反应的影响（1000K）

压力/ kPa	CO 体积分数/%	CO_2体积分数/%	压力/ kPa	CO 体积分数/%	CO_2体积分数/%
5778	5	95	162.1	60	40
1349	10	90	91.2	70	30
299.8	20	80	50.7	80	20

（3）如果有外加不参与反应的“惰性成分”而使总压改变，只要反应商 J 数值不变，不会影响平衡；如果反应物和生成物中没有气态物种存在或气态物种的化学计量数相同，总压不会使平衡移动。

3. 温度对化学平衡的影响

由于标准平衡常数是温度的函数，其值大小与浓度无关，所以改变平衡系统的浓度、压力时，不能改变其平衡点，只是平衡的组成发生变化。但是温度变化将直接导致平衡常数值的变化，即平衡点发生了改变，导致平衡移动。

例如，合成氨反应 $N_2(g)+3H_2(g) \rightleftharpoons 2NH_3(g)$，$\Delta_r H_m^\ominus = -92.22\ kJ \cdot mol^{-1}$ 其不同温度下的 $K^\ominus$ 值列于表 3-3 中。可以看出，随反应温度的变化，$K^\ominus$ 值变化。

表 3-3 不同温度时 $N_2+3H_2 \rightleftharpoons 2NH_3$ 的平衡常数（压力为 1MPa）

温度 t/℃	200	300	400	500	600
$K^\ominus$	0.413	3.87×10^{-3}	1.7×10^{-4}	1.4×10^{-5}	2.4×10^{-6}

标准平衡常数与温度有关，主要是因为反应的标准 Gibbs 函数变 $\Delta_r G_m^\ominus$ 的值随温度有较大的变化，而 $\Delta_r H_m^\ominus$ 和 $\Delta_r S_m^\ominus$ 的值可近似认为不受温度影响。已知

$$\Delta_r G_m^\ominus(T) = \Delta_r H_m^\ominus - T\Delta_r S_m^\ominus = -RT\ln K^\ominus$$

可得

$$\ln K^\ominus = -\left(\frac{\Delta_r H_m^\ominus}{R}\right)\frac{1}{T} + \frac{\Delta_r S_m^\ominus}{R} \tag{3-3}$$

式(3-3)中 $K^\ominus$ 和 T 是两个变量，以 $\ln K^\ominus$ 对 $\frac{1}{T}$ 作图，必得一直线，其斜率为 $-\frac{\Delta_r H_m^\ominus}{R}$。

设有一个可逆反应，在温度 T_1 时达到平衡，其标准平衡常数为 $K_1^\ominus$；在温度 T_2 时再次建立平衡，其标准平衡常数为 $K_2^\ominus$。于是应有

$$\Delta_r H_m^\ominus - T_1\Delta_r S_m^\ominus = -RT_1 \ln K_1^\ominus$$

$$\Delta_r H_m^\ominus - T_2\Delta_r S_m^\ominus = -RT_2 \ln K_2^\ominus$$

将上述两式分别除以 $(T_1 \cdot T_2)$，再将两式相减，整理后得

$$\Delta_r H_m^\ominus\left(\frac{1}{T_1}-\frac{1}{T_2}\right) = R \ln \frac{K_2^\ominus}{K_1^\ominus}$$

或

$$\ln \frac{K_2^\ominus}{K_1^\ominus} = \frac{\Delta_r H_m^\ominus}{R}\left(\frac{T_2-T_1}{T_2 T_1}\right) \qquad (3-4)$$

对于吸热反应，$\Delta_r H_m^\ominus>0$，如果升高温度，即 $T_2>T_1$，则有

$$\ln \frac{K_2^\ominus}{K_1^\ominus}>0, \qquad K_2^\ominus>K_1^\ominus$$

即标准平衡常数将变大，意味着生成物的数量增加，反应正向进行。因此，温度升高，化学平衡向吸热一方移动。

对于放热反应，$\Delta_r H_m^\ominus<0$，如果升高温度，即 $T_2>T_1$，则有

$$\ln \frac{K_2^\ominus}{K_1^\ominus}<0, \qquad K_2^\ominus<K_1^\ominus$$

即标准平衡常数将变小，平衡则向放热的方向移动。

图 3-2 和图 3-3 所示分别是放热反应（如碘化氢生成）和吸热反应（如一氧化氮生成）在某一温度区间的 $\ln K^\ominus \sim 1/T$ 关系图。温度升高（$1/T$ 值变小），放热反应的标准平衡常数 $K^\ominus$ 值减小，吸热反应的 $K^\ominus$ 值则增加；温度降低时，情况正好相反。

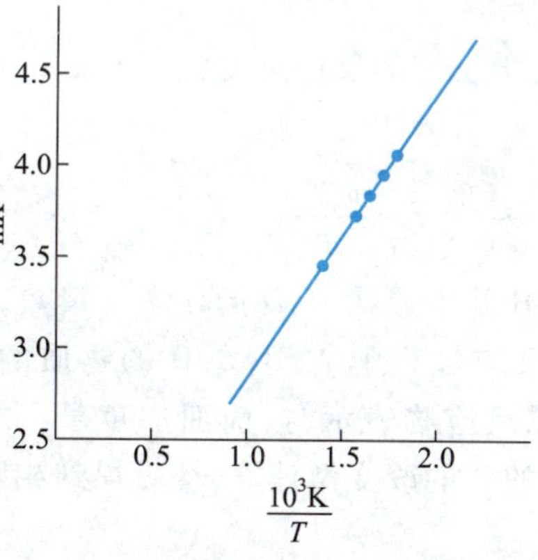

图 3-2 $H_2(g)+I_2(g) \rightleftharpoons 2HI(g)$ 反应的 $\ln K^\ominus - \frac{1}{T}$ 图（$\Delta_r H_m^\ominus<0$）

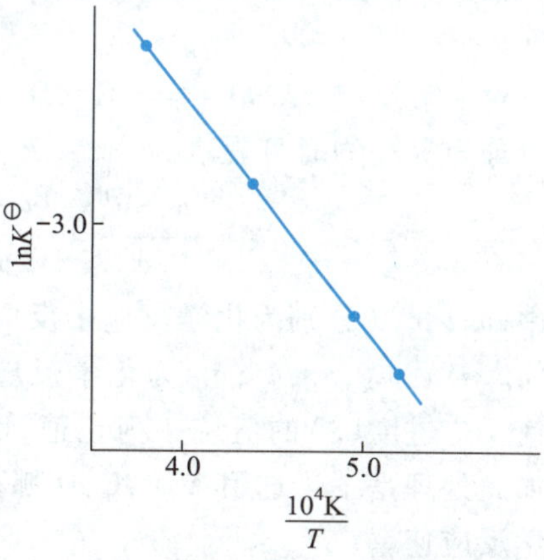

图 3-3 $N_2(g)+O_2(g) \rightleftharpoons 2NO(g)$ 反应的 $\ln K^\ominus - \frac{1}{T}$ 图（$\Delta_r H_m^\ominus>0$）

式(3-3)、式(3-4)称为 van't Hoff(范特霍夫)方程式。在已知反应的标准热效应 $\Delta_r H_m^\ominus$ 和某一温度的标准平衡常数 $K_1^\ominus$ 时，可用该式求算另一温度时的标准平衡常数 $K_2^\ominus$；或者已知化学反应在不同温度的标准平衡常数时，也可用式(3-4)求算反应的标准热效应 $\Delta_r H_m^\ominus$。

在实际工作中，往往需要综合考虑多方面因素的作用，控制最适宜的条件，使之向着预期的方向移动，以期获得最好的结果。例如，合成氨从平衡观点看，该反应在低温、加压的条件下进行为好；但温度较低时，其反应速率太小，以致无实用价值。因此工业上提高反应温度，牺牲部分转化率，以保证有较大的反应速率，即引入反应的速率才能解决反应的现实性问题。

3.3 化学反应速率

化学反应的快慢问题，即化学反应速率问题，是化学中的重要内容之一。前面介绍了如何应用化学热力学的原理来判断化学反应的方向和限度，但热力学不涉及反应的快慢问题，无法讨论反应的现实性问题。例如，室温下，氢气和氧气化合生成水，是个 $\Delta_r G_m^\ominus$ 负值很大的反应，表明反应进行的趋势很强，但实际上氢、氧混合气体的反应速率极慢，以至于在有限的时间内，实际上不能发生。对于化学反应来说，可能性与现实性的研究是同样重要的。不同化学反应的速率差异很大：有的反应极快，在瞬间即可完成，如炸药的爆炸、酸碱的中和等；有的反应较慢，如金属的腐蚀、高聚物的老化等；有的则非常缓慢，以致不易察觉，如岩石的风化、煤或石油的形成等。同时人们又期望能够控制反应进行的快慢，这一切都与反应速率有关，也就是解决化学反应的现实性的问题。可见，热力学和动力学的研究都是十分重要的。

视频 3-7

化学反应速率

3.3.1 化学反应速率的表示方法

根据我国法定计量单位规定，以“反应进度(ξ)”来表示化学反应进行的程度。

对一般反应 $aA+bB \xlongequal{} cC+dD$ 来说，化学反应的反应进度(ξ)以 A、B、C、D 各组分为标准物时可表示为

$$\xi=-\frac{n_A-n_A'}{a}=-\frac{n_B-n_B'}{b}=-\frac{n_C-n_C'}{c}=-\frac{n_D-n_D'}{d}$$

式中，a,b,c,d 分别为化学反应中反应物 A、B 及生成物 C、D 的化学计量数，n_A'，n_B'，n_C'，n_D'及 n_A，n_B，n_C，n_D 为化学反应前及反应过程中 A，B，C，D 的物质的量。为使反应进度(ξ)的值统一为正值，因此，以反应物表示时，前面加负号。之所以如此处理是不论选用 A，B，C，D 哪种物质的量的改变做计算，均可得到相同的化学反应速率。

通常是采用反应进度来表示化学反应速率的。化学反应进行的程度即反应进度 ξ 是随时间而变化的。化学反应速率可用反应进度随时间的变化率来表示，其严格的数学定义式为

$$\dot{\xi}=\mathrm{d}\xi/\mathrm{d}t$$

式中，$\dot{\xi}$ 为化学转化速率，其 SI 单位为 mol · s^{-1}（摩每秒）

对于一般化学反应：$aA+bB \longrightarrow cC+dD$

则有
$$\dot{\xi}=\mathrm{d}\xi/\mathrm{d}t=\frac{\mathrm{d}n_B}{\nu_B\cdot\mathrm{d}t}$$

对于有限量的变化
$$\xi=\frac{\Delta n_B}{\nu_B\cdot\Delta t}$$

式中，ν_B 为化学计量数。

如果定义反应速率 v 为单位体积中反应进度随时间的变化率，则

$$v=\frac{1}{V}\frac{\mathrm{d}\xi}{\mathrm{d}t}=\frac{\xi}{V}=\frac{1}{\nu_B V}\frac{\mathrm{d}n_B}{\mathrm{d}t} \tag{3-5}$$

假设反应系统的体积在反应中恒定不变（如体积一定的气相反应或体积变化可忽略的液相反应），因 $c_B=\frac{n_B}{V}$对有限量的变化，式(3-5)可简化为

$$v=\frac{1}{\nu_B}\frac{\Delta c_B}{\Delta t} \tag{3-6}$$

式(3-6)中反应速率 v 的单位为 mol · m^{-3} · s^{-1}，其中体积也可用 dm^3（或 L），时间也可用 min 和 h。$\Delta c_B/\Delta t$ 表示 B 物质的浓度在一段时间间隔中的变化，无论是 ξ 或 v 均与选用反应中的哪种物质的变化无关，即可以选择任一反应物或任一生成物来表示化学反应的速率。但须注意，对反应物 ν_B 取负值，对生成物 ν_B 取正值。这样可以保证化学反应速率总是正值。

反应速率的实验测定必须准确测出不同时刻反应物或生成物的浓度。这一点常常是困难的，因为在反应系统未达到平衡前，系统各物质的浓度时刻都在变化，尤其是对那些反应速率很快的反应，通常有两类测定方法。

（1）化学分析法　反应进行中，在某一时刻突然使反应终止（如用骤冷、稀释、迅速除去反应物质或加阻化剂等），再取样，做化学分析以测定反应系统中某物质浓度。此方法操作麻烦，误差也较大。

（2）物理化学分析法　如果反应物和生成物的某种物理性质有较大的差别，则随着反应进行，这种物理性质就不断出现较显著的改变。测量不同时刻反应系统中的这一性质的改变情况，就可计算出浓度的变化和化学反应速率。通常利用的物理性质有：压力、体积、颜色、吸光度、折射率、旋光度、电导、电动势和光谱等。物理化学分析法可以快速测定或连续进行。

除反应物的本性外，要了解反应速率变化的规律，达到控制反应的目的，就要了解影响反应速率的因素如浓度、气体的压力、温度、催化剂和反应物的聚集态、反应的介质及扩散速率等。本节主要讨论外部因素的影响。

视频 3-8

元反应和质量作用定律

3.3.2　浓度对化学反应速率的影响

1. 质量作用定律

在一定温度下，化学反应速率和各反应物浓度的乘积成正比，各浓度项的指数等于化学反应方程式中各反应物的化学计量数。这一规律，称作质量作用定律。

对于反应 $aA+bB = cC+dD$ 则质量作用定律的数学式为

$$v=kc^{a}(A)c^{b}(B) \tag{3-7}$$

式(3-7)称为反应速率方程式，式中的比例常数 k 称为反应速率常数。当 $c(A)=c(B)=1\ mol\cdot L^{-1}$ 时，则 $v=k$，即反应速率常数是在一定温度下，在数值上等于各反应物为单位物质的量浓度时的反应速率。因此，反应速率常数均可作为反应速率大小的量度。k 值大者，反应速率较快，反之亦然。反应速率常数的数值由实验测定，其单位随 a，b 的值不同而不同。

[例 3-5]　对于反应 $2NO+Cl_2 \longrightarrow 2NOCl$ 的浓度变化和反应速率测定数据如下(50℃)

序号	$c(NO)/(mol\cdot L^{-1})$	$c(Cl_2)/(mol\cdot L^{-1})$	$v(NOCl)/(mol\cdot L^{-1}\cdot s^{-1})$
(Ⅰ)	0.250	0.250	1.43×10^{-6}
(Ⅱ)	0.250	0.500	2.86×10^{-6}
(Ⅲ)	0.500	0.500	1.14×10^{-5}

(1) 写出该反应的速率方程式。

(2) 计算 50℃时该反应的速率常数 k。

(3) 计算当 $c(NO)=c(Cl_2)=0.200\ mol\cdot L^{-1}$ 时的反应速率 v。

解：(1) 从(Ⅰ)组数据看，$c(NO)$保持不变，$c(Cl_2)$(Ⅱ)组数据比(Ⅰ)组数据的浓度增加一倍，反应速率也增大一倍。即

$$v(NOCl)\propto c(Cl_2)$$

再从(Ⅱ)组和(Ⅲ)组数据看，$c(Cl_2)$保持不变，$c(NO)$(Ⅲ)组数据是(Ⅱ)组数据的两倍，而 v 为(Ⅲ)组数据，是(Ⅱ)组数据的 4 倍，即

$$v(NOCl)\propto c^{2}(NO)$$

将两式合并得　$v(NOCl)\propto c^{2}(NO)\cdot c(Cl_2)$

则该反应速率方程为　$v(NOCl)=kc^{2}(NO)\cdot c(Cl_2)$

(2) 由三组数据中的任一组，代入速率方程式中都可求得 k。现在代入(Ⅲ)组数据：

$$k=\frac{v(NOCl)}{c^{2}(NO)\cdot c(Cl_2)}=\frac{1.14\times10^{-5}\ mol\cdot L^{-1}\cdot s^{-1}}{(0.500\ mol\cdot L^{-1})^{2}\times0.500\ mol\cdot L^{-1}}=9.12\times10^{-5}L^{2}\cdot mol^{-2}\cdot s^{-1}$$

(3) 当 $c(NO)=c(Cl_2)=0.200\ mol\cdot L^{-1}$ 时，

$$v(NOCl)=kc^{2}(NO)\cdot c(Cl_2)=9.12\times10^{-5}L^{2}\cdot mol^{-2}\cdot s^{-1}\times(0.200\ mol\cdot L^{-1})^{2}(0.200\ mol\cdot L^{-1})$$
$$=7.3\times10^{-7}\ mol\cdot L^{-1}\cdot s^{-1}$$

2. 元反应

后来的大量实验证明，质量作用定律只适用于元反应。元反应是指反应

物(分子、原子、离子等)一步就直接转化为生成物的反应。但是,绝大多数的反应都不是元反应。一般反应都是经过了若干元反应步骤才能完成。经历两个以上的元反应的总反应称为复杂反应,它的确定必须经过实验来判断和检验。

元反应的速率方程可根据其反应方程式直接写出。例如,下述各元反应的速率方程可分别由其反应式写出:

$2NO_2 \longrightarrow 2NO+O_2$　　　　$v=kc^2(NO_2)$

$NO_2+CO \longrightarrow NO+CO_2$　　　　$v=kc(NO_2)\cdot c(CO)$

绝大多数反应都是复杂反应,往往要经历若干步骤,亦即经若干元反应才能最终转化为产物。这些元反应的总和,称为该反应的反应历程。对于复杂反应,质量作用定律只适用于组成它的每一步元反应,而不适合其总的反应。由于复杂反应中反应速率最慢的一步反应为整个反应的控制步骤,故复杂反应的速率方程式常可用作为控制步骤的慢反应的速率方程来表示。

例如,反应 $2NO+2H_2 \longrightarrow N_2+2H_2O$,根据反应式写出该速率方程为 $v=kc^2(NO_2)\cdot c^2(H_2)$,但实验证明该反应的速率方程 $v=kc^2(NO)\cdot c(H_2)$。

这一情况表明该反应不是元反应,其反应可能由下列两步元反应所组成:

(1) $2NO+H_2 \longrightarrow N_2+H_2O_2$　　(慢反应)

(2) $H_2O_2+H_2 \longrightarrow 2H_2O$　　(快反应)

可见,这是与复杂反应中反应速率最慢的一步反应为控制步骤相一致的。

研究反应速率方程,不仅可解决反应物浓度与反应速率间的关系,还可为探索复杂反应的反应历程提供有用的线索。

例如,反应 $2N_2O_5 \longrightarrow 2N_2O_4+O_2$ 实际是由下列反应完成的:

(1) $N_2O_5 \longrightarrow N_2O_3+O_2$　　(2) $N_2O_3 \longrightarrow NO+NO_2$

(3) $NO+N_2O_5 \longrightarrow 3NO_2$　　(4) $2NO_2 \longrightarrow N_2O_4$

只要测得其中的控制步骤就可写出该反应的速率方程。

视频 3-9

反应级数和反应速率方程

3. 反应级数

式(3-7)中指数 a,b 分别表示物质 A,B 的浓度对反应速率的影响程度,称为分级数。分级数越大,则反应速率受浓度的影响越大。它可以是整数,也可以是分数或负数。负数表示该物质对反应起阻滞作用。分级数之和,称为反应级数,用 n 表示。

若 $n=a+b=1$,称反应为一级反应;$n=a+b=2$,称反应为二级反应;……反应级数 n 显示反应速率受反应物浓度的影响程度。如果反应速率与反应物浓度无关而等于常数时,则该反应为零级反应。化学反应的反应级数可用实验方法测定。

例如,许多发生在固体表面的催化反应都是零级反应,又如在超声波作用下,CCl_4 与 H_2O 作用生成 Cl_2 的反应。任何零级反应都是以匀速进行而与浓度或时间无关,反应物将在一定时间内全部耗尽。零级反应的特征是,如以浓度对时间作图,得一直线。

对于一般零级反应，A ⟶生成物，$v=-\frac{dc(A)}{dt}=k$，如 $c(A)_0$，$c(A)_t$ 分别表示反应物的初始浓度和时间 t 时的浓度，则零级反应的浓度-时间关系式为

$$c(A)_t=c(A)_0-kt \qquad (3-8)$$

表 3-4 中列出不同反应级数的若干实例。

表 3-4 不同反应级数的实例

反应级数	反应方程式	速率方程
零级反应	$N_2O(g)\xrightarrow{Au}N_2(g)+\frac{1}{2}O_2(g)$	$v=kc^0(N_2O)=k$
一级反应	$2N_2O_5\longrightarrow 4NO_2+O_2$ $CH_3\cdot CH_2\cdot Cl\longrightarrow CH_2=CH_2+HCl$	$v=k\cdot c(N_2O_5)$ $v=k\cdot c(C_2H_5Cl)$
二级反应	$NO_2+CO\longrightarrow NO+CO_2$	$v=k\cdot c(NO_2)\cdot c(CO)$
三级反应	$2NO+O_2\longrightarrow 2NO_2$	$v=k\cdot c(NO)^2\cdot c(O_2)$
分数级反应	$CO+Cl_2\longrightarrow COCl_2$	$v=k\cdot c(CO)\cdot c^{3/2}(Cl_2)$

对一般的一级反应：B ⟶生成物

$$v=-\frac{dc(B)}{dt}=k\cdot c(B)$$

积分换对数可得

$$\lg c(B)_t=\lg c(B)_0-\frac{kt}{2.303} \qquad (3-9)$$

式中，$c(B)_0$，$c(B)_t$ 分别表示反应物的起始浓度和反应经过时间 t 时的浓度。

可将式(3-9)改写为

$$\lg\left[\frac{c(B)_0}{c(B)_t}\right]=\frac{kt}{2.303}$$

在一级反应中，反应物进行到一半（$c_t=\frac{1}{2}c_0$ 时）所需的时间 $t_{1/2}$ 是一常数，与浓度无关。该时间 $t_{1/2}$ 就称为反应的半衰期。从式(3-9)的改写式中可得

$$t_{1/2}=\frac{0.693}{k} \qquad (3-10)$$

从式(3-10)中可以看出，一级反应的半衰期与其速率常数 k 成反比。k 值大的反应，反应速率大，半衰期短；k 值小的反应半衰期长。每个一级反应都有其特定的半衰期，如蔗糖的水解反应等。换言之，若反应半衰期是一常数，则该反应一定是一级反应。

所有的放射性衰变都是一级反应，且该过程与温度无关。利用这一点，它在考古学、地壳岩石、陨石的年龄的估算等领域都有重要的应用。钾-40 和铀-238

常用于陨石和矿物的年龄估算，碳-14 用于确定考古学的发现物和化石的年代。

［例 3-6］　已知碳-14 的半衰期 $t_{1/2}=5720\text{a}$。2008 年从古埃及法老墓中发现的柏树枝中，测得 $^{14}\text{C}:{}^{12}\text{C}$ 的值为活体植物中该比值的 0.534 倍，试计算法老死亡的时间（设空气中 $^{14}\text{C}:{}^{12}\text{C}$的值历年不变）。

解： 根据式（3-10）先算出其一级反应速率常数 k，即

$$k=\frac{0.693}{t_{1/2}}=\frac{0.693}{5720\text{a}}=1.21\times10^{-4}\text{a}^{-1}$$

又　$\frac{x}{x_0}=0.534$　　$\lg\left(\frac{x_0}{x}\right)=\frac{kt}{2.303}$

所以

$$\lg\left(\frac{1.000}{0.534}\right)=\frac{1.21\times10^{-4}\text{a}^{-1}\cdot t}{2.303}$$

得

$$t=5186\text{a}$$

即柏树枝死亡时间约 5186 年，意味着法老逝世于公元前 3178 年左右。

视频 3-10

温度对化学反应速率的影响

3.3.3　温度对化学反应速率的影响

1. 温度对反应速率影响的规律

人们在实践中很容易观察到，绝大多数化学反应的速率随温度的升高而加快。因此，加热是提高反应速率最常用的方法。van't Hoff 曾发现在室温附近，温度每升高 10℃，一般化学反应速率增大 2~4 倍。温度对反应速率的影响，主要影响反应速率常数。一个确定的反应，在不同的温度有不同的 k 值。一般来说，温度升高，k 值增大，反应速率加快，可见表 3-5。表中分别列出 HI 的生成和 N_2O_5的分解反应中不同温度对应的速率常数 k 值。经验规律比较粗略，适用的温度范围不大。

表 3-5　温度对速率常数 k 的影响

反应	$H_2(g)+I_2(g)=\!=\!=2HI(g)$					
温度/K	556	575	629	666	700	781
反应速率常数 k	4.45×10^{-5}	1.37×10^{-4}	2.52×10^{-3}	1.41×10^{-2}	6.43×10^{-2}	1.35
反应	$N_2O_5(g)=\!=\!=2NO_2(g)+\frac{1}{2}O_2(g)$					
温度/K	273	293	298	308	318	328
反应速率常数 k	7.87×10^{-7}	1.76×10^{-5}	3.38×10^{-5}	1.35×10^{-4}	4.98×10^{-4}	1.50×10^{-3}

瑞典化学家 Arrhenius（阿伦尼乌斯）根据实验结果，提出了化学反应的速率常数与温度之间的关系式，称为 Arrhenius 公式。

$$k=A\cdot e^{\frac{-E_a}{RT}}\qquad(3-11)$$

这是一个复杂的指数形式关系式，式中 A 和 E_a 都是常数，与反应物浓度和温度无关。E_a 称为活化能，是指在一定条件下，为使反应进行，反应物分子超出一般

分子平均能量的那部分能量。将式(3-11)改写为对数形式：

$$\ln k=\ln A-\frac{E_a}{RT}$$

或

$$\lg k=\lg A-\frac{E_a}{2.303R}\cdot\frac{1}{T}$$

式中，$\lg A$ 和$\frac{-E_a}{2.303R}$都是常数，该式为直线方程，若将 $\lg k$ 对$\frac{1}{T}$作图，就可得一直线，其斜率为$\frac{-E_a}{2.303R}$，而直线在纵坐标上的截距即为 $\lg A$。由此就可以求出反应的活化能 E_a 值和常数 A 值。图 3-4 是反应 $CO+NO_2 = CO_2+NO$ 在 600~800K 间的反应速率常数 k 与$\frac{1}{T}$的关系图。实际上，只要测定温度 T_1，T_2 时的反应速率常数 k_1，k_2，即可计算出反应的活化能；或者已知活化能和某一温度下的反应速率系数 k，则可计算出另一温度下的反应速率常数 k_2。

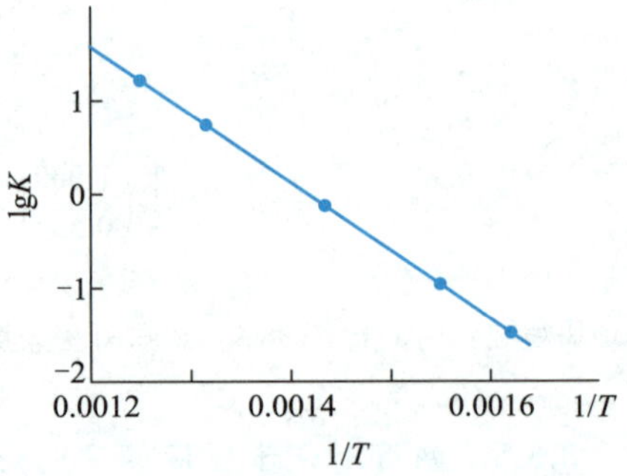

图 3-4　$\lg k$ 与$\frac{1}{T}$的关系图

温度 T_1 时，$$\lg k_1=\lg A-\frac{E_a}{2.303R}\cdot\frac{1}{T_1}$$

温度 T_2 时，$$\lg k_2=\lg A-\frac{E_a}{2.303R}\cdot\frac{1}{T_2}$$

两式相减，得 $$\lg\frac{k_2}{k_1}=\frac{E_a}{2.303R}\left(\frac{1}{T_1}-\frac{1}{T_2}\right)$$

或 $$\lg\frac{k_2}{k_1}=\frac{E_a}{2.303R}\left(\frac{T_2-T_1}{T_2\cdot T_1}\right)\qquad(3-12)$$

从式(3-11)和式(3-12)中，可得出如下结论：

(1) 对任一化学反应，当温度 T 增加时，$\frac{E_a}{RT}$项变小，$\ln k$ 变大，k 值增大，即反应速率加快。由于 k 在对数项中，因此，温度变化对化学反应速率影响很大。

(2) 在相同温度时，对常数项 A 值相近的化学反应来说，活化能 E_a 值越大，其反应速率常数 k 值越小，反应速率越小；E_a 值小者，反应速率越大。如某反应活化能降低 10 kJ · mol^{-1}，则其速率可增加 50 倍。

一般化学反应的活化能 E_a 在 42~420 kJ · mol^{-1}，而大多数化学反应的活化能是在 62~250 kJ · mol^{-1}。当活化能小于 42 kJ · mol^{-1}时，其反应速率很快，甚至不能用一般方法测定，如中和反应等；当活化能大于 420 kJ · mol^{-1}时，其反应速率将非常慢。

(3) 从式(3-12)中可见，当 T_2，T_1 温度一定时，E_a 值越大，k_2/k_1 的值越大，亦即升高相同温度，活化能大的反应速率增加的倍数比活化能小的反应速率增加的倍数要大；反之亦然。

2. 有效碰撞理论和过渡态理论简介

分子之间的碰撞是发生化学反应的首要条件，但并非所有的碰撞都能发生反应。因为反应不仅必须碰撞，而且必须有足够的能量和适当的取向使旧分子中的化学键断裂，新的分子才有可能形成。在常温常压下气体分子间互相碰撞的机会是很大的。其数量级高达 10^{29} 次 · cm^{-3} · s^{-1}，但只有成功的碰撞才能发生化学反应。这种能够产生化学反应的碰撞称为有效碰撞。能够发生有效碰撞的分子称为活化分子。

与一般分子相比，活化分子具有高得多的能量。根据气体分子运动论，一般分子的能量大小不等，能量很大的和很小的分子所占比例都很小，大部分分子的能量在平均能量附近。使分子活化所需吸收的能量就是活化能。后来的研究进一步证明，活化能 E_a 等于活化分子的平均能量与一般分子的平均能量之差，即

$$E_a = \overline{E}_{活化分子} - \overline{E}_{一般分子}$$

化学反应中的能量变化与活化能的关系，可以这样来理解：把活化能想象成一座山头，要发生化学反应，反应物分子必须越过这座山头，才能期望该反应实际发生。每一个化学反应都对应着高度不同的山头，即不同的能垒。

上述类比，可从图 3-5 和图 3-6 得到证实。图 3-5 中反应物分子必须越过能垒 E_a，达到“山顶”变成活化态，由活化分子才能转化为生成物。由于该反应中反应物的能量高于生成物，反应中必然有能量释放，为放热反应。显然，山头越高，即能垒越高，表明活化能越大，分子活化越困难，反应速率也就越小。与此相反，在图 3-6 中反应物能量低于生成物，是吸热反应。

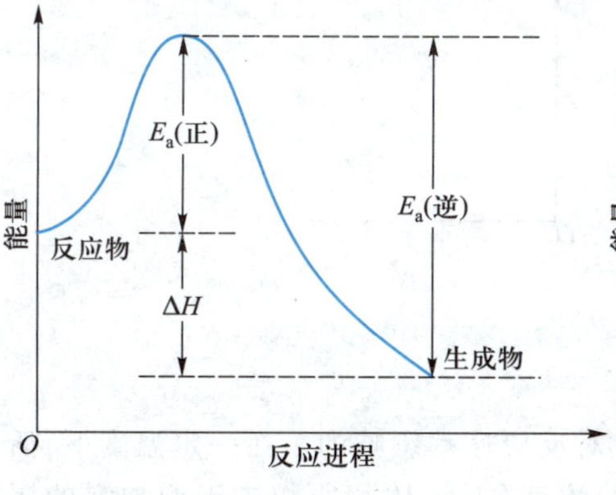

图 3-5　放热反应的能量变化

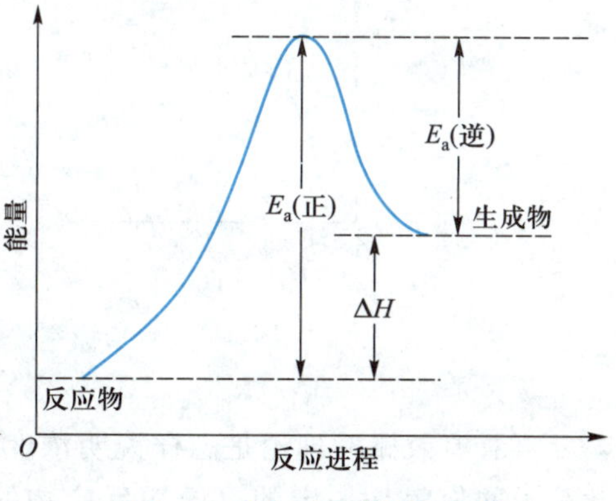

图 3-6　吸热反应的能量变化

从图 3-5、图 3-6 中看出，反应的活化能与反应热效应有一定关系。反应的标准热效应 $\Delta_r H_m^{\ominus}$ 等于正、逆反应活化能之差，即 $\Delta_r H_m^{\ominus} = E_a(正) - E_a(逆)$。在放热反应中，正反应的活化能小于逆反应活化能，$E_a(正) - E_a(逆) < 0$，即 $\Delta_r H_m^{\ominus} < 0$。

为什么在化学反应中一定需要活化能 E_a 呢?

第一,活化能是用来克服反应物分子靠近时电子云间产生的强烈排斥力。

第二,只有较高能量的反应物分子,才能在碰撞时,把分子的动能转化为分子内部的势能,从而松弛或破坏旧的化学键,形成新的化学键,原子间重新组合生成新物质。

总之,温度对化学反应有两方面的影响:

(1) 供给能量。升高温度使反应物分子中活化分子的份额增加;降低温度与之相反。这种影响是主要的。

(2) 改变分子运动的情况,升温将增加单位时间、单位体积内分子碰撞的次数,从而加速反应。

化学反应速率随温度呈指数关系而升高的规律,并非是所有的反应都遵守的。温度对反应速率常数的影响有图 3-7 所示的几种类型。其中 Ⅰ 型最常见,即上述的呈指数关系而升高。Ⅱ 型的曲线变化是当温度升高至某一定值时,反应速率常数急剧增大,这是爆炸反应的特征。Ⅲ 型的特点是起初反应速率常数随温度升高而增大,而后又随温度的升高而减小,其间出现一个极大值,典型例子是酶催化反应。Ⅳ 型情况较为少见,即反应速率常数随温度升高而逐渐减小,NO 与 O_2 化合成 NO_2 的反应,可作一个例子。

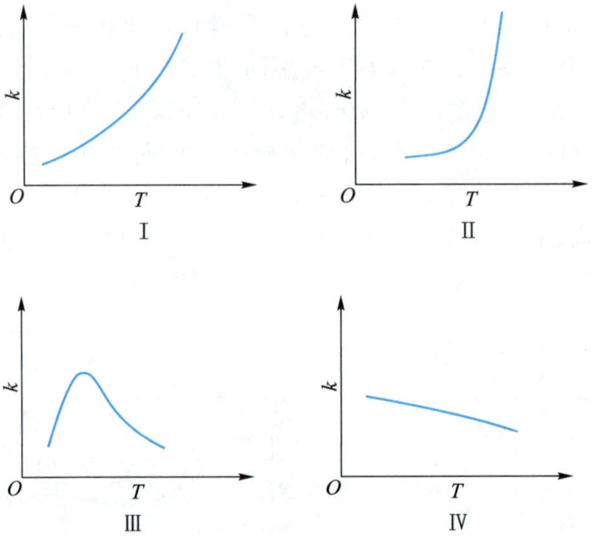

图 3-7　反应速率常数随温度变化的类型

再看有效碰撞理论是怎样说明浓度对反应速率影响的。在一定温度下,活化分子的份额是一定的。增加反应物的浓度(对气体物质相应于增加它的压力),将增加活化分子的绝对数,从而将成比例地增加有效碰撞的次数。这样,显然也会增加化学反应速率,反之亦然。

有效碰撞理论从分子运动及其内部结构的角度,为化学反应提供了直观的图像,对于简单反应的解释比较成功,解释了浓度、温度等对反应速率的影响。

但其理论模型过于简单,对结构较复杂的分子间的反应就难以解释。为了克服有效碰撞理论的缺点,随着人们对原子、分子内部结构认识的深入,后来又提出了化学反应速率的过渡态理论。该理论认为,化学反应并不是通过反应物分子间的简单碰撞就能完成的。而是具有足够能量的两个分子相互接近时,分子中的化学键经过重排和能量的重新分配,在反应物变成产物的过程中,要经过一个中间的过渡态,即反应物分子先形成活化配合物。

此过程中,具有足够动能的分子彼此以适当的取向接近时,分子动能转变为分子间相互作用的势能,引起分子结构的变化:原来以化学键结合的原子间距离变长,原来没有结合的原子间距离变短,形成过渡态的活化络合物。

例如,对一般反应

$$A+BC \longrightarrow AB+C$$

反应过程: $A+B—C \rightleftharpoons A\text{---}B\text{---}C \longrightarrow A—B+C$

反应物　　活化络合物(过渡态)　　生成物

由于活化络合物中的价键处在旧键已被减弱、新键正在形成的不稳定状态,因此极活泼,一经形成就会分解。它既可以分解为产物,也可以分解为反应物。图 3-8 表示上述反应进程中的能量变化。E_a(正)表示正反应的活化能,E_a(逆)表示逆反应的活化能。

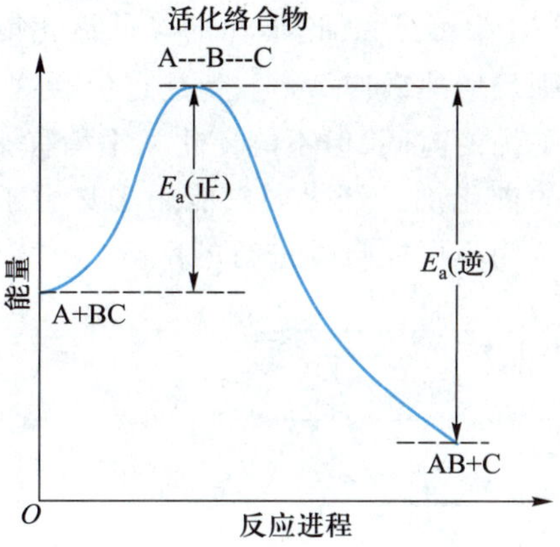

图 3-8　反应进程中的能量变化

由上可知,活化能实际上是指在化学反应中,破坏旧键所需的最低能量。即过渡态理论吸收了有效碰撞理论中合理的内容,为活化分子提供了新的理论模型,使人们对活化能的本质有了进一步的了解。从理论上说,过渡态理论提供了一种不需要动力学测定而只需要了解有关分子结构就能讨论和计算反应速率的方法。

3.3.4 催化剂对化学反应速率的影响

视频 3-11
催化剂对化学反应速率的影响

1. 催化剂与催化作用

催化剂是指能够显著改变化学反应速率,而本身的质量、组成和化学性质在反应前后保持不变的物质。催化剂的这种改变反应速率的作用,称为催化作用。凡能加快反应速率的催化剂,称为正催化剂。凡能减慢反应速率的催化剂,称为负催化剂。在实际应用中,后者有特定的名称,如减缓金属腐蚀的缓蚀剂,防止高分子老化的抗老剂,阻缓燃烧过程的阻燃剂等。一般所讲的催化剂,都指可加速反应的正催化剂。

在影响反应速率的三个主要因素中,催化剂的作用要比浓度(包括气体物质的压力)、温度显著得多。

为什么催化剂能加快反应速率呢?研究表明,催化剂能改变反应的进程,从而降低活化能,使更多的分子成为能越过活化能垒的活化分子,从而提高了反应速率。如图 3-9 中所示,在某一化学反应中,由于催化剂的加入,反应途径由(1)变为(2),活化能由 E_{a1} 降为 E_{a2}。因此,化学反应速率增大。

催化剂的主要特征如下:

(1) 用量小、活性高　催化剂具有程度不同的活性,可使反应物分子活化。它积极地参与反应,又可在反应后再生。因此少量催化剂常能使相当大量的反应物发生反应。

(2) 催化剂不影响化学平衡　由于催化剂在反应前后化学性质、组成保持不变,所以它的存在与否不会改变反应的始态和终态,当然也就不会改变反应的 $\Delta_r G_m^\ominus$ 和 $\Delta_r H_m^\ominus$。从图 3-9 中可见,无论催化剂降低活化能 E_a 到何种程度,只要反应物和生成物确定,则反应热效应 $\Delta_r H_m^\ominus$ 就是定值。这就是说,催化剂的作用是加速反应,缩短到达平衡的时间,但不能使化学平衡移动。对正反应有效的催化剂,也是逆反应良好的催化剂。催化剂只能用于热力学认为有可能进行的反应,却不能实现热力学认为不可能自发进行的反应。

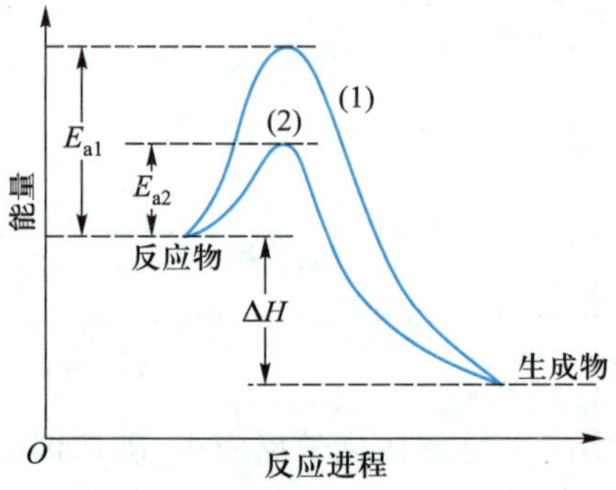

图 3-9　催化作用使反应活化能降低

(3) 少量的杂质常可强烈影响催化剂的活性　这些杂质可起助催化剂或毒物两方面的作用。助催化剂本身活性很小或没有活性,但可提高主催化剂的活性。如合成氨的铁系催化剂中,常加入 Al_2O_3-K_2O 为助催化剂等。毒物则可使催化剂的活性和选择性减小。这种现象叫催化剂中毒,分为两种情况,如将毒物除去,催化剂效力仍可恢复,为暂时性中毒;永久性中毒则使催化剂完全失效。

（4）催化剂具有很高的选择性　实验证明，没有适合一切反应的共同催化剂，某一类型的反应只能使用某些催化剂；同一反应选择不同的催化剂，可以得到不同产物。

例如，乙醇在下列不同条件下可得极不相同的产物：

$$2C_2H_5OH \xrightarrow[140℃]{\text{浓硫酸}} (C_2H_5)_2O + H_2O \qquad \text{（乙醚）}$$

$$C_2H_5OH \xrightarrow[170℃]{Al_2O_3\text{或浓}H_2SO_4} CH_2{=\!=}CH_2 + H_2O \qquad \text{（乙烯）}$$

$$C_2H_5OH \xrightarrow[200\sim250℃]{Cu} CH_3CHO + H_2 \qquad \text{（乙醛）}$$

$$2C_2H_5OH \xrightarrow[400\sim500℃]{ZnO\cdot Cr_2O_3} CH_2{=\!=}CH{-}CH{=\!=}CH_2 + 2H_2O \qquad \text{（丁二烯）}$$

这就是说，催化剂有使化学反应沿着某一确定方向进行的特殊本领。因此，在化学工业的生产中，至少有 85%以上的化学反应使用了催化剂。

2. 单相催化与多相催化

催化剂降低活化能的方式，有单相催化和多相催化两大类。

（1）单相催化反应　又称均相催化，其中反应物质与催化剂都处于同一相中，或都为气体或均匀溶液。例如，NO 催化氧化 SO_2 为 SO_3 的反应。SO_2 氧化反应的活化能很高（$E_a = 251\ kJ\cdot mol^{-1}$），反应速率很慢，加入 NO 后，可发生下列两步反应：

$$2\ NO(g) + O_2(g) \longrightarrow 2\ NO_2(g) \qquad \text{（较快反应）}$$

$$NO_2(g) + SO_2(g) \longrightarrow NO(g) + SO_3(g) \qquad \text{（快反应）}$$

从而使 SO_2 的氧化反应加速，NO 参与反应，又及时从反应中脱出，保持组成、性质不变。

（2）多相催化反应　又称非均相反应，其中催化剂与反应物分属不同的相，主要是固体催化剂催化气相反应和液相反应。如工业上制备硫酸用的 V_2O_5-K_2O 催化剂、合成氨生产中的铁系催化剂等。

多相催化是在气-固、液-固界面上发生的界面反应。催化反应是通过下列过程进行的：

① 反应物被吸附到催化剂表面上，化学键松弛而活化；

② 反应物在催化剂表面上发生化学反应，生成产物；

③ 产物从催化剂表面上解吸、脱离反应区，向外扩散。

由于反应的活化能降低，使活化分子的份额增加；同时，因吸附而增大在催化剂表面上反应物的浓度，这都将加快反应速率。例如，碘化氢的分解反应，无催化剂时，$E_a = 183\ kJ\cdot mol^{-1}$，如以铂为催化剂，活化能降为 $58\ kJ\cdot mol^{-1}$。如该反应在 503K（230℃）进行，则反应速率常数 k 可增加到无催化剂时的 9.6×10^{12} 倍。实际上，固相催化是在固体表面上进行的，且催化剂表面只有一小部分能起催化作用，这部分称为活性中心。反应物只有被吸附在活性中心上，才能变形并活化，从而加速反应。其中化学吸附带有化学键性质，故一种催化剂只能催化某些特定的反应，这也是催化剂具有选择性的原因。

因此，多相催化剂的活性与其组成结构和状态密切相关。一般地说，催化剂颗粒越细或表面积越大，表面缺陷越多，其催化活性越好。多相催化剂可连续进行催化；与产物易于分离，使用温度范围很宽，故许多工业反应都采用多相催化，或将均相催化剂负载于多孔的聚合物或无机载体上，如将酶负载于若干不溶性载体上，获得固定化酶，应用极广。

酶的质点直径范围为 $10^{-8}\sim10^{-7}$ m，故其催化作用可看作是介于单相与多相之间，既可看成是反应物（或称底物）与酶形成中间活化物，也可看作是酶的表面吸附反应物而加速反应。因此，酶是一类最复杂的催化剂。近年来，在深入研究酶的催化机理的基础上，又开展了化学模拟生物酶的研制。目前，已在实验室中合成了一些模拟酶，可在常温常压下，将反应物转化为人们期望的生成物，如生物固氮酶，可直接将空气中的氮气转化为植物可吸收利用的物质。这是一个重大的成就，预示着科学技术和农业生产的突破性进展。我国在模拟酶领域内，特别是生物固氮酶的研制和合成方面，处于世界的领先水平。

3.3.5 几类特殊的化学反应

1. 多相反应

多相反应的类型很多。例如，气体和固体间、液体和固体间、固体和固体间，以及液体与另一不相溶液体间的反应等。所以，可以说单相反应只是它的一种特例。多相反应大多数是在相的界面上进行，只有少数多相反应主要发生在不同的相中。

既然大多数多相反应在相的界面上进行，所以多相反应多由扩散、吸附和化学反应等步骤组成。如固体表面上进行的气体反应，一般可以分为下列几步：① 气体分子扩散到固体表面；② 气体分子被吸附在固体表面；③ 被吸附物质在固体表面上进行化学反应；④ 生成物从固体表面解脱吸附（称解吸）；⑤ 生成物分子通过扩散离开固体表面。

因此，多相反应的反应速率除与浓度、温度和催化剂有关外，还与相互作用的相与相接触面大小有关。接触面增大，则反应速率显著加快。故在生产中常将固相反应物破碎或研磨成粉状物，将液相反应物喷射成雾状等来增加反应面积。如锌粉和盐酸作用要比锌粒和盐酸作用快得多；磨细的煤粉与空气的混合物会燃烧甚至爆炸。某些平常不易燃烧的可燃物，细微分散后，遇有火星就会燃烧、爆炸。纳米（10^{-9} m）材料尺寸效应就是由其表面积剧增引起的。这些都和接触面的增大有直接的关系。

多相反应的反应速率还与扩散作用有关。扩散可以使没有起作用的反应物不断地进入界面，生成物不断地离开固体表面扩散出去。因此，用搅拌、鼓风等技术来加快扩散速率，而使反应速率加快是生产中常用的方法。

气体与固体的反应中最常见的一种类型，如碳的燃烧：

$$C(s)+O_2(g)══CO_2(g)$$

因反应只在碳的表面上进行，碳为固相，因此该反应的速率方程通常表示为

$$v=Kc(O_2)$$

即在一定条件下，多相反应的反应速率仅与和固体起反应的气体或溶液中反应物的浓度成正比，而反应速率常数的大小除与温度有关外，还与固相的粒度（亦即接触面积）的大小有关。

多相反应在生产中有重要意义。例如，固体、液体燃料的燃烧，以及湿法冶金和金属的腐蚀等领域，都是多相反应应用的实例。

2. 链反应

有许多反应，其反应历程相当复杂；只要用任何方法使反应一经开始，它就可以自动迅速地、连续不断地进行下去，有时甚至会以爆炸形式出现，这类反应称为链反应。很多重要的工业过程，如高分子单体聚合、石油的裂解、一些有机物的热分解及各种爆炸反应等都属于链反应。

在链反应中有自由基 R· 或自由原子 X· 产生，其中旁边的小黑点表示它们具有一个未成对电子，因而能量很高，活性很大，很容易起反应，而且在反应中始终有自由基交替地消失和产生，才使反应持续地发展。所有的链反应都包含三个基本步骤：

（1）链的引发（开始） 反应物分子在热、光、放电等或引发剂的作用下生成自由基的反应；

（2）链的增长（链的传递） 自由基与分子相互作用的交替过程，旧自由基消失的同时又有新的自由基生成；

（3）链终止 自由基结合成稳定分子或将多余的能量传给容器壁，转为活性小的物种后，链就此终止传递。

根据链传递方式的不同，可将链反应分为**直链反应**和**支链反应**。

在直链反应中，链增长的每步元反应中，消失的和产生的自由基数目相等，即在链传递过程中没有自由基的积累，各步反应连接起来形如直线，故称直链反应，通常简称**链反应**。

在支链反应中，每步元反应产生的自由基比消失的要多。链的传递形如枝杈发射状，如 H_2 和 O_2 的燃烧反应。

链引发 $$H_2 \xrightarrow{\text{光或热}} 2H\cdot$$

链传递 $$H\cdot + O_2 \longrightarrow \cdot O\cdot + HO\cdot$$

$$H_2 + O\cdot \longrightarrow HO\cdot + H\cdot$$

如用 R· 和 A、B 分别表示自由基和某两种物质，则链传递可描述为

$$R\cdot + A \longrightarrow \alpha R\cdot + B$$

其中，$\alpha>1$。图 3-10 为 $\alpha=2$ 的支链反应示意图。

支链反应有较多的自由基同时作用，反应速率比直链反应要快，往往导致爆炸，氢氧混合物常称“爆鸣气”就是这个道理。

爆炸反应都是强烈的放热反应，反应以链反应方式进行，反应速率极快；如

来不及散热，温度升高又使反应速率急剧增加，生成的气体体积急速膨胀，最终导致爆炸发生。很多可燃气体或以细粉分散的可燃性固体物，在空气中含量到达一定限度时，一经点燃，就会产生爆炸。因此，在生产过程中，应十分注意，以免发生事故。表3-6中列出若干工业上常见气体的爆炸界限（体积分数，引起爆炸的上限和下限）。

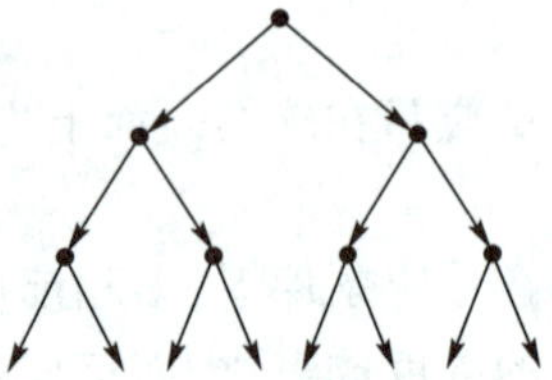

图3-10　支链反应示意图

表3-6　若干可燃性气体常温常压下空气中的爆炸界限

可燃气体	爆炸界限/%	可燃气体	爆炸界限/%
H_2	4～74	C_2H_2	2.5～80
CO	12.5～74	C_2H_5OH	4.3～19
CH_4	5.3～14	$(C_2H_5)_2O$	1.9～48

由于链反应的广泛存在，必须加以调节。例如，如果有意识地利用某些能与自由基作用的"调节剂"[如十二硫醇（$C_{12}H_{25}SH$）、四氯化碳等]，或将释放出的大量热能及时散出就可控制链反应；汽油中加入"抗震剂"四乙基铅[$Pb(C_2H_5)_4$]可减轻汽油燃烧时的"爆震"现象，但含铅化合物燃烧后易污染大气，现已用无铅添加剂代替，使用无铅汽油的车辆耗油量减少，并大大地降低了汽车尾气中铅、NO_x和CO的含量，从而降低了尾气对空气的污染。

3. 光化学反应

凡因紫外光或可见光作用而引发的化学反应，通称为光化学反应。该类反应遵循光化学当量定律，即一个分子只有吸收一个光量子后才能发生光化学反应。近代研究证明，这一定律对于光化学的初级过程是正确的。

在第一章中，我们知道，一定波长的光是与一定的能量相联系的，其关系式为

$$E=h\nu=hc/\lambda$$

式中，E为能量（J）；ν为光的频率（s^{-1}）；λ为波长（m）；c为光速（真空中$2.998\times10^8 m\cdot s^{-1}$）；$h$为Planck常量，$h=6.626\times10^{-34} J\cdot s$。因此，1 mol物质活化需要1 mol光量子，其吸收的能量应为

$$E=N_Ah\nu=N_Ahc/\lambda$$

据此，即可算出紫外光和可见光区内波长及其能量，见表3-7。

表3-7　紫外光和可见光区波长和能量

波段	波长 λ/nm	能量 E/(kJ·mol^{-1})	能量 E/eV
紫外	200	598	6.20
	400	299	3.10
紫	450	266	2.76

续表

波段	波长 λ/nm	能量 E/(kJ · mol^{-1})	能量 E/eV
蓝	500	239	2.48
绿	570	209	2.16
黄	590	203	2.10
橙	620	192	2.0
红	750	159	1.6

从表 3-6 可见，波长越短(频率越高)，光能越大，故紫外光对化学反应有较大的效力。许多物质，特别是有机化合物，分子中的大多数的键能，都在上述能量范围内。因此紫外光或可见光的能量足以造成键的断裂，而引发光分解、光合成、光氧化还原和光聚合等一系列化学反应，无机化合物中有许多被可见光分解的化合物。人们熟知的卤化银的感光性能(其中 AgI 的光敏性为最好)，乃是照相术赖以建立的基础。在太空侦察卫星装备的照相机，可将地面上发生的情况"尽收眼底"，可精确地拍出地球上的各种装置、设备的具体位置。因此，在国防建设、资源勘测和天气预报等部门有着重要的应用。

和热化学反应相比，光化学反应的活化能较小，通常约为 30 kJ · mol^{-1}，故反应速率较大；热化学反应常是使系统的 Gibbs 函数降低，而光化学反应则一般是使系统的 Gibbs 函数增加。植物的光合作用是人们熟知的例子：

$$6\,CO_2(g)+6H_2O(l)\xrightarrow{h\nu}C_6H_{12}O_6(s)+6O_2(g) \qquad \Delta_r G_m^{\ominus}=+2900\text{kJ}\cdot\text{mol}^{-1}$$

该反应在光的作用下，以植物中的叶绿素为催化剂，由 CO_2 和 H_2O 合成了人类亟须的糖类，同时放出供人们呼吸的氧气，使系统的 Gibbs 函数大为增加，其对人类生存和繁衍的意义是不可估量的！

光敏化反应是在有敏化剂存在下的光化学反应，敏化剂的作用是传递能量或自身参与反应生成自由基，再与反应物作用而回复到初始态，其中汞敏化的反应比较常见。汞在 250nm 处，吸收光能而被激发，在这一能量范围的断键反应均可被引发。例如：

$$2\,SiH_4(g)\xrightarrow{Hg}Si_2H_6(g)+H_2(g)$$

$$2BCl_3(g)+5H_2(g)\xrightarrow{Hg}B_2H_4(g)+6HCl(g)$$

光化学合成涉及光取代、光异构、光敏电子转移和光氧化还原等反应，主要用于有机化合物的制备。某些化合物不够稳定，用热化学方法很难得到，而在光化学反应中却易制得。因此，光化学合成又成为物质制备的新方法。

利用光聚合或光解聚的"光刻技术"，是光化学反应在生产中的重要应用。主要用于大规模集成电路的制作上，图像清晰，分辨率可达 500 条线/mm 以上，操作简便。现在的芯片制造技术中一个重要的部分就是光刻技术。

通过光化学反应，利用太阳光能直接分解水制氢，一直是人们追求的目标，我国也将其列为国家能源重点项目。这方面已进行了大量的研究工作。目前，已经证实当紫外光照射含有某些铂、铑配位化合物催化剂的硫酸稀溶液时，催化剂吸收光能而激发，具有很强的氧化还原性，能催化硫酸水溶液的分解，产生氢气和过二硫酸。这种光配合催化分解水制氢气的方法，分解效率高，在释放氢气时，氧转至过二硫酸中并不放出。当然，这还只是实验阶段的工作，离实用化还有很长距离。

光化学反应还用于能量，特别是太阳能的贮存和转化，例如：

$$2NOCl \xrightarrow{h\nu,635nm} 2NO+Cl_2 \qquad \Delta_r H_m^{\ominus}=77\ kJ\cdot mol^{-1}$$

$$NO_2 \xrightarrow{h\nu,400nm} NO+\frac{1}{2}O_2 \qquad \Delta_r H_m^{\ominus}=56.5\ kJ\cdot mol^{-1}$$

光能所贮存或转变的化学能，可以适当方式再以电能和热能的形式释放出来，为人类的生产和生活服务。

总之，化学热力学和化学动力学的理论是人们从长期实践中总结出来的关于化学反应的规律。综合应用它可以解决生产实际的许多问题，也可以指导人们对新的化学工业的开发和研究，把科学技术转化为生产力，满足社会日益增长的需求。以合成氨工业为例，来说明上述规律的应用。

一般说，考虑化学反应问题，应有以下步骤：① 根据 $\Delta_r H$ 和 $\Delta_r S$ 的符号判断反应的自发性；② 判断反应自发性的温度条件或平衡常数的大小；③ 根据平衡原理，估计提高（或降低）转化率的条件；④ 根据反应速率理论，估计加速（或延缓）反应进行的条件；⑤ 综合上述分析，确定现实反应的条件。

合成氨反应 $N_2(g)+3H_2(g) \rightleftharpoons 2NH_3(g)$ 是一个放热（$\Delta_r H<0$）、熵减（$\Delta_r S<0$）类型的反应，应在较低的温度下进行。根据计算，该反应在 298K，100 kPa 下：

$$\Delta_r G_m(T)<0, \quad K^{\ominus}=3.62\times10^5$$

标准平衡常数 $K^{\ominus}$ 值较大，在常温常压下，该反应能正向自发进行，且趋势较大。但由于 N_2 的特殊稳定性，使反应的活化能 E_a 很高，常温下反应进行的速率极慢，生成氨的量极少，而无实用价值。

利用化学反应速率理论，可通过改变温度、压力和加入催化剂等手段来加速合成氨的反应。升高温度有利于加速反应，但升温后，将使标准平衡常数降低，因此，只能适当升高温度。合成氨是气相反应，且右端气体分子数小，因此，加压可促使平衡正向移动，从而提高氨的产率。但增加压力对设备要求较高，工业上常控制合成反应在有限的高压下进行。

这样，实际的生产过程是兼顾温度、压力和产率的关系，优选合适的催化剂，得出较为合理的反应条件，以达到较好的经济效益。目前，合成氨工业的生产是在 673～773K（400～500℃），3×10^4～7×10^4 kPa 压力和铁系催化剂的条件下进行的。

当然，在实践中还需考虑如能源消耗、环境保护和社会效益等诸多因素。

问题

1. 什么叫化学平衡？为什么一个化学反应的 $\Delta_r G=0$ 时，该反应即处于平衡状态？

2. 简述化学平衡的特征。书写平衡常数表达式时，应注意哪些问题？

3. 标准平衡常数与反应的标准 Gibbs 函数变间有何联系？这种联系有哪些实际应用？

4. 计算标准平衡常数的方法有哪些？能否利用 $K^{\ominus}$ 的大小，直接判断不同类型反应进行的程度？说明原因。

5. 什么是 Le Châtelier 原理？能否从理论上分析其内容？它有哪些实际应用？

6. 为什么浓度和压力只影响化学平衡移动的方向，而温度还要影响 $K^{\ominus}$ 的数值？能否从理论上予以说明？

7. 石灰石的煅烧反应：$CaCO_3(s) \rightleftharpoons CaO(s)+CO_2(g)$，$\Delta_r H_m^{\ominus}>0$，判断下列变化将如何改变 $CaCO_3$ 的量：

(1) 加入 CaO；

(2) 及时除去 CO_2；

(3) 在温度不变时，增大反应系统的体积；

(4) 降低反应系统的压力；

(5) 降低反应系统的温度。

8. 影响化学反应速率的因素有哪些？试举出生活中的三个化学反应，比较它们反应速率的大小，并说明加快和减慢反应速率的方法。

9. 反应物浓度对化学反应速率有何影响？质量作用定律的内容如何？

10. 什么是元反应？它有什么特点？

11. 什么叫反应的级数？分别说明零级和一级反应的特点。

12. 为什么温度升高会使大多数化学反应的速率加快？温度与化学反应速率之间存在何种定量关系？简述 Arrhenius 公式中各物理量的意义。

13. 什么叫反应的活化能？化学反应为什么需要活化能？如何测定或计算某一化学反应的活化能？

14. 简述碰撞理论要点，并用以解释温度和浓度（包括气体物质的压力）的影响。

15. 说明催化剂加速化学反应的原因，比较单相与多相催化作用的异同。

16. 什么是多相反应、链反应和光化学反应？它们都有哪些实际应用？

习题

1. (1) 已知 298K 时，反应 $ICl(g) \rightleftharpoons \frac{1}{2}I_2(g)+\frac{1}{2}Cl_2(g)$ 的 $K_1^{\ominus}=2.2\times10^{-3}$。试计算：① $2ICl(g) \rightleftharpoons I_2(g)+Cl_2(g)$ 的 $K_2^{\ominus}$，② $I_2(g)+Cl_2(g) \rightleftharpoons 2ICl(g)$ 的 $K_3^{\ominus}$。

(2) 已知某温度时反应 $H_2(g)+S(g) \rightleftharpoons H_2S(g)$ 的 $K_1^\ominus=1.0\times10^{-3}$；反应 $S(g)+O_2(g) \rightleftharpoons SO_2(g)$ 的 $K_2^\ominus=5.0\times10^{-6}$，试计算：$H_2(g)+SO_2(g) \rightleftharpoons H_2S(g)+O_2(g)$ 的 $K_3^\ominus$。

2. 某温度时，反应 $Fe_3O_4(s)+4H_2(g) \rightleftharpoons 3Fe(s)+4H_2O(g)$，开始时用 1.6g H_2 和过量的 Fe_3O_4 在密闭容器中作用达到平衡后，有 16.76g Fe 生成，求此反应的标准平衡常数 $K^\ominus$。

3. 碳酸氢钠的热分解反应 $2NaHCO_3(s) \rightleftharpoons Na_2CO_3(s)+CO_2(g)+H_2O(g)$。在 125℃ 时，$K^\ominus=0.253$，求此温度下，$CO_2(g)$ 和 $H_2O(g)$ 的平衡分压。

4. 利用附录二中的热力学数据，计算反应 $SO_2(g)+\frac{1}{2}O_2(g) \rightleftharpoons SO_3(g)$，在 298K 时的 $\Delta_rG_m^\ominus$ 和 $K^\ominus$。

5. 将纯氨气装入密闭容器中，在 400℃，1MPa 下达到平衡，测得有 98%（体积）的氨分解。试计算氨分解反应 $2NH_3(g) \rightleftharpoons N_2(g)+3H_2(g)$ 在该温度下的标准 Gibbs 函数 $\Delta_rG_m^\ominus$。

6. 某温度下，反应 $H_2(g)+I_2(g) \rightleftharpoons 2HI(g)$ 达到平衡时，测得系统中 $c(H_2)=0.5\ mol\cdot L^{-1}$，$c(I_2)=0.5\ mol\cdot L^{-1}$，$c(HI)=1.23\ mol\cdot L^{-1}$。如果在此时从容器中迅速抽出 HI(g) $0.6\ mol\cdot L^{-1}$。平衡将向何方移动？求再次平衡时各物质的浓度。

7. 反应 $PCl_3(g)+Cl_2(g) \rightleftharpoons PCl_5(g)$ 达到平衡时，改变下列条件，对平衡有何影响：

(1) 加入 $Cl_2(g)$；

(2) 除去 $PCl_3(g)$；

(3) 加入 $PCl_5(g)$；

(4) 加压，减小容器体积。

8. 反应 $2Cl_2(g)+2H_2O(g) \rightleftharpoons 4HCl(g)+O_2(g)$，$\Delta_rH_m^\ominus=113\ kJ\cdot mol^{-1}$，在 400℃ 时达到平衡，试估计下列变化将如何影响 Cl_2 的物质的量：

(1) 温度升至 500℃；

(2) 加入氧气；

(3) 除去容器中的水汽；

(4) 增大容器的体积。

9. 25℃ 时在溶液中进行的反应：$S_2O_8^{2-}+2I^- \longrightarrow 2SO_4^{2-}+I_2$，现将有关数据列表如下：

实验序号	$S_2O_8^{2-}$ 的起始浓度 / $mol\cdot L^{-1}$	I^- 的起始浓度 / $mol\cdot L^{-1}$	起始速率，I_2 浓度的增加 / $mol\cdot L^{-1}\cdot min^{-1}$
1	1.0×10^{-4}	1.0×10^{-2}	0.65×10^{-6}
2	2.0×10^{-4}	1.0×10^{-2}	1.30×10^{-6}

(1) 写出上述反应的速率方程式；

(2) 该反应为几级反应，是否为元反应？

(3) 计算反应速率常数 k。

10. 某反应 A $\longrightarrow$B，当 c(A)＝0.200 mol·L^{-1}，其反应速率为 0.005 mol·L^{-1}·s^{-1}。试计算在下列情况下，反应速率常数各为多少？

(1) 反应对 A 是零级；

(2) 反应对 A 是一级。

11. 零级反应 A $\longrightarrow$B+C，如 A 物质的起始浓度为 0.36 mol·L^{-1}，在 1h 内完全分解，试求该反应以 s^{-1}为单位表示的反应速率常数。

12. 一级反应 A $\longrightarrow$B+C，已知 A 的物质的起始浓度为 0.50 mol·L^{-1}，反应速率常数 $k=5.3\times10^{-3}$s^{-1}，试求：

(1) 反应进行 3min 后，A 物质的浓度；

(2) 该反应的半衰期。

13. 某反应在 700K 时，其反应速率常数 $k_1=0.0105$ L·(mol·s)$^{-1}$，若活化能为 188 kJ·mol^{-1}，求该反应在 800K 时的反应速率常数 k_2。

14. 乙醛的分解反应 $CH_3CHO \longrightarrow CH_4+CO$，在 538℃时，$k_1=0.79$L·(mol·s)$^{-1}$，在 592℃时，$k_2=4.95$L·(mol·s)$^{-1}$，计算反应的活化能。

15. 低温下反应 $CO(g)+NO_2(g) \longrightarrow CO_2(g)+NO(g)$ 的速率方程为 $v=k\cdot c^2(NO_2)$，试问下列哪个反应机理与该方程式一致：

(1) 元反应：$CO+NO_2 \longrightarrow CO_2+NO$；

(2) $2NO_2 \rightleftharpoons N_2O_4$(快)，$N_2O_4+2CO \longrightarrow 2CO_2+2NO$(慢)；

(3) $2NO_2 \longrightarrow 2NO+O_2$(慢)，$2CO+O_2 \longrightarrow 2CO_2$(快)。

16. 已知反应 $O_2(g) \rightleftharpoons 2O(g)$，在 298K 时，$\Delta_r G_m^{\ominus}=460$kJ·mol^{-1}，试计算该反应的标准平衡常数 $K^{\ominus}$。

17. O_3的分解反应为一级反应：$O_3(g) \longrightarrow O_2(g)+O(g)$，298K 时的反应速率常数 $k=3\times10^{-26}$s^{-1}，计算 O_3分解的半衰期。

18. 已知反应 $2NO(g)+O_2(g) \longrightarrow 2NO_2(g)$ 的 $\Delta_r H_m^{\ominus}=-114.1$kJ·mol^{-1}，试问下列情况下，$NO_2$在平衡时的产率和反应速率将如何变化：

(1) 增加总压；

(2) 提高反应温度；

(3) 加入催化剂；

(4) 增加 NO_2的浓度。

19. 放射性$^{60}_{27}$Co 所产生的强 γ 辐射，广泛用于癌症治疗。放射性物质的强度以 Ci(居里)表示。某医院一个 20Ci 的钴源，经一定时间后钴源的剩余量只有 5.3Ci。问这一钴源用了多少时间？已知$^{60}_{27}$Co 的半衰期为 5.26a。

20. 某药物分解反应为一级反应，在 37℃时，反应速率常数 k 为 0.46 h^{-1}，若服用该药 0.16 g，问该药在体内停留多长时间方可分解 90%？

21. 在 500 K 时，硝基甲烷(CH_3NO_2)分解反应的半衰期是 650 s。试求该一级反应：

(1) 反应速率常数；

(2) 硝基甲烷的浓度由 0.05 mol·L^{-1}减至 0.0125 mol·L^{-1}所需的时间；

(3) 继(2)之后再过 1h 硝基甲烷的浓度。

22. 已知青霉素 G 的分解反应是一级反应，37℃时其活化能为 84.8 kJ·mol^{-1}，指前因子 A 为 4.2×10^{12}h^{-1}，试求 37℃时该反应的反应速率常数 k。

23. 300 K 时，反应 $H_2O_2(aq)$ ══ $H_2O(l)+\frac{1}{2}O_2(g)$ 的活化能为 75.3 kJ · mol^{-1}。若用 I^- 催化，活化能降为 56.5 kJ · mol^{-1}；若用酶催化，活化能降为 25.1 kJ · mol^{-1}。试计算在相同温度下，该反应应用 I^- 催化及酶催化时，其反应速率分别比无催化剂时提高了多少倍？

第四章

水溶液中的化学平衡

内容提要和基本要求

本章主要阐述了水溶液中的三种平衡体系，即单相离子平衡（弱酸弱碱解离平衡）、多相离子平衡（沉淀-溶解平衡）和配位平衡，以及它们的实际应用。

通过本章的学习，应达到如下基本要求：

1. 了解水溶液及其特性。

2. 理解单相离子平衡的基本概念，掌握一元弱酸（碱）的解离平衡和解离常数 $K^{\ominus}$、解离度 α，以及强（弱）酸（碱）溶液中的 $c(H^+)$，$c(OH^-)$ 和 pH 的计算。掌握同离子效应，理解缓冲作用，并能配制缓冲溶液和进行有关的计算。

3. 熟悉多相离子平衡，掌握难溶强电解质溶液 $K_{sp}^{\ominus}$ 的概念和相关的计算，掌握溶度积规则、应用和有关的计算。

4. 熟悉配离子的解离平衡和不稳定常数 $K_{不稳}^{\ominus}$ 的概念，了解配合物应用。

视频 4-1

水的特性

视频 4-2

水的解离及 pH

4.1　水溶液的特性和 pH

溶液是溶质以原子、分子或离子等细小粒子均匀分散在溶剂中形成的单相体系。与人们生产、生活最为密切的是水溶液，本书中所讨论的溶液特指**水溶液**。

水溶液就是特指水作为分散剂（即溶剂）的溶液。水是非常优异的溶剂，大多数物质在水中都有不同程度的溶解，所以把水称为“万能溶剂”。水又被称为生命之源，是地球上一切生命体赖以生存的不可替代的物质。水是最廉价、最环保的溶剂。在化工行业，全面以水为溶剂是人们研究的热点，也是未来的发展方向。

水之所以是如此重要的溶剂，来自于它的特殊结构和性能。其特殊结构使水的许多物理常数显著地高。水有很大的标准生成焓 $\Delta_f H_m^\ominus = -285.8 kJ \cdot mol^{-1}$，而它的同族 H_2S 的标准生成焓 $\Delta_f H_m^\ominus = -20.6 kJ \cdot mol^{-1}$，所以水有很高的稳定性，即使在 2000K 的高温下，也只有 0.588% 的水分子分解。也使水分子处于化学能的最底层。

水分子有很强的极性，水分子之间有很强的作用力和氢键，使水具有很大的摩尔热容（$-75.4\ J \cdot mol^{-1} \cdot K^{-1}$），因而又是优良的蓄热、传热介质。这种强烈的分子间作用力，使得水分子间存在强烈的**缔合作用**，如图 4-1 所示。随着温度的降低，这种缔合作用增强，密度增加，到 4℃ 时密度最大，为 1000 $kg \cdot m^{-3}$。随着温度继续降低，到 0℃ 时形成类似于金刚石结构的分子晶体（如图 4-2），出现了体积膨胀，密度降低的“反常现象”（如图 4-3）。

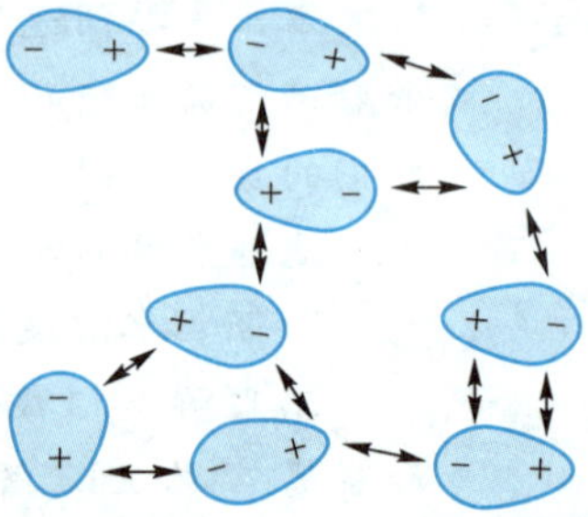

图 4-1　水分子的缔合

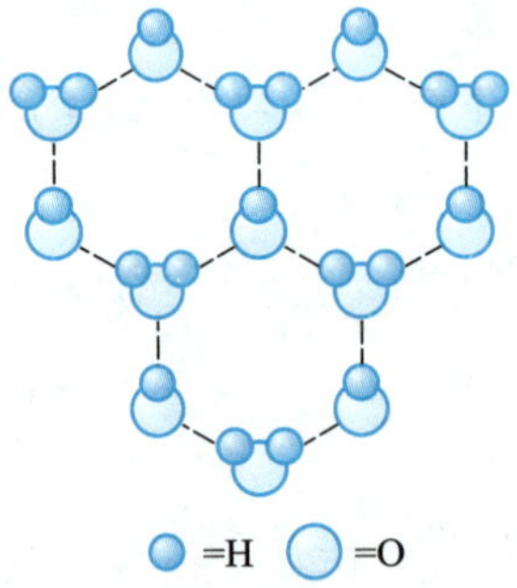

图 4-2　冰的结构

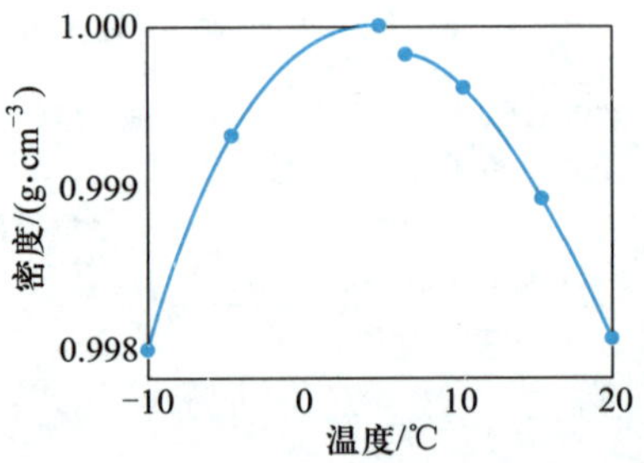

图 4-3　水的密度随温度的变化

水的强溶解性主要来自水的强极性、氢键、配位性等，溶质分子（或离子）被水分子包围形成水合粒子（或离子）。例如，电解质溶解是在水分子的作用下形成正、负水合离子的过程，如图 4-4 所示。

溶解过程包含了电解质的解离、水合离子的形成两步，前者吸收热量，后者放出热量，一般情况下前者大于后者，所以大多数电解质的溶解度随着温度的升高而增加。

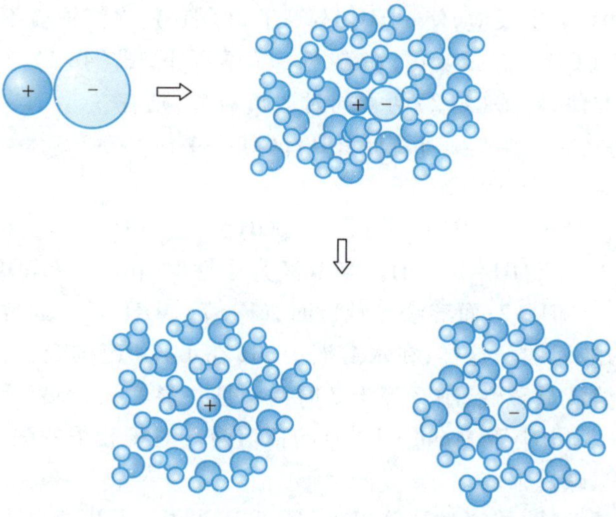

图 4-4 电解质的溶解过程

纯水是中性的，是很弱的电解质，在常温下发生微弱的解离，存在解离平衡：

$$H_2O(l) \rightleftharpoons H^+(aq) + OH^-(aq) \qquad \Delta_r H_m^\ominus = 55.90\ kJ \cdot mol^{-1}$$

在 298K 时，测得纯水中 H^+ 和 OH^- 物质的量浓度极小：

$$c(H^+) = c(OH^-) = 1.0 \times 10^{-7}\ mol \cdot L^{-1}$$

可见水的解离度非常小，通常可将水看作纯液体，根据多相平衡中纯固体、纯液体不写入平衡常数的规定，则有

$$K_w^\ominus = \frac{c(H^+)}{c^\ominus} \frac{c(OH^-)}{c^\ominus} = 1.0 \times 10^{-14} \qquad (4-1)$$

通常 $c^\ominus = 1\ mol \cdot L^{-1}$，不影响计算结果，式(4-1)可简写为

$$K_w^\ominus = c(H^+) \cdot c(OH^-) = 1.0 \times 10^{-14} \qquad (4-2)$$

$K_w^\ominus$ 称为水的离子积，由于水的解离是吸热反应，当温度升高，水的解离度增大，$K_w^\ominus$ 也随之增大，如表 4-1 所示。通常只考虑 25℃时水溶液。

表 4-1 不同温度下水的离子积

温度/℃	0	10	20	25	30	40	50	100
$K_w^\ominus/10^{-14}$	0.114	0.292	0.681	1.01	1.47	2.92	5.50	51.3

$K_w^\ominus$ 也可用热力学数据计算求得。由附录二中和第 2 章中表 2-3 查得

根据：$H_2O(l) \rightleftharpoons H^+(aq) + OH^-(aq)$

$\Delta_f G_m^\ominus/(kJ \cdot mol^{-1})$　　-237.2　　0　　-157.3

$$\Delta_r G_m^\ominus = 79.9\ kJ \cdot mol^{-1}$$

$$\Delta_r G_m^\ominus = -RT\ln K_w^\ominus = -2.303RT\lg K_w^\ominus$$

得

$$K_w^\ominus = 9.93 \times 10^{-15}$$

在电解质水溶液中，有些电解质解离出 H^+ 或 OH^-，或者于水溶液中的某些

离子与 H^+ 或 OH^- 发生反应，使 $c(H^+)$ 不等于 $c(OH^-)$，水溶液就不再呈中性。但不管 $c(H^+)$ 与 $c(OH^-)$ 怎么变化，在温度一定情况下，式(4-2)总是成立的。为了运算和表达方便，对式(4-2)两端同时取负对数，则有

$$pK_w^\ominus = pH + pOH = 14$$

其中 p 表示负对数，即 p = -lg，如

$$pH = -\lg[c(H^+)/c^\ominus], \qquad pOH = -\lg[c(OH^-)/c^\ominus]$$

显然 pH = 14-pOH，pOH = 14-pH。当溶液为中性时，pH = 7，pOH = 7；溶液显酸性时，pH <7，pOH >7；而溶液显碱性时，pH >7，pOH <7。通常人们习惯于用 pH 表示溶液的酸碱性。这样，在水溶液中 pH 在 1 ~14 范围变化，1 ~7 时溶液显酸性，7 ~14 时溶液显碱性，刚好等于 7 时为中性。显然，这种表示方式仅适用于 $c(H^+)$ 或 $c(OH^-)$ 均小于 1 $mol \cdot L^{-1}$ 时的稀溶液。对于较浓的酸、碱溶液不能用 pH 表示溶液酸、碱性强弱。

溶液的酸碱性，除了通过计算以外，还可以通过下列几种方法测得。

1. 用指示剂判断

大多数指示剂是结构复杂的有机弱酸和有机弱碱化合物，它们在水溶液中产生解离平衡，而且溶液的酸碱性变化会使该平衡发生移动。指示剂在解离前和解离后具有不同的颜色，因而根据其不同颜色可反映水溶液中的酸碱性的变化。以石蕊(HIn)为例：

$$\underset{\text{红色}}{HIn} \rightleftharpoons H^+ + \underset{\text{蓝色}}{In^-}$$

当溶液中的 $c(H^+)$ 增加时，平衡逆向移动，溶液显红色；$c(OH^-)$ 增加时，平衡正向移动，溶液显蓝色；在中性溶液呈紫色；几种常见酸碱指示剂的颜色及变色的 pH 范围见表 4-2。

表 4-2　几种常见酸碱指示剂的颜色变化

指示剂	颜色变化		变色 pH 范围
	酸色	碱色	
甲基橙	红	黄	3.1 ~ 4.4
甲基红	红	黄	4.2 ~ 6.3
石　蕊	红	蓝	5.0 ~ 8.0
酚　酞	无色	红	8.3 ~ 10.0

指示剂判断简单明了，但只能在变色范围做出定性判断，不能得出溶液具体的 pH。尽管如此，指示剂在酸碱中和滴定中仍非常有用，因为在终点时溶液由酸色向碱色突变或者相反。从表 4-2 中可见指示剂的变色范围并不是刚好在 pH 为 7 的附近，但因强酸强碱中和滴定的终点突变范围很宽，常用指示剂的变色范围都包含在其内，所以终点与变色点不完全吻合，以及指示剂平衡的移动等带来的误差，在常规分析中可以不予考虑。通常在强酸滴定弱碱时选用甲基橙、甲基红指示剂；弱酸滴定强碱时选用酚酞指示剂。

2. pH 试纸测量

pH 试纸是用几种指示剂的混合溶液浸泡滤纸，经干燥而制得的。根据给定的标准比色板，可粗略定量判断溶液的 pH，普通 pH 试纸可读得整数 pH，精密 pH 试纸可读到小数点后一位数值。用 pH 试纸判断酸碱性，简单、快捷，是生产和研究中最常用的方法。

3. pH 计测量

pH 计，又称酸度计，是专门用于测量 pH 的仪器。它根据电化学原理，用对 $c(H^+)$ 敏感的电极组成原电池，可准确测量溶液的 pH，也用作化工工艺流程中的在线监测。有关 pH 计的工作原理将在第 5 章中介绍。

4.2 水溶液中的平衡

视频 4-3
酸碱理论

4.2.1 弱酸、弱碱解离平衡

弱电解质在水中存在解离平衡。这里特指弱酸、弱碱在水中的解离平衡。强酸、强碱在水中全部解离，不存在平衡。

1. 酸碱理论

在化学中根据反应的环境和包含的范畴不同，有多种酸碱理论。被人们公认的有三种酸碱理论，即阿仑尼乌斯（Arrhenius，瑞典）提出的酸碱**电离理论**；布朗斯特（Brφnsted，丹麦）和劳莱（Lowry，英国）各自独立地提出的酸碱**质子理论**（也称共轭酸碱理论）；路易斯（Lewis）提出的酸碱**电子理论**（也称广义酸碱理论）。在水溶液中最方便的也是被人们广泛使用的是酸碱电离理论。

1887 年瑞典化学家 Arrhenius（阿仑尼乌斯）提出了酸碱电离理论：溶于水后电离出的阳离子全部为 H^+ 的物质称为**酸**；而溶于水后电离出的阴离子全部为 OH^- 的物质，则称为**碱**。这是我们在中学化学中熟知的。根据这一理论，酸碱中和的实质是 H^+ 和 OH^- 中和生成水的过程。据此可以解释在水溶液发生的许多过程（如盐类的水解反应等），还可以定量描述酸碱的相对强度。本书以此酸碱理论为基础讨论酸、碱水溶液的性质。

2. 弱酸、弱碱解离平衡

视频 4-4
一元弱酸解离平衡

解离度一般小于 5% 的电解质称为**弱电解质**。弱电解质水溶液存在解离平衡，当电解质在解离前和解离后的相态相同（都为液态）时，这种解离平衡叫**单相离子平衡**。本书中单相离子平衡主要是弱酸、弱碱的解离平衡。

设某一元弱酸 HA 溶液，达到平衡时，有

$$HA(aq) \rightleftharpoons H^+(aq) + A^-(aq)$$

标准平衡常数式为

$$K_a^\ominus = \frac{[c(H^+)/c^\ominus][c(A^-)/c^\ominus]}{c(HA)/c^\ominus} \qquad (4-3)$$

标准平衡常数简式为

$$K_a^\ominus = \frac{c(H^+)c(A^-)}{c(HA)} \tag{4-4}$$

式(4-3)、式(4-4)中 $c(H^+)$、$c(A^-)$ 和 $c(HA)$ 分别为解离平衡时 H^+, A^-, HA 的浓度，$c^\ominus$ 为标准浓度，均以 $mol \cdot L^{-1}$ 表示。$K_a^\ominus$ 为弱酸**标准解离常数**，其数值的大小是弱酸相对强弱的量度。$K_a^\ominus$ 量纲为 1，也是温度的函数，随着温度的变化而变化。如不注明，是指 298.15K(25℃)时的数值。

同样，对于一元弱碱 BOH 溶液，则有

$$BOH(aq) \rightleftharpoons B^+(aq) + OH^-(aq)$$

标准平衡常数式为

$$K_b^\ominus = \frac{[c(B^+)/c^\ominus][c(OH^-)/c^\ominus]}{[c(BOH)/c^\ominus]} \tag{4-5}$$

标准平衡常数简式为

$$K_b^\ominus = \frac{c(B^+)c(OH^-)}{c(BOH)} \tag{4-6}$$

式(4-5)、式(4-6)中 $K_b^\ominus$ 为弱碱标准解离常数。常见的弱酸、弱碱解离常数值见附录三。

在弱酸、弱碱水溶液中 $c(H^+)$ 不再等于 $c(OH^-)$，所以计算溶液中的 $c(H^+)$ 或 pH 是重要内容。设一元弱酸溶液中的 $c(H^+)$ 为 x，$c(HA)$ 为 c，则有

	HA	$\rightleftharpoons$	H^+	+	A^-
起始浓度	c		0		0
平衡浓度	$c-x$		x		x

根据式(4-4)得

$$K_a^\ominus = \frac{x^2}{c-x}$$

由于弱酸的 $K_a^\ominus$ 很小，x 也远小于 c，故 $c-x \approx c$，上式简化为

$$K_a^\ominus = \frac{x^2}{c} \quad 或 \quad cK_a^\ominus = x^2$$

则

$$c(H^+) = x = \sqrt{cK_a^\ominus} \tag{4-7}$$

在上述计算 $c(H^+)$ 的过程中没有考虑水的解离，通常在不是很弱的酸、碱溶液中，水的解离非常小，可不予以考虑。

解离度是一个重要概念，设弱酸的解离度为 α，根据其定义有

$$\alpha = c(H^+)/c(HA) = \sqrt{K_a^\ominus/c} \tag{4-8}$$

式(4-8)表示一元弱酸(或弱碱)的浓度 c 与解离常数 $K_a^\ominus$、解离度 α 的关系。在一定温度下 $K_a^\ominus$ 是常数，该式表明当溶液稀释时，弱电解质的解离度必然增大。这一规律称为**稀释定律**。

同样对于一元弱碱 BOH 可以得出

$$c(OH^-) = xc^\ominus = x = \sqrt{cK_b^\ominus} \tag{4-9}$$

$$\alpha = c(\mathrm{OH^-})/c(\mathrm{BOH}) = \sqrt{K_b^{\ominus}/c} \qquad (4-10)$$

由于采取了近似处理，式(4-7)、式(4-8)、式(4-9)、式(4-10)只适用于解离度较小的弱酸、弱碱溶液。一般以 $\alpha<5\%$ 或 $c/K^{\ominus}\geqslant 500$ 为条件。

[例 4-1] 试计算 0.100 mol · L^{-1}醋酸溶液的解离度和 pH。已知 $K_a^{\ominus}(\mathrm{HAc})=1.76\times10^{-5}$。

解：设醋酸在此条件下的解离度为 α，

$$\mathrm{HAc} \rightleftharpoons \mathrm{H^+} + \mathrm{Ac^-}$$

平衡浓度/(mol · L^{-1})　$0.100(1-\alpha)$　0.100α　0.100α

$$K_a^{\ominus}=\frac{(0.100\alpha)^2}{0.100(1-\alpha)}\approx 0.100\alpha^2=1.76\times10^{-5}$$

由于 α 远小于 1，$1-\alpha\approx1$。解得 $\alpha=1.33\%$，则

$$c(\mathrm{H^+})=c(\mathrm{HAc})\alpha=0.100\ \mathrm{mol\cdot L^{-1}}\times1.33\%=1.33\times10^{-3}\ \mathrm{mol\cdot L^{-1}}$$

$$\mathrm{pH}=2.877$$

当然也可直接使用式(4-7)、式(4-8)进行计算。

多元弱酸、弱碱的解离是分级进行的，各级解离都有相应的标准解离常数。如碳酸的解离是分两步进行的：

$$\mathrm{H_2CO_3} \rightleftharpoons \mathrm{H^+} + \mathrm{HCO_3^-} \qquad K_{a1}^{\ominus}=\frac{[c(\mathrm{H^+})/c^{\ominus}][c(\mathrm{HCO_3^-})/c^{\ominus}]}{c(\mathrm{H_2CO_3})/c^{\ominus}}=4.30\times10^{-7}$$

$$\mathrm{HCO_3^-} \rightleftharpoons \mathrm{H^+} + \mathrm{CO_3^{2-}} \qquad K_{a2}^{\ominus}=\frac{[c(\mathrm{H^+})/c^{\ominus}][c(\mathrm{CO_3^{2-}})/c^{\ominus}]}{c(\mathrm{HCO_3^-})/c^{\ominus}}=5.61\times10^{-11}$$

一般来说 $K_1^{\ominus}\gg K_2^{\ominus}$，所以溶液中的 $c(\mathrm{H^+})$ 主要由一级解离决定。因此，对于不同的多元弱酸、弱碱，只需要根据它们的一级解离常数值计算其 $c(\mathrm{H^+})$ 或 $c(\mathrm{OH^-})$ 即可。就是说将它们近似地按一元弱酸、弱碱处理。通常只要 $K_1^{\ominus}/K_2^{\ominus}\geqslant 10^4$ 就不会带来太大的误差。

对于多元弱酸（或弱碱）并不一定按分步计算，有时候按照整体考虑更为简便。如对于多元弱酸 $\mathrm{H_3A}$，若总的解离常数为 $K^{\ominus}$，则有

$$\mathrm{H_3A} \rightleftharpoons 3\mathrm{H^+} + \mathrm{A^{3-}}$$

标准平衡常数式为

$$K^{\ominus}=\frac{[c(\mathrm{H^+})/c^{\ominus}]^3[c(\mathrm{A^{3-}})/c^{\ominus}]}{[c(\mathrm{H_3A})/c^{\ominus}]}$$

标准平衡常数简式为

$$K^{\ominus}=\frac{c(\mathrm{H^+})^3c(\mathrm{A^{3-}})}{c(\mathrm{H_3A})}$$

若要计算溶液中的 $c(\mathrm{A^{3-}})$，用上式远比分步计算简便得多。对于多元弱酸（或弱碱）的总解离常数与分级解离常数存在如下关系：

$$K^{\ominus}=K_1^{\ominus}\cdot K_2^{\ominus}\cdot K_3^{\ominus}\cdots$$

视频 4-5 同离子效应

3. 同离子效应

在弱电解质溶液中加入含共同离子的易溶强电解质时，弱电解质的解离平衡会向左移动，使弱电解质的解离度降低，这种现象称为同离子效应。

[例 4-2]　仍以醋酸溶液为例进行讨论。向 0.100 $mol \cdot L^{-1}$醋酸(HAc)溶液中添加固体醋酸钠(NaAc),使 NaAc 的浓度也为 0.100 $mol \cdot L^{-1}$。求在 NaAc 加入前、后溶液的 pH 和醋酸的解离度 α 的变化。

解:已知 $K_a^{\ominus}(HAc) = 1.76\times10^{-5}$

加入 NaAc 前,从例 4-1 中已知

$$pH = 2.877, \quad \alpha = c(H^+)/0.100\ mol \cdot L^{-1} = 1.33\%$$

加入 NaAc 后,则有

$$\begin{array}{lccccc} & HAc & \rightleftharpoons & H^+ & + & Ac^- \\ 平衡浓度/(mol \cdot L^{-1}) & 0.10-x & & x & & 0.10+x \end{array}$$

标准平衡常数简式为

$$K_a^{\ominus} = \frac{c(H^+)c(A^-)}{c(HA)} = \frac{x(0.10+x)}{0.10-x} \approx x = 1.76\times10^{-5}$$

视频 4-6

缓冲溶液

故
$$c(H^+) = 1.76\times10^{-5}\ mol \cdot L^{-1}, \qquad pH = 4.754$$

$$\alpha = c(H^+)/0.100\ mol \cdot L^{-1} \approx 0.0176\%$$

可见加入 NaAc 后,溶液的 pH 从 2.877 升至 4.754;$c(H^+)$从 $1.33\times10^{-3}\ mol \cdot L^{-1}$降至 $1.76\times10^{-5}\ mol \cdot L^{-1}$;醋酸的解离度从 1.33%降至 0.0176%。

4. 缓冲溶液

缓冲溶液是同离子效应的一种应用,它是由弱酸-弱酸盐或弱碱-弱碱盐组成的混合溶液,能在一定的范围内抵抗外加少量的酸、碱或稀释,而其 pH 不会发生显著变化。以 HAc-NaAc 配制的缓冲溶液为例说明其缓冲原理。在该溶液中存在着醋酸的解离平衡:

$$\begin{array}{lccccc} & HAc & \rightleftharpoons & H^+ & + & Ac^- \\ 平衡浓度 & c(弱酸)-x & & x & & c(弱酸盐)+x \end{array}$$

标准平衡常数简式为

$$K_a^{\ominus} = \frac{c(H^+)c(Ac^-)}{c(HAc)}$$

溶液中存在大量的 HAc 和 Ac^-,由于同离子效应使 $c(H^+)$较小,x 可以忽略。当另外加入 H^+、OH^-或稀释时,解离平衡将向左或右移动,总是抵抗外加酸、碱对溶液 pH 的改变,使溶液中的 $c(H^+)$变化较小。如果加少量水稀释溶液,$c(HAc)$和 $c(Ac^-)$将同程度地减小,其比值仍然不变,故溶液中的 $c(H^+)$也将保持不变,这就是缓冲作用的基本原理。这一过程可图解如下:

外加少量 $OH^-(y)$

$$\begin{array}{ccccccc} HAc & \rightleftharpoons & H^+ & + & Ac^- & + & H_2O \\ 大量 & & 浓度几乎不变 & & 大量 & & \end{array}$$

外加少量 $H^+(y)$

对于 HAc-NaAc 缓冲系统而言,溶液中的 $c(H^+)$的计算公式为

$$c(H^+) = K_a^{\ominus}\frac{c(HAc)-y}{c(Ac^-)+y} \tag{4-11}$$

通常,弱酸-弱酸盐缓冲溶液的 $c(H^+)$的计算公式为

$$c(H^+)=K_a^{\ominus}\frac{c(\text{弱酸})-y}{c(\text{弱酸盐})+y}\approx K_a^{\ominus}\frac{c(\text{弱酸})}{c(\text{弱酸盐})} \qquad (4-12)$$

同理，可得出弱碱-弱碱盐缓冲溶液的 $c(OH^-)$ 的计算公式为

$$c(OH^-)=K_b^{\ominus}\frac{c(\text{弱碱})-x}{c(\text{弱碱盐})+x}\approx K_b^{\ominus}\frac{c(\text{弱碱})}{c(\text{弱碱盐})} \qquad (4-13)$$

利用式(4-12)、式(4-13)计算，可定量说明缓冲溶液的缓冲作用，如表4-3所示。

表 4-3 HAc-NaAc 缓冲溶液的缓冲作用

溶液组成	pH	外加酸、碱	pH	ΔpH
25mL, 0.2 $mol\cdot L^{-1}$ HAc 25mL, 0.2 $mol\cdot L^{-1}$ NaAc	4.74	0.05mL, 1.0 $mol\cdot L^{-1}$ HCl	4.73	0.01
		0.05mL, 1.0 $mol\cdot L^{-1}$ NaOH	4.75	0.01
50ml 纯水	7.0	0.05mL, 1.0 $mol\cdot L^{-1}$ HCl	3.0	4.0
		0.05mL, 1.0 $mol\cdot L^{-1}$ NaOH	11.0	4.0

缓冲溶液的缓冲能力通常称作**缓冲容量**。显然，在确定的浓度下，当 c(弱酸)$=c$(弱酸盐)时，溶液具有最大的缓冲容量。这时式(4-12)简化为

$$c(H^+)=K_a^{\ominus} \quad \text{或} \quad pH=pK_a^{\ominus}$$

也就是说，从弱酸或弱碱的解离平衡常数，就可知道该缓冲溶液的缓冲范围。常见的缓冲溶液和缓冲范围如表4-4所示。

表 4-4 常见缓冲溶液及缓冲范围

缓冲溶液	$K^{\ominus}$	缓冲溶液的 pH
$ClCH_2CO_2H-ClCH_2CO_2Na$	1.40×10^{-3}	2.85
HCOOH-CHOONa	1.77×10^{-4}	3.75
HAc-NaAc	1.76×10^{-5}	4.75
$NaH_2PO_4-Na_2HPO_4$	6.23×10^{-8}	7.21
$NH_3\cdot H_2O-NH_4Cl$	1.77×10^{-5}	10.25
$NaHCO_3-Na_2CO_3$	5.61×10^{-11}	10.25

根据实际需要可从表4-4中选择合适的缓冲溶液系统，并可适当调节 c(弱酸)/c(弱酸盐)的比例，来进一步调整缓冲溶液的 pH。

[例 4-3] 要配制 1L pH 为 5.50 的缓冲溶液，须在 1L 0.10 $mol\cdot L^{-1}$ HAc 溶液中加入多少克无水 NaAc 固体(固体体积忽略不计)? 已知 $K_a^{\ominus}(HAc)=1.76\times10^{-5}$。

解：已知 NaAc 的相对分子质量为 82。由于 pH = 5.50，则溶液中有

$$c(H^+)=3.16\times10^{-6}\ mol\cdot L^{-1}$$

根据式(4-12)得

$$c(NaAc)=K_a^{\ominus}\frac{c(HAc)}{c(H^+)}\approx1.76\times10^{-5}\times\frac{0.10}{3.16\times10^{-6}}\ mol\cdot L^{-1}=0.557\ mol\cdot L^{-1}$$

应加入的 NaAc 为

$$0.557\ \text{mol}\cdot\text{L}^{-1}\times 82\ \text{g}\cdot\text{mol}^{-1}\times 1.00\ \text{L}=45.7\ \text{g}$$

缓冲溶液对工业、科研及一切生命过程等都有十分重要的意义。如蛋白质、氨基酸的分离与提纯，生物发酵与合成，电解与电镀工艺及其他化工工艺过程都需要稳定的 pH 环境，需要配制合适的缓冲溶液。人体中的血液就是很好的缓冲溶液，使 pH 保持在 7.40 左右。如果 pH 降低到 7.0 或升高到 7.8 时，人就会出现严重的病状，甚至死亡。我们的肠胃是一个较强的局部酸性环境，需要保持一定的 pH（pH≈1），酸性过大会导致胃酸胃痛，酸性过小会影响消化。肠胃的黏膜产生一种叫肝素的物质，起到了很好的缓冲作用。

视频 4-7
多相离子平衡

4.2.2　沉淀-溶解平衡

物质在水中的溶解情况是极不相同的。一种物质在溶解之前是固体，而溶解在水中的那部分全部解离成水合离子，即存在着**沉淀-溶解平衡**。由于物质在解离之前和解离之后不属于同一相，叫**多相离子平衡**。

绝对不溶于水的物质是没有的。通常将溶解度小于 0.01g 的物质称为难溶电解质；溶解度在 0.01~0.1g 的物质称为微溶电解质；溶解度大于 0.1g 的物质称为易溶电解质。此处只讨论难溶或微溶电解质溶液的多相离子平衡。

1. 溶度积与溶解度

通常对于难溶电解质的溶解度定义为在一定温度下单位体积溶液中溶解的物质的量，用 s 表示，单位是 $\text{mol}\cdot\text{L}^{-1}$（这与易溶电解质于饱和时以 100g 水中所含溶质的克数的定义不同）。对于难溶电解质 A_mB_n，在水中存在下列多相平衡：

$$A_mB_n(s)\rightleftharpoons mA^{n+}(aq)+nB^{m-}(aq)$$

平衡浓度/（$\text{mol}\cdot\text{L}^{-1}$）　　　ms　　　ns

根据多相平衡中纯固体、纯液体不写入标准平衡常数的规定，则有

$$K_{sp}^{\ominus}=\left[\frac{c(A^{n+})}{c^{\ominus}}\right]^m\cdot\left[\frac{c(B^{m-})}{c^{\ominus}}\right]^n \qquad (4-14)$$

标准平衡常数简式为

$$K_{sp}^{\ominus}=[c(A^{n+})]^m\cdot[c(B^{m-})]^n=[A^{n+}]^m\cdot[B^{m-}]^n \qquad (4-15)$$

式（4-14）、式（4-15）中标准平衡常数 $K_{sp}^{\ominus}$ 称为**溶度积常数**，简称**溶度积**。它表示在一定温度下，难溶电解质饱和溶液中以解离方程式中的有关化学计量数为方次的离子浓度与标准浓度的乘积，是一常数。显然 $K_{sp}^{\ominus}$ 随温度变化而变化，通常给出的是 298.15K（25℃）时的数据。常见难溶电解质的溶度积数据见附录四。与其他平衡常数 $K^{\ominus}$ 一样，$K_{sp}^{\ominus}$ 可用实验测定，也可用热力学数据计算，此处不再详述。

溶度积和溶解度有一定的关系，二者都可表示物质在水中的溶解程度，都与温度有关。溶解度是一普遍概念，而溶度积只适用于难溶电解质。难溶电解质的溶度积和溶解度可相互换算，但不同类型的难溶电解质，溶度积和溶解度的关系不同。下面各种类型难溶电解质的溶度积 $K_{sp}^{\ominus}$ 与溶解度 s 的关系分别为

AB 型　　$K_{sp}^{\ominus}=s^2$

AB_2或 A_2B 型　　$K_{sp}^{\ominus}=4s^3$

AB_3或 A_3B 型　　$K_{sp}^{\ominus}=27s^4$

一般来讲：

A_mB_n型　　$K_{sp}^{\ominus}=(m^m \times n^n)s^{m+n}$

[例 4-4]　在 25℃时，AgSCN 和 $Cd(OH)_2$的溶度积分别为 $K_{sp}^{\ominus}(AgSCN)=1.03\times10^{-12}$，$K_{sp}^{\ominus}[Cd(OH)_2]=4.0\times10^{-15}$，计算它们在该温度下的溶解度。

解：设溶解度为 s，对 AgSCN，则有

$K_{sp}^{\ominus}(AgSCN)=s^2=1.03\times10^{-12}$，解得 $s=1.0\times10^{-6}\ mol\cdot L^{-1}$

对 $Al(OH)_3$，则有

$K_{sp}^{\ominus}[Cd(OH)_2]=4s^3=4.0\times10^{-15}$，　解得 $s=1.0\times10^{-5}\ mol\cdot L^{-1}$

尽管 AgSCN 比 $Cd(OH)_2$的溶度积大，但 AgSCN 比 $Cd(OH)_2$的溶解度小。可见，$K_{sp}^{\ominus}$的大小不能直接反映出该难溶电解质溶解度的大小，只有相同类型（如 AB、A_2B 或 AB_2等）的化合物，才能用 $K_{sp}^{\ominus}$比较溶解度的大小。如 AgCl 和 AgI 的溶度积分别为 $K_{sp}^{\ominus}(AgCl)=1.77\times10^{-10}$，$K_{sp}^{\ominus}(AgI)=8.51\times10^{-17}$，表明 AgCl 一定比 AgI 的溶解度大。

2. 溶度积规则

在某一系统中，沉淀能否生成或溶解，可用溶度积 $K_{sp}^{\ominus}$来判断。为了讨论问题方便，引入**离子积**的概念，它是指溶液中某难溶电解质离子在任意时刻的以解离方程式中各离子的化学计量数为方次的离子浓度乘积，用 J 表示，其意义与前一章中的反应商 J 相似。从溶度积定义，可得出溶度积规则如下：

（1）溶液中某难溶电解质的离子积等于其溶度积时，即 $J=K_{sp}^{\ominus}$，则为饱和溶液，固态电解质与溶液间达到溶解平衡。

（2）如果溶液中的离子积大于其溶度积，即 $J>K_{sp}^{\ominus}$，则为过饱和溶液，反应有沉淀产生。同时，随着沉淀的析出，相应离子的浓度减小，直到离子积等于其溶度积为止。

（3）溶液中的离子积小于其溶度积，即 $J<K_{sp}^{\ominus}$，为不饱和溶液，没有沉淀生成。如果将固体电解质投入到溶液中，则会向沉淀溶解的方向进行，直至达到饱和，即 $J=K_{sp}^{\ominus}$。

沉淀-溶解平衡也存在着同离子效应，即在溶液中加入与难溶电解质有相同离子的易溶电解质，会使难溶电解质的溶解度减小。如在饱和的 $CaCO_3$溶液中，存在如下平衡：

$$CaCO_3(s) \rightleftharpoons Ca^{2+}(aq)+CO_3^{2-}(aq)$$

当溶液中加入 Ca^{2+}（如 $CaCl_2$等）或 CO_3^{2-}（如 Na_2CO_3等）都将使 $CaCO_3$的溶解度下降，或者说在含有 Ca^{2+}或 CO_3^{2-}的溶液中，$CaCO_3$的溶解度比它在纯水中要小。如加入 Na_2CO_3，可使自然水中 Ca^{2+}的浓度小于 $10^{-5}\ mol\cdot L^{-1}$，这就是自然水软化的方法之一。

3. 溶度积规则的应用

（1）沉淀的生成

视频 4-8

沉淀的生成

根据溶度积规则，向电解质溶液中加入某种沉淀剂（二者的两种离子会结合为沉淀），使某电解质的离子积大于溶度积，则该难溶电解质沉淀析出。若溶液中含有几种离子并均能与加入的沉淀剂作用，生成几种难溶电解质时，通常是最先达到溶度积的难溶电解质首先析出。例如，在含有相同浓度的 KI 和 KCl 的混合溶液中，逐滴加入 $AgNO_3$ 沉淀剂，则开始仅生成溶度积较小的浅黄色 AgI 沉淀，然后才产生溶度积较大的白色 AgCl 沉淀。通常利用这种方法去除或分离溶液中的某种离子。

［例 4-5］ 在含有 KI 和 KCl 各 0.010 0 $mol\cdot L^{-1}$ 的混合溶液中，逐滴加入 $AgNO_3$ 溶液，试计算当 AgCl 沉淀开始析出时，溶液中 I^- 浓度和 Ag^+ 浓度各为多少。要使 Cl^- 浓度降到 10^{-5} $mol\cdot L^{-1}$ 以下，溶液中 Ag^+ 浓度至少为多少？已知 $K_{sp}^{\ominus}(AgCl)=1.77\times10^{-10}$，$K_{sp}^{\ominus}(AgI)=8.51\times10^{-17}$。

解： 根据

$$K_{sp}^{\ominus}(AgCl)=c(Ag^+)\ c(Cl^-)=1.77\times10^{-10}$$

要使 AgCl 沉淀开始析出，溶液中 Ag^+ 浓度必须为

$$c(Ag^+)\geqslant\frac{K_{sp}^{\ominus}(AgCl)}{c(Cl^-)}=\frac{1.77\times10^{-10}}{0.0100}\ mol\cdot L^{-1}=1.77\times10^{-8}\ mol\cdot L^{-1}$$

即 $c(Ag^+)\geqslant1.77\times10^{-8}\ mol\cdot L^{-1}$ 时，AgCl 沉淀才开始析出。这时溶液中的 I^- 浓度为

$$K_{sp}^{\ominus}(AgI)=c(Ag^+)\ c(I^-)=8.51\times10^{-17}$$

$$c(I^-)=4.81\times10^{-9}\ mol\cdot L^{-1}$$

要使溶液中 Cl^- 去除完全，即 Cl^- 浓度降到 $1.00\times10^{-5}\ mol\cdot L^{-1}$ 以下①，则必须有

$$c(Ag^+)\geqslant\frac{K_{sp}^{\ominus}(AgCl)}{c(Cl^-)}=\frac{1.77\times10^{-10}}{1.00\times10^{-5}}\ mol\cdot L^{-1}=1.77\times10^{-5}\ mol\cdot L^{-1}$$

可见，当 AgCl 沉淀开始析出时，I^- 早已沉淀完全，且溶液中的 $c(Ag^+)$ 也较小。这种在同一溶液中，两种或几种物质先后沉淀的过程，称为**分步沉淀**。利用分步沉淀，可以实现不同离子的分离。很显然，难溶电解质之间溶度积相差越大，这一分离过程进行得越完全。

（2）沉淀的溶解　根据溶度积规则，向含有难溶电解质的饱和溶液中，加入某种试剂，若其可以降低该电解质沉淀的某一离子浓度，使其 $J<K_{sp}^{\ominus}$，则沉淀就会逐步溶解。降低离子浓度的方法很多，如可以利用生成气体、弱电解质、配离子的反应或氧化还原反应等。其中以加酸溶解（弱酸的难溶盐、难溶的氢氧化物等）为最常用的方法。利用这些原理，可以提纯、分离固体混合物，以及锅炉、换热器的除垢处理等。

视频 4-9

沉淀的溶解

如工业上的换热器被水垢（主要是 $CaCO_3$）堵塞，可用酸性溶液清洗。其原理如下。

$CaCO_3$ 在水中存在下列溶解平衡：

$$CaCO_3(s)\rightleftharpoons Ca^{2+}(aq)+CO_3^{2-}(aq)$$

加酸清洗的反应为

① 一般认为系统中某物质的浓度低于 $1.00\times10^{-5}\ mol\cdot L^{-1}$ 视为沉淀完全。

$$CO_3^{2-}(aq) + H^+(aq) \rightleftharpoons HCO_3^-(aq)$$

总反应为

$$CaCO_3(s) + H^+(aq) \rightleftharpoons Ca^{2+}(aq) + HCO_3^-(aq)$$

已知 $K_{sp}^{\ominus}(CaCO_3) = 4.96\times10^{-9}$，$K_{a1}^{\ominus}(H_2CO_3) = 4.30\times10^{-7}$，$K_{a2}^{\ominus}(H_2CO_3) = 5.61\times10^{-11}$。根据多重平衡法则，总反应的标准平衡常数为

$$K^{\ominus} = \frac{K_{sp}^{\ominus}(CaCO_3)}{K_{a1}^{\ominus}K_{a2}^{\ominus}(H_2CO_3)} = \frac{4.96\times10^{-9}}{(4.3\times10^{-7})\times(5.61\times10^{-11})} = 2.06\times10^{8}$$

可见总反应的平衡常数较大，只要有足够的酸，就可以将 $CaCO_3$ 沉淀溶解。

(3) 沉淀的转化　把一种溶度积较大的难溶电解质沉淀转化为另一种溶度积较小的难溶电解质沉淀，叫**沉淀的转化**。沉淀的转化，在实际生产中也有较为广泛的应用，如水垢的去除、污水的处理和固体物质的分离等。

视频 4-10
沉淀的转化

例如，锅炉中的水垢，其中含有 $CaSO_4$，不易用一般的方法去除。由于 $CaCO_3$ 的溶度积小于 $CaSO_4$ 的溶度积，所以加足够量的 Na_2CO_3 溶液，使 $CaSO_4$ 全部转化为疏松的、可溶于酸溶液的 $CaCO_3$ 沉淀，这样就容易清除了。这一过程的反应方程式为

$$CaSO_4(s) + CO_3^{2-}(aq) \rightleftharpoons CaCO_3(s) + SO_4^{2-}(aq)$$

这一反应包含了两个沉淀-溶解平衡：

(1) $CaSO_4(s) \rightleftharpoons Ca^{2+}(aq) + SO_4^{2-}(aq)$　$K_{sp}(CaSO_4) = 7.10\times10^{-5}$

(2) $CaCO_3(s) \rightleftharpoons Ca^{2+}(aq) + CO_3^{2-}(aq)$　$K_{sp}^{\ominus}(CaCO_3) = 4.96\times10^{-9}$

反应(1)-(2)整理得

$$CaSO_4(s) + CO_3^{2-}(aq) \rightleftharpoons CaCO_3(s) + SO_4^{2-}(aq)$$

根据多重平衡法则，总反应平衡常数为

$$K^{\ominus} = \frac{K_{sp}^{\ominus}(CaSO_4)}{K_{sp}^{\ominus}(CaCO_3)} = \frac{7.10\times10^{-5}}{4.96\times10^{-9}} = 1.4\times10^{4}$$

计算表明，平衡常数很大，即 $CaSO_4$ 向 $CaCO_3$ 的转化相当完全。可见，通常沉淀转化是向生成更难溶物质的方向进行。

4.2.3 配位平衡

视频 4-11
配位平衡

1. 配离子的解离平衡

配合物在水溶液中也存在着解离平衡，由于其在解离前后都是均匀的水溶液，也属于单相平衡的一种。这也是物质存在的又一种形态，生命体所需要的常量、微量金属元素就是以这种方式存在于自然水体中，所以无污染的自然水才是人类健康的饮用水。

配合物的内层和外层在溶液中是完全解离成离子的，所以其解离平衡是指发生在内层的中心离子与配体之间的解离平衡。由于中心离子与配体之间靠配位键紧密结合成配离子，类似于多元弱酸、弱碱，存在着解离平衡。如在 $CuSO_4$ 溶液中加入氨水，先有蓝色的 $Cu(OH)_2$ 沉淀析出，表示达到了沉淀生成条件；随着氨水继续加入，沉淀逐渐溶解，得到深蓝色溶液。这时形成了 $[Cu(NH_3)_4]^{2+}$

配离子，使溶液中的 Cu^{2+} 浓度降低，$Cu(OH)_2$ 沉淀溶解。将该含铜氨配离子的溶液分成三份。第一溶液中滴加 $BaCl_2$ 溶液，有白色沉淀生成，表明其中存在着 SO_4^{2-}。在第二份溶液中加入 NaOH 溶液，无任何变化，表明 Cu^{2+} 浓度非常低，已无法形成 $Cu(OH)_2$ 沉淀；在第三份溶液中加入 Na_2S，有黑色的 CuS 沉淀析出[$K_{sp}^{\ominus}(CuS)=1.27\times10^{-36}$]，表明仍有极少量的 Cu^{2+} 存在，并能形成 CuS 沉淀。

在 $[Cu(NH_3)_4]SO_4$ 配合物溶液中，有极少量的 Cu^{2+} 存在，表明配离子 $[Cu(NH_3)_4]^{2+}$ 发生了解离平衡：

$$[Cu(NH_3)_4]^{2+} \rightleftharpoons Cu^{2+} + 4NH_3$$

其标准平衡常数式可写为

$$K_{不稳}^{\ominus}=\frac{[c(Cu^{2+})/c^{\ominus}][c(NH_3)/c^{\ominus}]^4}{c\{[Cu(NH_3)_4]^{2+}\}/c^{\ominus}} \tag{4-16}$$

标准平衡常数简式为

$$K_{不稳}^{\ominus}=\frac{c(Cu^{2+})c(NH_3)^4}{c\{[Cu(NH_3)_4]^{2+}\}} \tag{4-17}$$

式(4-16)、式(4-17)中 $K_{不稳}^{\ominus}$ 为**不稳定常数**，其数值越大，表明配合物越不稳定，解离程度越大。常见的配离子不稳定常数 $K_{不稳}^{\ominus}$ 列在附录五中。

2. 累积稳定常数

由于配体有多个，配合物的解离是分步（或分级）进行的，每一步都有一个解离平衡，存在着相应的标准平衡常数 $K_{不稳1}^{\ominus}$，$K_{不稳2}^{\ominus}$，$K_{不稳3}^{\ominus}$，…，称为分级不稳定常数。对于 $[Cu(NH_3)_4]^{2+}$ 配离子各级平衡如下：

$$[Cu(NH_3)_4]^{2+} \rightleftharpoons [Cu(NH_3)_3]^{2+} + NH_3 \qquad K_{不稳1}^{\ominus}$$

$$[Cu(NH_3)_3]^{2+} \rightleftharpoons [Cu(NH_3)_2]^{2+} + NH_3 \qquad K_{不稳2}^{\ominus}$$

$$[Cu(NH_3)_2]^{2+} \rightleftharpoons [CuNH_3]^{2+} + NH_3 \qquad K_{不稳3}^{\ominus}$$

$$[CuNH_3]^{2+} \rightleftharpoons Cu^{2+} + NH_3 \qquad K_{不稳4}^{\ominus}$$

这就是配离子 $[Cu(NH_3)_4]^{2+}$ 在溶液中存在的各种形态，类似于多元弱酸、弱碱的解离，存在多重平衡。显然，有

$$K_{不稳}^{\ominus}=K_{不稳1}^{\ominus}\cdot K_{不稳2}^{\ominus}\cdot K_{不稳3}^{\ominus}\cdot K_{不稳4}^{\ominus}$$

同时，也可用配离子的形成，即**配位反应的标准平衡常数**，衡量其稳定性。如 $[Cu(NH_3)_4]^{2+}$ 配离子的形成如下：

$$Cu^{2+} + 4NH_3 \rightleftharpoons [Cu(NH_3)_4]^{2+}$$

标准平衡常数式相应为

$$K_{稳}^{\ominus}=\frac{c\{[Cu(NH_3)_4]^{2+}\}/c^{\ominus}}{[c(Cu^{2+})/c^{\ominus}][c(NH_3)/c^{\ominus}]^4} \tag{4-18}$$

式中，$K_{稳}^{\ominus}$ 称为**稳定常数**，其数值越大，表明该配合物越稳定，解离程度越小。$K_{稳}^{\ominus}$ 也称为**累积稳定常数**，因为配离子的形成也是分步（或分级）进行的。每一步配位反应平衡，也存在分步配位反应的标准平衡常数，即分级稳定常数 $K_{稳1}^{\ominus}$，$K_{稳2}^{\ominus}$，

$K^{\ominus}_{稳3}$，$K^{\ominus}_{稳4}$。显然，有

$$K^{\ominus}_{稳} = K^{\ominus}_{稳1} \cdot K^{\ominus}_{稳2} \cdot K^{\ominus}_{稳3} \cdot K^{\ominus}_{稳4}$$

且有

$$K^{\ominus}_{稳} = \frac{1}{K^{\ominus}_{不稳}}, K^{\ominus}_{稳1} = \frac{1}{K^{\ominus}_{不稳4}}, K^{\ominus}_{稳2} = \frac{1}{K^{\ominus}_{不稳3}}, \cdots$$

配离子的解离平衡或配位平衡，也遵守平衡移动原理。在配离子溶液中加入某种电解质，可使平衡发生移动，将向生成更难溶物质或更稳定的配离子方向移动。如在$[Cu(NH_3)_4]^{2+}$溶液中加入Na_2S生成更难溶的CuS黑色沉淀，使配离子平衡向解离方向移动，使溶液颜色变浅：

$$[Cu(NH_3)_4]^{2+} \rightleftharpoons Cu^{2+} + 4NH_3$$

$$Cu^{2+} + S^{2-} \rightleftharpoons CuS(s)$$

同样在$[Cu(NH_3)_4]^{2+}$溶液中加入H_2SO_4，使NH_3转化成稳定的NH_4^+，配离子平衡向解离方向移动，也使溶液颜色变浅：

$$[Cu(NH_3)_4]^{2+} \rightleftharpoons Cu^{2+} + 4NH_3$$

$$NH_3 + H^+ \rightleftharpoons NH_4^+$$

配离子的稳定性与中心离子、配体的结构、电荷、半径等诸多因素有关。一般说，过渡金属离子形成的配合物比主族金属离子稳定；同一金属，高价态的离子形成的配合物比低价态的稳定；螯合物要比具有相同配位原子的非螯合物稳定，等等。

3. 配合物的应用

配合物也是物质普遍存的一种形态，它的特有属性在生产和生活中获得广泛应用。

(1) 判断配离子和难溶物的相互转化　利用配离子的不稳定常数$K^{\ominus}_{不稳}$，可以判断配离子之间，配离子与难溶物之间的转化。

通常对于相同类型(即相同配位数)的配离子可用$K^{\ominus}_{不稳}$直接判断。例如：

① $[Ag(NH_3)_2]^+ \rightleftharpoons Ag^+ + 2NH_3$　$K^{\ominus}_{不稳}\{[Ag(NH_3)_2]^+\} = 8.91\times10^{-8}$

② $[Ag(CN)_2]^- \rightleftharpoons Ag^+ + 2CN^-$　$K^{\ominus}_{不稳}\{[Ag(CN)_2]^-\} = 7.94\times10^{-22}$

显然$K^{\ominus}_{不稳}\{[Ag(NH_3)_2]^+\}$大于$K^{\ominus}_{不稳}\{[Ag(CN)_2]^-\}$，即$[Ag(CN)_2]^-$比$[Ag(NH_3)_2]^+$稳定，因而$[Ag(NH_3)_2]^+$可与NaCN溶液反应，而$[Ag(CN)_2]^-$不能与氨水反应。

对于不同类型的配离子之间或配离子与难溶盐之间不能直接判断反应能否进行，而要根据多重平衡原理对总反应的平衡常数进行计算才能做出判断。

[例4-6]　通过计算说明AgCl(s)可否溶于氨水中。

解：通过查表可知，$K^{\ominus}_{不稳}\{[Ag(NH_3)_2]^+\} = 8.91\times10^{-8}$，$K^{\ominus}_{sp}(AgCl) = 1.77\times10^{-10}$。

该过程的反应为

$$AgCl(s) + 2NH_3 \rightleftharpoons [Ag(NH_3)_2]^+ + Cl^-$$

这是由 AgCl(s)的溶解反应与 $[Ag(NH_3)_2]^+$ 的配位反应组合而成的反应,即

① $AgCl(s) \rightleftharpoons Ag^+ + Cl^-$

② $Ag^+ + 2NH_3 \rightleftharpoons [Ag(NH_3)_2]^+$

总反应为①+②,即

$$AgCl(s) + 2NH_3 \rightleftharpoons [Ag(NH_3)_2]^+ + Cl^-$$

所以,总反应标准平衡常数为

$$K^{\ominus} = K_{sp}^{\ominus}(AgCl)\ K_{稳}^{\ominus}\{[Ag(NH_3)_2]^+\} = \frac{K_{sp}^{\ominus}(AgCl)}{K_{不稳}^{\ominus}\{[Ag(NH_3)_2]^+\}} = 1.99\times10^{-3}$$

设平衡时氨水的浓度为 $1.00\ mol\cdot L^{-1}$,$[Ag(NH_3)_2]^+$,Cl^- 的浓度都为 $x\ mol\cdot L^{-1}$,则有

$$K^{\ominus} = \frac{[c\{[Ag(NH_3)_2]^+\}/c^{\ominus}]\cdot[c(Cl^-)/c^{\ominus}]}{[c(NH_3)/c^{\ominus}]^2} = x^2 = 1.99\times10^{-3}$$

解得 $x = 0.0446$

可见只要有少量的氨水,就可将 AgCl(s)溶解。

也有些情况下,需要将配合物转化成难溶化合物。如在传统的银盐感光胶片上涂有 AgBr,用硫代硫酸钠 $Na_2S_2O_3$(俗名海波)定影,废液中含有大量的配离子 $[Ag(S_2O_3)_2]^{3-}$,为了回收贵重的银,加入硫化钠 Na_2S 得到黑色的 AgS 沉淀,就是将配离子转换成了难溶物,最后用硝酸氧化溶解成硝酸银后回收。

(2) 配合物在其他方面的应用　配离子在分析化学中有着十分广泛的应用,特别是在金属离子的分析中,配离子起着重要的作用。比如它常用作显色剂、金属指示剂、掩蔽剂等,来定性鉴定、定量分析和分离许多金属离子。硫氰化物 SCN^- 是 Fe^{3+} 定性鉴定的灵敏试剂,

$$Fe^{3+} + SCN^- \rightleftharpoons [Fe(SCN)]^{2+}(血红色)$$

这一反应极为灵敏,极少含量的 Fe^{3+} 也可检出。同时,可通过比色法,进行定量分析,测定溶液中 Fe^{3+} 的浓度。

在电镀工业中,配离子可以有效地控制溶液中的金属离子浓度,对电镀的质量起着十分重要的作用。在贵重金属的冶炼中,常利用配合物将贵重金属分离、富集。在染料、颜料行业及纳米粒子的制备过程,配合物也都有重要的应用。

在生命过程中,配合物也是普遍存在的。如动物体内的血红素,就是亚铁离子与卟啉形成的特殊螯合物。重金属中毒、氰化物中毒往往破坏的就是这个特殊的 Fe^{2+} 螯合物。重金属中毒,常用的解毒药是 2,3-二巯基丙醇,因为它与重金属离子可形成更为稳定的配合物,而释放出血红素。植物中的叶绿素是 Mg^{2+} 与卟啉形成的复杂配合物;生物体内的各种酶,几乎都是金属元素的复杂配合物,它们在生命过程中都起着重要作用。

通常水溶液中主要存在弱酸弱碱解离平衡、沉淀溶解平衡、配位平衡和氧化还原平衡等四大平衡。本章只介绍了前三类平衡,有关氧化还原平衡我们将在本书第五章中详细介绍。

问 题

1. pH 为 10 的 Na_2CO_3溶液中有 H^+存在吗？

2. 什么是稀释定律？试用平衡原理解释之。用水稀释 HAc 溶液，解离度 α 将增大，pH 也增大吗？

3. 在 1 mol·L^{-1} H_3PO_4溶液中，有哪些离子存在？其中哪种离子的量最大？它超过溶液中 $c(H_3PO_4)$了吗？

4. 为什么稀的 NaAc-HAc 溶液具有缓冲性能，而稀的 NaCl-HCl 溶液不具有缓冲性能？

5. 在[$Fe(CN)^6$]$^{3-}$配合物溶液中 Fe^{3+}有几种存在方式？

6. 什么是溶度积规则？分别简述其应用。

7. 在水溶液中，弱酸弱碱解离平衡、难溶盐的沉淀-溶解平衡、配位平衡等的平衡常数分别为 $K_a^\ominus$、$K_b^\ominus$、$K_{sp}^\ominus$、$K_{不稳}^\ominus$，它们的性质都与前面学过的标准平衡常数 $K^\ominus$ 相同吗？都是温度的函数吗？

8. 在水介质中 AgI 胶体和 AgI 沉淀有什么不同？都符合溶度积规则吗？

9. 简述可使沉淀溶解的几种主要方法，并举例说明。

习 题

1. 试计算 0.1 mol·L^{-1}盐酸和 0.1 mol·L^{-1}醋酸的 pH 各为多少？分别将它们稀释到 0.01 mol·L^{-1}时的 pH 又各为多少？

2. 在水和 0.1 mol·L^{-1}盐酸中，0.2 mol·L^{-1}醋酸的解离度各为多少？

3. 计算 0.5 mol·L^{-1}氨水的 pH。

4. 已知 0.1 mol·L^{-1}醋酸在 25℃时解离度为 1.34%，试计算该温度下醋酸的解离平衡常数 $K_a^\ominus$。

5. 配置 pH 为 9.0 的缓冲溶液，应选用什么缓冲系统？碱及其盐的配比应为多少？

6. HAc、NaAc 配制成浓度都为 1. 0 mol·L^{-1}缓冲溶液 1000mL，试问：

(1) 溶液的 pH 为多少？

(2) 在溶液中加入 0.01 mol NaOH 固体后，溶液的 pH 又为多少？

7. 将 H_2S 通入水中形成饱和溶液时，浓度为 0.1 mol·L^{-1}，试近似计算溶液的 pH 和 S^{2-}的浓度。

8. 5℃时，在 100g 水中可溶解 $PbF_2$0.04655g，试计算 PbF_2在此温度下的 $K_{sp}^\ominus$。

9. 已知硫酸钙的 $K_{sp}^\ominus$ 为 7.1×10^{-5}，碳酸钙的 $K_{sp}^\ominus$ 为 4.96×10^{-9}，试分别计算这两种难溶盐的溶解度。

10. 人的血液中含有 H_2CO_3-HCO_3^-组成的缓冲溶液，其中 $c(H_2CO_3)=1.25\times10^{-3}$ mol·L^{-1}，$c(HCO_3^-)=2.5\times10^{-2}$ mol·L^{-1}，计算其 pH。（假定碳酸在人的体温时的解离常数与 25℃时相同。）

11. 已知 $Mg(OH)_2$ 的 $K_{sp}^{\ominus}=5.61\times10^{-12}$，试计算在下列情况下的溶解度：

(1) 在 0.1 $mol\cdot L^{-1}$ $Mg(NO_3)_2$ 溶液中；

(2) 在 0.1 $mol\cdot L^{-1}$ NaOH 溶液中。

12. 计算在室温下 0.40 $mol\cdot L^{-1}$ $MgCl_2$ 溶液中加入等体积 0.20 $mol\cdot L^{-1}$ $NH_3\cdot H_2O$ 溶液，有无 $Mg(OH)_2$ 沉淀生成。

13. 某工厂废水含 Cd^{2+} 浓度为 0.01 $mol\cdot L^{-1}$，若国家允许的排放标准为 $c(Cd^{2+})=10^{-5}$ $mol\cdot L^{-1}$，应将该废水溶液的 pH 调为多少才能排放？

第五章

电化学基础

内容提要和基本要求

电化学是研究电能与化学能相互转化的一门学科。根据作用机理可分为两大类。一类是反应过程中系统 Gibbs 函数减少（$\Delta G<0$）的自发反应，即借助原电池可将其化学能转化为电能，利用化学反应产生电流；另一类是过程中系统 Gibbs 函数增加（$\Delta G>0$）的非自发反应，即借助电解池由外界对系统做电功，在电流作用下发生化学反应，将电能转变成化学能。本章介绍氧化还原反应和电化学基本原理，着重讨论第一类电化学反应的规律——原电池组成及其热力学，电极电势及其在化学上的应用；并通过电解和电化学技术的讨论，使学生了解第二类电化学反应进行的必要条件、基本规律及其应用。简单介绍金属的电化学腐蚀与防腐的原理和方法。

通过本章学习，应达到下列基本要求：

1. 学会用半反应式法配平氧化还原反应方程式。

2. 了解原电池的组成及常用电极的种类，能正确写出原电池符号，正、负极反应和电池反应。

3. 掌握氧化还原电对、电极电势和标准电极电势、电动势和标准电动势等概念，能用 Nernst 方程计算电极电势和原电池电动势。

4. 能用标准电极电势比较氧化剂、还原剂的相对强弱；判断氧化还原反应进行的方向；掌握标准电极电势与标准电动势、标准平衡常数等之间的相互换算。

5. 了解电解的原理及电化学技术在生产中的应用。

6. 了解金属电化学腐蚀的基本原理及常用的防蚀方法。

电化学相关的化学反应通常称为**电化学反应**，主要是氧化还原反应。通常在水溶液中，氧化还原反应是氧化剂与还原剂直接接触（即碰撞）而进行的电子转移（即得失），反应中化学能转化为热能而释放出来。电化学反应是氧化剂与还原剂不直接接触，而通过电极转移电子而发生的反应，电极成为反应的场所，将化学能转化成电能。氧化还原反应不管怎么进行，与其他化学反应一样都符合热力学定律，有相对应的 $\Delta_r G_m$、$\Delta_r G_m^\ominus$ 和 $K^\ominus$。

5.1　氧化还原反应

5.1.1　氧化还原反应

视频 5-1
氧化还原反应

我们知道，参加反应的物质有电子得失或偏移而引起元素氧化数改变的反应叫氧化还原反应。实际上，氧化还原反应由氧化反应和还原反应两部分组成。在反应过程中失去电子使元素氧化数升高的反应称为**氧化反应**，得到电子使元素氧化数降低的反应称为**还原反应**。失去电子而本身氧化数升高的物质叫**还原剂**，得到电子而本身氧化数降低的物质叫**氧化剂**。例如，锌与硫酸铜溶液的反应式：

$$Zn + CuSO_4 \xlongequal{} ZnSO_4 + Cu$$

该反应式可以分写成两个半反应式，一是氧化反应，表示还原剂失去电子被氧化；一是还原反应，表示氧化剂得到电子被还原：

$$\text{氧化反应}\quad Zn - 2e^- \longrightarrow Zn^{2+}$$

$$\text{还原反应}\quad Cu^{2+} + 2e^- \longrightarrow Cu$$

在每一半反应式中都分别包含着同一元素不同氧化态的两种物质（如 Zn^{2+} 和 Zn，Cu^{2+} 和 Cu），其中氧化数较高的物质（如 Zn^{2+}，Cu^{2+}）叫**氧化态**，氧化数较低的物质（如 Zn，Cu）叫**还原态**。因此，上述两式亦可分别表示为

$$\text{氧化反应}\quad \text{还原态} - 2e^- \longrightarrow \text{氧化态}$$

$$\text{还原反应}\quad \text{氧化态} + 2e^- \longrightarrow \text{还原态}$$

一般表达为还原反应：

$$\text{氧化态} + ne^- \rightleftharpoons \text{还原态}$$

视频 5-2
电对

这种关系式称为**氧化还原对或电对**，常表示为**还原电对**，即氧化态/还原态。电对是半反应的简略形式，在某些场合下讨论起来比较方便。书写电对的时候，要写元素氧化态和还原态真实的存在状态。如 MnO_4^-/MnO_2，而不能写成 Mn^{7+}/Mn^{4+}。

氧化态的氧化性越强，意味着它越易获得电子而转变为相应的还原态，则其还原态就越难失去电子转变为原来的氧化态，即还原态的还原性越弱；反之亦然。也就是说，强的氧化态对应于弱的还原态，弱的氧化态对应于强的还原态。

视频 5-3
氧化还原反应方程式的配平

5.1.2　氧化还原反应方程式的配平

氧化还原反应方程式配平的基本要求：一是物料平衡（质量守恒），一是电荷平衡（氧化剂和还原剂得到的与失去的电子总数相等）。配平的方法主要有

氧化数法和离子-电子法两种。离子-电子法以水溶液中发生氧化还原反应的有关离子或分子为配平对象，将总反应分写为氧化反应和还原反应两个半反应式，分别配平两个半反应式，然后根据得失电子总数相等原则将两个半反应式相加，从而得到配平的氧化还原反应方程式。这种方法更能反映水溶液中氧化还原反应的本质，具体方法步骤如下：

（1）写出氧化还原反应的离子方程式；

（2）将总反应式分写为两个半反应式；

（3）根据反应条件（介质的酸碱性，常需加 H^+，OH^- 或 H_2O）及电子得失配平半反应式；

（4）根据电子得失总数相等原则对两个半反应式各乘以适当系数，再将两个半反应式相加，消去电子，核对两端的原子种类、数目及电荷，使之等同，即得配平的总反应方程式。

［例 5-1］ 配平反应方程式

$$KMnO_4 + Na_2SO_3 + H_2SO_4 \longrightarrow MnSO_4 + Na_2SO_4 + H_2O$$

解：（1）写出离子方程式

$$MnO_4^- + SO_3^{2-} + H^+ \longrightarrow Mn^{2+} + SO_4^{2-} + H_2O$$

（2）写出两个半反应式

氧化反应 $SO_3^{2-} - e^- + H_2O \longrightarrow SO_4^{2-} + H^+$

还原反应 $MnO_4^- + e^- + H^+ \longrightarrow Mn^{2+} + H_2O$

（3）配平半反应式（包括电荷平衡、元素平衡）：

（a） $SO_3^{2-} - 2e^- + H_2O = SO_4^{2-} + 2H^+$

（b） $MnO_4^- + 5e^- + 8H^+ = Mn^{2+} + 4H_2O$

（4）（a）×5+（b）×2 得

$$2MnO_4^- + 5SO_3^{2-} + 6H^+ = 2Mn^{2+} + 5SO_4^{2-} + 3H_2O$$

分子反应方程式为

$$2KMnO_4 + 5Na_2SO_3 + 3H_2SO_4 = 2MnSO_4 + K_2SO_4 + 5Na_2SO_4 + 3H_2O$$

［例 5-2］ 配平反应方程式

$$KMnO_4 + Na_2SO_3 + NaOH \longrightarrow K_2MnO_4 + Na_2SO_4 + H_2O$$

解：（1）写出离子方程式

$$MnO_4^- + SO_3^{2-} + OH^- \longrightarrow MnO_4^{2-} + SO_4^{2-} + H_2O$$

（2）写出两个半反应式

氧化反应 $SO_3^{2-} - e^- + OH^- \longrightarrow SO_4^{2-} + H_2O$

还原反应 $MnO_4^- + e^- \longrightarrow MnO_4^{2-}$

（3）配平半反应式

（a） $SO_3^{2-} - 2e^- + 2OH^- = SO_4^{2-} + H_2O$

（b） $MnO_4^- + e^- = MnO_4^{2-}$

（4）（a）+（b）×2，并改写为分子反应方程式：

$$2KMnO_4 + Na_2SO_3 + 2NaOH = K_2MnO_4 + Na_2SO_4 + H_2O$$

［例 5-3］ 配平反应方程式 $KMnO_4 + Na_2SO_3 + H_2O \longrightarrow MnO_2(s) + Na_2SO_4$

解：（1）写出离子方程式

$$MnO_4^- + SO_3^{2-} + H_2O \longrightarrow MnO_2(s) + SO_4^{2-}$$

(2) 写出两个半反应式

氧化反应　$SO_3^{2-} - e^- + H_2O \longrightarrow SO_4^{2-}$

还原反应　$MnO_4^- + e^- + H_2O \longrightarrow MnO_2(s)$

(3) 配平半反应式

(a)　$SO_3^{2-} - 2e^- + H_2O = SO_4^{2-} + 2H^+$

(b)　$MnO_4^- + 3e^- + 2H_2O = MnO_2(s) + 4OH^-$

(4) (a)×3+(b)×2 得

$$2MnO_4^- + 3SO_3^{2-} + H_2O = 2MnO_2(s) + 3SO_3^{2-} + 2OH^-$$

分子反应方程式

$$2KMnO_4 + 3Na_2SO_3 + H_2O = 2MnO_2(s) + 3Na_2SO_4 + 2KOH$$

可以看出,在配平半反应式步骤中,当电荷平衡而两端氧原子数不等时,处理方法随介质条件不同而不同:① 酸性介质中,在多氧的一端加入 H^+,加 H^+ 的数目是多氧数目的两倍,另一端则加入相应数目的 H_2O;② 碱性介质中,在少氧的一端加入 OH^-,加 OH^- 的数目是少氧数目的两倍,另一端则加入相应数目的 H_2O;③ 中性介质中,在左端加入 H_2O,加 H_2O 的数目等于多氧或少氧的数目,另一端则根据实际情况加入两倍的 H^+ 或 OH^-。

5.2　原电池

视频 5-4

原电池的组成

视频 5-5

原电池的符号、电极及分类

5.2.1　原电池

以氧化还原反应为基础将化学能转变为电能的装置称为**原电池**。以锌片与硫酸铜溶液反应 $Zn + CuSO_4 = ZnSO_4 + Cu$ 为例,若将锌片放入硫酸铜溶液中,则反应的结果是 Cu^{2+} 沉积在 Zn 片上,而铜锌之间由于电子转移引起的能量变化只能以热的形式释放出来,没有电流产生。如果按图 5-1 所示装置进行上述反应,就能实现将化学能转变为电能的目的。该装置即称为 Cu-Zn 原电池。

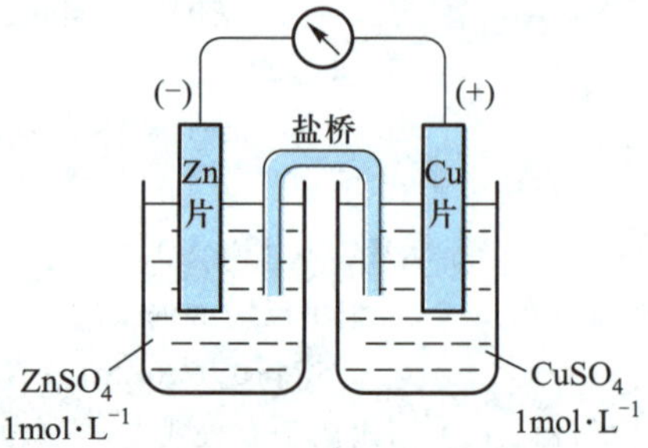

图 5-1　Cu-Zn 原电池示意图

在图 5-1 中,将 Cu 片和 Zn 片分别插入 $CuSO_4$ 溶液和 $ZnSO_4$ 溶液中,用导线将 Cu 片和 Zn 片相连接,两烧杯间以盐桥相连。因 Zn 比 Cu 活泼而容易放出电子,电子即从 Zn 片经导线流向 Cu 片,电流表的指针发生偏转,表明有电流通过,Zn 片渐渐溶解,变为 Zn^{2+} 进入 $ZnSO_4$ 溶液中,而 $CuSO_4$ 溶液中的 Cu^{2+} 在 Cu 片上获得电子,变为 Cu 析出。由此可知,原电池中:① 发生反应的氧化剂与还原剂是彼此分开的;② 氧化剂与还原剂之间的电子转移是通过溶液之外的导线完成的;③ 氧化还原反应被分解为两个电极反应。也就是说,原电池由两个半电池(即电极)组成,半电池分别由不同的电对组成。

对原电池中的电极,通常规定如下:负极上发生氧化反应,向外电路提供电子；正极上发生还原反应，从外电路接受电子。Cu-Zn 原电池中 Zn 为负极；Cu 为正极，**电极反应**与**电池反应**分别表示如下：

电极反应

负极 $Zn(s) - 2e^- = Zn^{2+}(aq)$ 氧化反应

正极 $Cu^{2+}(aq) + 2e^- = Cu(s)$ 还原反应

电池反应

$$Zn(s) + Cu^{2+}(aq) = Cu(s) + Zn^{2+}(aq)$$

电极反应也称半电池反应，是氧化还原反应中的半反应。电池反应就是一个总的氧化还原反应。通常，电极反应以下列通式表示：

$$M^{n+} + ne^- \rightleftharpoons M$$

其中，M^{n+}为物质的氧化态，M 为物质的还原态，此即电化学中的电对，常以 M^{n+}/M（氧化态/还原态）形式表示，例如 Zn^{2+}/Zn，Cu^{2+}/Cu 等。

上述 Cu-Zn 原电池是英国科学家 Daniell 发明的，称为 **Daniell 电池**。由电学原理可知，原电池两极连线中有电流通过，说明两极之间存在着电势差。原电池在不接负载即外电路电流为零时，两极间的这种电势差，叫作原电池的电动势 E。当 $c(Cu^{2+}) = c(Zn^{2+}) = 1\ mol \cdot L^{-1}$ 时，测得 Cu-Zn 原电池的电动势约为 1.10 V。

随着电极反应的进行，在负极的 $ZnSO_4$ 溶液中，由于 Zn^{2+} 聚积而产生过剩的正电荷；在正极的 $CuSO_4$ 溶液中，由 Cu^{2+} 的减少造成 SO_4^{2-} 聚积而产生过剩的负电荷，这就阻碍了电子从 Zn 片经外电路流向 Cu 片，反应便会停止。若加入盐桥，便可使电池反应继续进行。盐桥是一个装满饱和 KCl 冻胶的倒置 U 形管。随着反应的进行，受两极电解质溶液中过剩电荷的吸引作用，盐桥中的 Cl^- 向 $ZnSO_4$ 溶液扩散，K^+ 向 $CuSO_4$ 溶液扩散，使两极溶液中正、负离子分别得到补充，消除了过剩电荷产生的阻力，使电流继续产生。

原电池的装置可按一定的规则用符号表示。如铜锌原电池可表示为

$$(-)Zn|Zn\ SO_4(c_1)\ \|\ Cu\ SO_4(c_2)\ |\ Cu\ (+)$$

这种表示法称为习惯表示法，也称作原电池简式或原电池符号。书写原电池符号的一般规则为：① 负极在左，正极在右；② 用“|”表示两相之间的相界面，用“‖”表示盐桥；③ 溶液应注明浓度（$mol \cdot L^{-1}$），气体应注明分压（kPa）；④ 从负极开始沿着电池内部依次书写到正极。

5.2.2 电极及其分类

原电池的电极主要有以下 4 种：

1. 金属电极

将金属插入到该金属离子的溶液中即构成金属电极。如 Daniell 电池的两极均属此类电极，符号记为 $Zn|Zn^{2+}(c_1)$ 和 $Cu|Cu^{2+}(c_2)$。其中，“|”表示电极材料与电解质溶液间的相界面。

2. 气体电极

如将反应 $Zn+2HCl \longrightarrow ZnCl_2+H_2$ 装配成原电池时，必须使用 H^+/H_2 电对组成电极，这类电极称气体电极。通常选择对气体吸附性较强，化学性质稳定的导电材料作电极，如石墨、铂等，它们只起吸附气体和传递电子的作用，不参与电极反应，故又称惰性材料电极。图 5-2 是氢电极装置示意图。把镀有铂黑的铂片插入含有 H^+ 的溶液中，并不断用纯 H_2 气流通过 Pt 片，使之吸附 H_2 达到饱和并发生电极反应。氢电极的符号记为 $H^+ | H_2 | Pt$。

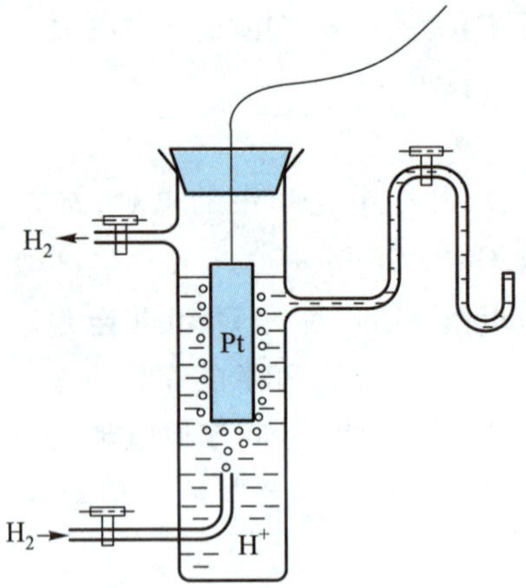

图 5-2　氢电极示意图

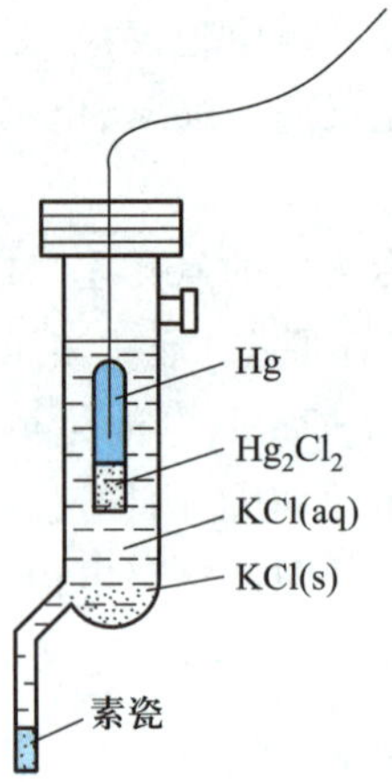

图 5-3　饱和甘汞电极示意图

3. 离子电极

某些氧化还原反应中的电对由离子组成。如将 $2Fe^{3+}+Sn^{2+} \longrightarrow Sn^{4+}+2Fe^{2+}$ 反应装配成原电池时，则以 Fe^{3+}/Fe^{2+} 电对组成正极，以 Sn^{4+}/Sn^{2+} 电对组成负极，这类电极称为离子电极，它由惰性材料与同一元素不同价态的两种离子的混合液组成。符号记为 $Fe^{3+},Fe^{2+} | Pt(+)$ 和 $(-)Pt | Sn^{4+},Sn^{2+}$。

4. 难溶金属盐电极

随着电池反应的进行，上述三类电极的离子浓度会不断变化。利用难溶金属盐的溶解平衡原理制成的电极，离子浓度稳定。常用的甘汞电极即属此类电极。饱和甘汞电极的装置如图 5-3 所示。由汞、甘汞 Hg_2Cl_2 和 KCl 溶液（分别有 $0.1\ mol \cdot L^{-1}$、$1\ mol \cdot L^{-1}$ 和饱和溶液三种浓度）构成，符号记为 $KCl | Hg_2Cl_2 | Hg$。甘汞电极的电极反应通式为

$$Hg_2Cl_2(s)+2e^- \rightleftharpoons 2Hg(l)+2Cl^-(aq)$$

凡在溶液中能自发进行的氧化还原反应都可装配成原电池，并以电池符号表示出来。

［例 5-4］　将氢气与氯气的化合反应设计成原电池。

解： 已知反应式 $H_2(g)+Cl_2(g) \rightleftharpoons 2HCl(aq)$

正极反应　$Cl_2(g)+2e^- \rightleftharpoons 2Cl^-$　　正极符号　$Cl^- | Cl_2(p_1) | Pt(+)$

负极反应　$H_2(g)-2e^- \rightleftharpoons 2H^+$　　负极符号　$(-)Pt | H_2(p_2) | H^+$

因为 H^+，Cl^- 均不与电极发生反应，相互间也不发生反应，可在同一溶液中共存，则该原电池

组成符号为

$$(-)Pt|H_2(p_2)|HCl(c_1)|Cl_2(p_1)|Pt(+)$$

该电池中只有一种电解质溶液，称为**单液电池**；Daniell 电池中有两种电解质溶液，称为**双液电池**。

[例 5-5]　写出下列原电池对应的化学反应方程式：

(1) $(-)Hg|Hg_2Cl_2|K^+,Cl^-(1\ mol\cdot L^{-1})|AgCl|Ag(+)$

(2) $(-)Cu|[Cu(NH_3)_4]^{2+}(c_1),NH_3(c_2)\parallel CuSO_4(c_3)|Cu(+)$

解：(1) $(-)Hg|Hg_2Cl_2|K^+,Cl^-(1\ mol\cdot L^{-1})|AgCl|Ag(+)$

正极反应(a)　$AgCl + e^- \rightleftharpoons Ag + Cl^-$

负极反应(b)　$2Hg - 2e^- + 2Cl^- \rightleftharpoons Hg_2Cl_2$

(a)×2+(b)得电池总反应式：

$$2AgCl+2Hg \rightleftharpoons Hg_2Cl_2 + 2Ag$$

(2) $(-)Cu|[Cu(NH_3)_4]^{2+}(c_1),NH_3(c_2)\parallel CuSO_4(c_3)|Cu(+)$

正极反应(a)　$Cu^{2+} + 2e^- \rightleftharpoons Cu$

负极反应(b)　$Cu - 2e^- + 4NH_3 \rightleftharpoons [Cu(NH_3)_4]^{2+}$

(a)+(b)得电池总反应式：

$$Cu^{2+} + 4NH_3 \rightleftharpoons [Cu(NH_3)_4]^{2+}$$

原电池对应的电池总反应是铜氨配离子的生成反应，是一个非氧化还原反应。由此可见，对某些非氧化还原反应也可采用适当方式设计成原电池。

5.3　电极电势

原电池中电子由负极经外电路流向正极，这个现象说明了正、负极之间存在着电势差。电极的电势是如何形成的呢？它与哪些因素有关？

5.3.1　电极电势的产生

1. 双电层理论

为解释原电池产生电流的机理，1889 年德国科学家 Nernst 提出了**双电层理论**。

视频 5-6

电极电势的产生

以金属电极为例。现代理论认为，金属晶体是由金属原子、金属阳离子和公共化自由电子组成的一个统一体。当金属片浸入水中时，有两种过程同时发生：① 由于极性很大的水分子对金属正离子的吸引，使金属正离子可以离开金属表面溶入附近的水层中，成为水合离子。金属正离子进入溶液后，将剩余的电子留在金属片上而使金属带负电荷。此即金属的溶解过程。② 水中的金属正离子也可与金属片上的自由电子结合而形成金属原子沉积到金属片的表面上，这时金属片表面由于自由电子的缺乏而带正电荷。此即金属离子的沉积过程。上述过程可用下式表示：

$$M(电极上) \underset{沉积}{\overset{溶解}{\rightleftharpoons}} M^{n+}(溶液中) + ne^-(电极上)$$

在一定温度条件下，溶解和沉积两个过程进行的程度，与金属的活泼性、溶液中金属离子的浓度等因素有关。金属活泼性强，溶液中离子浓度小时，有利于溶解过程的进行；反之，有利于沉积过程的进行。当溶解与沉积达到动态平衡时，在前种情况下，溶入溶液的金属正离子与残留在金属表面上的电子相互吸引，形成了如图 5-4(a)所示的电极带负电荷、溶液带正电荷的双电层结构；在后种情况下，金属表面带正电荷，吸引溶液中负离子形成了如图 5-4(b)所示的电极带正电荷、溶液带负电荷的双电层结构。

由于离子存在着热运动，带有相反电荷的粒子并不完全集中在金属表面，与金属连接得较紧密的一层称为**紧密层**，其余扩散到溶液中去的称为**扩散层**。整个双电层由紧密层和扩散层构成，如图 5-5 所示。双电层的厚度与溶液的浓度、金属表面的电荷及温度等因素有关，其变动范围通常为 10^{-10}~10^{-6}m。

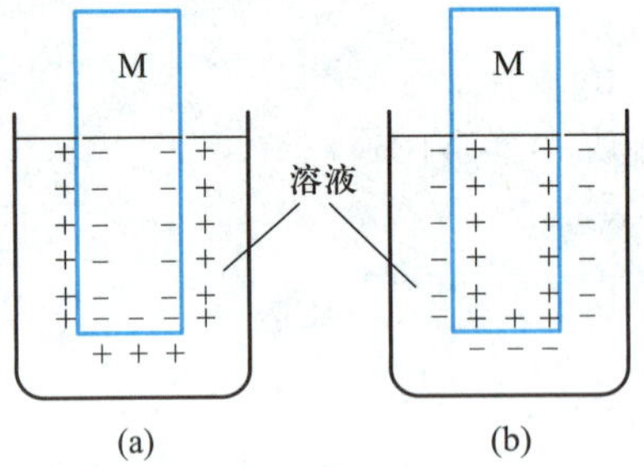

图 5-4 双电层结构示意图

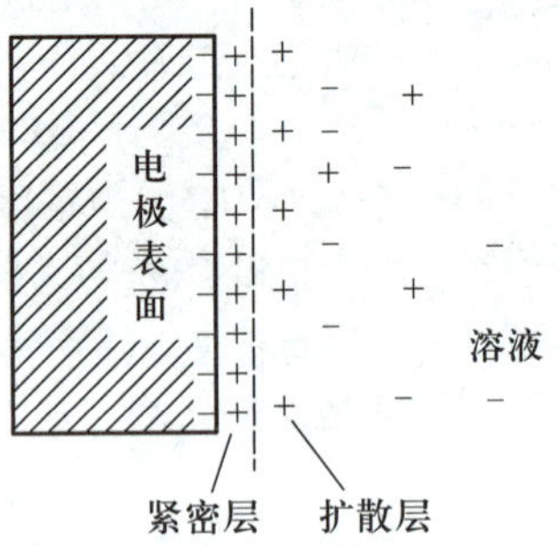

图 5-5 双电层结构

2. 电极电势(E)

电极与溶液形成双电层达到动态平衡时，金属的电势 E(金属)与溶液的电势 E(溶液)之差称为**电极电势**，以符号 $E(M^{n+}/M)$表示。即

$$E(M^{n+}/M)=E(\text{金属})-E(\text{溶液}) \tag{5-1}$$

M^{n+}/M 表示组成该电极的氧化还原电对，如 $E(Zn^{2+}/Zn)$，$E(Cu^{2+}/Cu)$和 $E(Cl_2/Cl^-)$等；对图 5-4(a)的双电层结构而言，$E(M^{n+}/M)<0$；对图 5-4(b)的双电层结构而言，$E(M^{n+}/M)>0$。

原电池的**电动势**就是不接负载时，组成该电池的两个电极的电极电势之差。即

$$E = E(\text{正}) - E(\text{负}) \tag{5-2}$$

从式(5-2)可看出，当两个电极的电极电势不同时，$E\neq0$，即有电流产生。目前电极电势的绝对数值无法确定，因为任何测量仪器的金属导线如果与溶液接触后，又形成了另一个电极或半电池，其测得之值仍为两个电极所组成的电池的电动势，而不是该电极电势的绝对数值。通常的解决办法是选择一个已知电极电势的电极作为**参比电极**，然后把待测电极与参比电极构成原电池，测定该原电池的电动势 E，根据式(5-2)即可计算出待测电极的电极电势。

目前国际上选用标准氢电极作为标准参比电极，将其电极电势值规定为零。标准氢电极的条件规定为：氢气的压力 $p(H_2)=100$ kPa，溶液中 $c(H^+)=1\ mol\cdot L^{-1}$，温度 T 为 298.15 K。电极的符号为 $Pt|H_2(100\ kPa)|H^+(1\ mol\cdot L^{-1})$。标准氢电极的电极电势记为 $E^\ominus(H^+/H_2)=0$。因此，某电对的电极电势是指其

对标准氢电极电势的相对值。

在实际测定中，由于标准氢电极的操作条件难以控制，常以甘汞电极作参比电极。甘汞电极稳定性好，使用方便。若甘汞电极中使用的电解质溶液 KCl 浓度不同，电极电势也不同。表 5-1 列举了三种甘汞电极的电极电势数值。

表 5-1 甘汞电极的电极电势

电极名称	电极组成	电极电势 E/V
饱和甘汞电极	$Hg\|Hg_2Cl_2(s)\|KCl$(饱和)	+0.2415
$1\ mol\cdot L^{-1}$甘汞电极	$Hg\|Hg_2Cl_2(s)\|KCl(1\ mol\cdot L^{-1})$	+0.2682
$0.1\ mol\cdot L^{-1}$甘汞电极	$Hg\|Hg_2Cl_2(s)\|KCl(0.1\ mol\cdot L^{-1})$	+0.3337

5.3.2 标准电极电势

视频 5-7
标准电极电势

电极电势的大小表示了反应 $M^{n+}+ne^- \rightleftharpoons M$ 进行的趋势，但电极电势的数值随电极状态及条件的不同而异。为了便于比较，必须确定一标准态，所谓标准态是指 298.15 K 时，溶液中有关离子浓度均为 $1\ mol\cdot L^{-1}$，气体的压力均为 100kPa，固体和液体是纯态的。处于标准态的电极称为**标准电极**，如标准铜电极为 $Cu\|Cu^{2+}(1\ mol\cdot L^{-1})$；标准氢电极为 $Pt\|H_2(100kPa)\|H^+(1\ mol\cdot L^{-1})$。电极处于标准态时的电极电势称为**标准电极电势**，以符号 $E^\ominus(M^{n+}/M)$ 表示。因电化学中规定标准氢电极 $E^\ominus(H^+/H_2)=0$，则某标准电极的标准电极电势，也是由其相对于标准氢电极电势等于零而得到的一个相对值。

若组成原电池的两个半电池均处于标准态，测定的电动势称**标准电动势**，以符号“$E^\ominus$”表示。即

$$E^\ominus = E^\ominus(\text{正}) - E^\ominus(\text{负}) \tag{5-3}$$

利用式(5-2)、式(5-3)可以进行电极电势的测定。如实验测得下列标准原电池

$$(-)Zn\|ZnSO_4(1\ mol\cdot L^{-1})\ \|\ H^+(1\ mol\cdot L^{-1})\|H_2(100\ kPa)\|\ Pt\ (+)$$

的标准电动势为 $E^\ominus = 0.7618$ V。则由式(5-3)可得 $E^\ominus(Zn^{2+}/Zn) = -0.7618$ V。标准电极电势也可用饱和甘汞电极作为参比电极来测量。

[例 5-6] 以标准铜电极与饱和甘汞电极组成原电池，标准铜电极为正极，饱和甘汞电极为负极，测得原电池的电动势为+0.1004 V，求标准铜电极的电极电势。

解： 该原电池以简式表示为

$$(-)Hg\|Hg_2Cl_2\|KCl(\text{饱和})\ \|\ Cu^{2+}(1mol\cdot L^{-1})\|Cu(+)$$

$$E = E(\text{正}) - E(\text{负}) = E^\ominus(Cu^{2+}/Cu) - 0.2415\ V$$

则 $$E^\ominus(Cu^{2+}/Cu) = E + 0.2415\ V = (0.1004 + 0.2415)\ V = 0.3419\ V$$

如此测定各种电极的标准电极电势，可得标准电极电势表(表 5-2 及附录六)。其中像 F_2，Li 等易与水作用的活泼元素电对的电极电势，无法在水溶液中测定，其数值是根据热力学方法计算而得的。

表 5-2　标准电极电势表(298.15 K,水溶液中)

电对	半电池反应	$E^\ominus$/V	变化趋势
Li^+/Li	$Li^+ + e^- \rightleftharpoons Li(s)$	-3.0401	氧化态的氧化性增强↓　还原态的还原性增强↑
Na^+/Na	$Na^+ + e^- \rightleftharpoons Na(s)$	-2.71	
Al^{3+}/Al	$Al^{3+} + 3e^- \rightleftharpoons Al(s)$	-1.662	
Zn^{2+}/Zn	$Zn^{2+} + 2e^- \rightleftharpoons Zn(s)$	-0.7618	
Fe^{3+}/Fe	$Fe^{3+} + 3e^- \rightleftharpoons Fe(s)$	-0.447	
Pb^{2+}/Pb	$Pb^{2+} + 2e^- \rightleftharpoons Pb(s)$	-0.1262	
H^+/H_2	$2H^+ + 2e^- \rightleftharpoons H_2$	0	
Cu^{2+}/Cu	$Cu^{2+} + 2e^- \rightleftharpoons Cu(s)$	+0.3419	
Hg_2^{2+}/Hg	$Hg_2^{2+} + 2e^- \rightleftharpoons 2Hg(l)$	+0.7973	
Ag^+/Ag	$Ag^+ + e^- \rightleftharpoons Ag(s)$	+0.7996	
F_2/F^-	$F_2 + 2e^- \rightleftharpoons F^-$	+2.866	

对表 5-2 的使用,需做说明如下:

(1) 表 5-2 中半电池反应即电极反应,全部按还原反应书写,即氧化态+ $ne^- \rightleftharpoons$ 还原态,因此,标准电极电势的数值表示了氧化态物质得电子能力的强弱。即标准电极电势数值大,则氧化态物质得电子能力强;反之亦然。按上述规定,若以 $2H^+ + 2e^- \rightleftharpoons H_2$ 反应的 $E^\ominus(H^+/H_2) = 0$ 为标准,则氧化态物质的氧化性比氢离子强的电对,其标准电极电势为正值;反之则为负值,这种标准电极电势数值称为标准还原电势。

(2) 标准电极电势 $E^\ominus$ 值的大小,反映了电极的氧化态及还原态物质的氧化还原能力或倾向。即表中自上而下,氧化态物质得电子倾向增加,而还原态物质失电子倾向减弱。

(3) 使用表 5-2 计算原电池的标准电动势 $E^\ominus = E^\ominus(\text{正}) - E^\ominus(\text{负})$时,可直接用表中数据进行计算,其中代数值小的为负极,代数值大的为正极。

(4) 标准电极电势是系统的一个强度量,其值与氧化还原电对的本性有关,而与发生电极反应的物质的量无关。发生电极反应的物质的量只会影响原电池的电荷量。例如:

(a)　$Ag^+ + e^- \rightleftharpoons Ag(s)$　　$E^\ominus(Ag^+/Ag) = +0.7996\ V$

(b)　$2Ag^+ + 2e^- \rightleftharpoons 2Ag(s)$　　$E^\ominus(Ag^+/Ag) = +0.7996\ V$

(a)(b)两个电极反应从左到右进行 1 mol 时,(a)转移 1 mol 电子,(b)转移 2 mol 电子,电荷量不同,但其标准电极电势值却相等。

(5) 表 5-2 中数值是在室温水溶液中测量的,因此不适用于非水溶剂、高温和固相反应。

视频 5-8

Nernst 方程

5.3.3　Nernst 方程

影响电极电势的因素很多,主要是温度、浓度(或气体的压力)等,由于电极反应一般是在室温下进行的，所以浓度（或气体的压力）是影响电极电势的重要因素。

浓度或气体的压力对电极电势的影响可由 Nernst 方程表示：

$$E=E^{\ominus}+\frac{RT}{nF}\ln\frac{[\text{氧化态}]}{[\text{还原态}]} \tag{5-4}$$

式中，n 为电极反应中得失的电子数（mol）；$R = 8.314\ \text{J}\cdot\text{mol}^{-1}\cdot\text{K}^{-1}$；$F$ 为 Faraday 常数，其值为 96485 $\text{C}\cdot\text{mol}^{-1}$；[氧化态]、[还原态]表示电极反应中氧化态及还原态物质的相对浓度（$c/c^{\ominus}$）或相对分压力（$p/p^{\ominus}$），并以电极反应中对应物质的化学计量数为指数。

将 R,F,T(298.15K) 的数值代入式（5-4），并对数换底得

$$E=E^{\ominus}+\frac{0.0592}{n}\lg\frac{[\text{氧化态}]}{[\text{还原态}]} \tag{5-5}$$

从 Nernst 方程可以看出，当氧化态物质浓度增大或还原态物质浓度减小时，电极电势的代数值变大，即氧化态物质的氧化性增加；氧化态物质浓度减小或还原态物质浓度增大时，电极电势的代数值减小，即还原态物质的还原性增加。因浓度在对数项里，故浓度变化对电极电势的影响并不很大。如其他条件不变，将[氧化态]浓度或气体分压增至原来的十倍，由式（5-5）计算可得电极电势的增量 $\Delta E=0.0592/n$，当 n 分别等于 1，2，3 时，ΔE 分别等于 0.0592 V，0.0296 V 和 0.0197 V。

应用 Nernst 方程应当注意：正如化学平衡表达式中的要求，书写[氧化态]、[还原态]时应以电极反应中对应物质的化学计量数为指数；电极反应中的纯固态、纯液态物质的浓度确定为 1，由于反应常在稀的水溶液中进行，H_2O 也可作纯液体看待；当电极反应式中有 H^+，OH^- 等出现时，无论其是否参与电子转移，其浓度均应写入 Nernst 方程中。

[例 5-7] 写出下列电极反应对应的 Nernst 方程。

(1) $Cu^{2+}+2e^- \rightleftharpoons Cu$

(2) $Cr_2O_7^{2-}+6e^-+14H^+ \rightleftharpoons 2Cr^{3+}+7H_2O$

(3) $AgCl(s)+e^- \rightleftharpoons Ag+Cl^-$

解：根据 Nernst 方程，可分别表示为

(1) $E(Cu^{2+}/Cu)=E^{\ominus}(Cu^{2+}/Cu)+(0.0592\ \text{V}/2)\lg[c(Cu^{2+})/c^{\ominus}]$；

(2) $E(Cr_2O_7^{2-}/Cr^{3+})=E^{\ominus}(Cr_2O_7^{2-}/Cr^{3+})+$

$(0.0592\ \text{V}/6)\lg\{[c(Cr_2O_7^{2-})/c^{\ominus}][c(H^+)/c^{\ominus}]^{14}/[c(Cr^{3+})/c^{\ominus}]^2\}$

(3) $E(AgCl/Ag)=E^{\ominus}(AgCl/Ag)+0.0592\ \text{V}\lg\{1/[c(Cl^-)/c^{\ominus}]\}$

由（2）式可以看出，当增大 $c(H^+)$ 时，$E(Cr_2O_7^{2-}/Cr^{3+})$ 增大，$Cr_2O_7^{2-}$ 的氧化性增强，即酸性介质中 $K_2Cr_2O_7$ 是一个强氧化剂。

5.4 原电池热力学

5.4.1 可逆电池

可逆电池应符合下述两个条件：第一，在热力学上可逆，即通过电池的电流

无限小，使电池内部始终无限接近平衡状态；第二，电极反应也是可逆的，即在化学上是可逆反应。上述条件均可借助于图 5-6 的装置来达到。

在图 5-6 装置中，外电源为一标准电池（已知其电动势精确数值），其电动势与原电池电动势方向相反。适当调节滑线电阻器上触点位置，至 K 点时，电流计上指示无电流通过($I=0$)，可由滑线电阻指示的分阻值及标准电池的电动势，求得原电池的电动势。

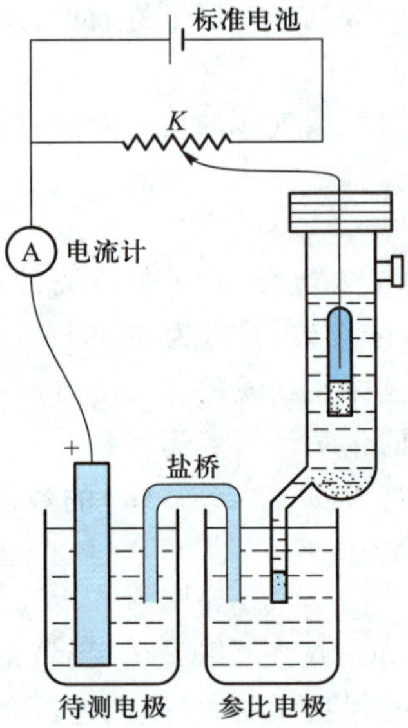

图 5-6　补偿法测定电动势示意图

若按图 5-6 装置测试下列原电池的电动势：

$$(-)Zn|ZnSO_4(1\ mol\cdot L^{-1})\ \|\ CuSO_4(1\ mol\cdot L^{-1})|Cu\ (+)$$

测定时滑线电阻器触点在 K 时，电流计上指示无电流。此时将 K 点微微向左移动，则原电池电动势大于外电源作用于原电池电路中电动势，此时原电池对外放电，并按下式进行反应：

负极	$Zn(s)-2e^- \longrightarrow Zn^{2+}(aq)$	氧化反应
正极	$Cu^{2+}(aq)+2e^- \longrightarrow Cu(s)$	还原反应
电池反应	$Zn(s)+Cu^{2+}(aq) \rightleftharpoons Cu(s)+Zn^{2+}(aq)$　(a)	

若将 K 点在原平衡位置微微向右移动，则原电池的电动势小于外电源作用于原电池电路中的电动势，此时外电源对原电池充电，原电池中 $Cu^{2+}|Cu$ 电极与标准电池正极相连而失去电子，$Zn^{2+}|Zn$ 电极与标准电池负极相连而得到电子，即原电池两极反应及总反应为

正极	$Cu(s)-2e^- \longrightarrow Cu^{2+}(aq)$	氧化反应
负极	$Zn^{2+}(aq)+2e^- \longrightarrow Zn$	还原反应
总反应	$Cu(s)+Zn^{2+} \rightleftharpoons Zn(s)+Cu^{2+}(aq)$　(b)	

反应(a)和(b)在化学上互为可逆反应，从而实现了对**可逆电池**的要求。电化学上，还有一类原电池，如将 Cu 极和 Zn 极直接浸入稀 H_2SO_4 溶液中组成的原电池称为 **Volta 电池**，其符号为 $(-)Zn|H_2SO_4|Cu(+)$，它产生电流（放电）时，Zn 极溶解，Cu 极有 H_2 析出，总反应为 $Zn(s)+2H^+(aq) \longrightarrow Zn^{2+}(aq)+H_2(g)$；反过来向电池通入直流电（充电）时，Cu 极溶解，在 Zn 极有 H_2 或 Cu 析出，总反应为 $Cu(s)+2H^+(aq) \longrightarrow Cu^{2+}(aq)+H_2(g)$，两种反应互不相干，这类电池在化学上称为**不可逆电池**。不可逆电池的热力学性质比较复杂，本书只讨论可逆电池。

视频 5-9
原电池电动势与反应 Gibbs 函数变

5.4.2　原电池电动势与反应的 Gibbs 函数变

原电池通常在等温、等压条件下工作，如果电池反应进行时，如图 5-6 中当触点在 K 时，电流无限小，即 $I\to 0$，此时该电池的变化是一可逆过程。由于 $I\to$

0，基本上消除了内、外电路中因克服电阻转变为热的电功，因此，此时原电池做出的电功就是最大有用功 W_{max}：

$$-W_{max} = QE = n\xi FE$$

热力学指出，恒温、恒压下原电池做的最大有用功等于该电池反应的 Gibbs 函数的减小($-\Delta_r G$)。即

$$-W_{max} = QE = n\xi FE = -\Delta_r G$$

将上式两端除以反应进度 ξ(即 1mol 反应)，则得

$$nFE = -\Delta_r G_m \tag{5-6}$$

在标准态下，即压力 p 为 100 kPa，溶液浓度为 $c = 1\ \text{mol}\cdot\text{L}^{-1}$时，电池所做的最大有用功即等于电池反应的标准 Gibbs 函数的减少($-\Delta_r G_m^{\ominus}$)。即

$$\Delta_r G_m^{\ominus} = -nFE^{\ominus} \tag{5-7}$$

由式(5-6)、式(5-7)，若已知氧化还原反应的 $\Delta_r G_m$ 或 $\Delta_r G_m^{\ominus}$，就可算出它组成原电池时的 E 或 $E^{\ominus}$；反之，若已知 E 或 $E^{\ominus}$，亦可计算电池对应的氧化还原反应的 $\Delta_r G_m$ 或 $\Delta_r G_m^{\ominus}$。

[例 5-8] Cu-Zn 原电池的电池反应为 $Zn(s)+Cu^{2+}(aq) \rightleftharpoons Cu(s)+Zn^{2+}(aq)$，求 Cu-Zn 原电池的标准电动势。已知 $\Delta_f G_m^{\ominus}(Cu^{2+}) = 64.98\ \text{kJ}\cdot\text{mol}^{-1}$，$\Delta_f G_m^{\ominus}(Zn^{2+}) = -147.21\ \text{kJ}\cdot\text{mol}^{-1}$。

解： 该电池反应有

$$\begin{aligned}\Delta_r G_m^{\ominus} &= \Delta_f G_m^{\ominus}(Zn^{2+}) - \Delta_f G_m^{\ominus}(Cu^{2+}) \\ &= -147.21\ \text{kJ}\cdot\text{mol}^{-1} - 64.98\ \text{kJ}\cdot\text{mol}^{-1} = -212.19\ \text{kJ}\cdot\text{mol}^{-1}\end{aligned}$$

根据式(5-7)得

$$\begin{aligned}E^{\ominus} &= -\Delta_r G_m^{\ominus}/nF \\ &= -(-212.19\times1000\ \text{J}\cdot\text{mol}^{-1})/(2\times96485\ \text{C}\cdot\text{mol}^{-1}) = 1.100\ \text{V}\end{aligned}$$

即 Cu-Zn 原电池的标准电动势为 1.100 V。

5.4.3 电池反应中的化学平衡

热力学指出，反应的标准 Gibbs 函数变与标准平衡常数的关系为

$$\Delta_r G_m^{\ominus} = -RT\ln K^{\ominus}$$

由式(5-7)可知，在标准态下，原电池反应(或相应的氧化还原反应)的 $\Delta_r G_m^{\ominus} = -nFE^{\ominus}$，代入上式可得

$$nFE^{\ominus} = RT\ln K^{\ominus}$$

或

$$E^{\ominus} = (RT/nF)\ln K^{\ominus} \tag{5-8a}$$

在 298.15 K 时对数换底，可简化为

$$E^{\ominus} = (0.0592\ \text{V}/n)\lg K^{\ominus} \tag{5-8b}$$

此即原电池标准电动势与电池反应标准平衡常数间的关系。该式表明：$E^{\ominus}$ 值越大，$K^{\ominus}$ 值亦越大，表示该氧化还原反应进行得越完全，或反应完成的程度越大；反之亦然；当 $E^{\ominus}<0$ 时，则 $K^{\ominus}<1$，表示该氧化还原反应在标准态下不能自发进行。显然，$K^{\ominus}$ 值的大小还与电子得失的化学计量数 n 有关。由此可见，在电化学中，$E^{\ominus}$ 的作用与 $\Delta_r G_m^{\ominus}$ 一样，它们直接与 $K^{\ominus}$ 相联系，测得标准电动势就能求得

氧化还原反应的标准平衡常数。

表 5-3 中列出标准电动势 $E^{\ominus}$ 与氧化还原反应标准平衡常数 $K^{\ominus}$ 间的若干数据。可见，两电对间标准电极电势相差越大，其标准电动势 $E^{\ominus}$ 越大，$K^{\ominus}$ 值亦越大，反应就进行得越完全。

表 5-3　$n=2$ 时的 $E^{\ominus}$ 与 $K^{\ominus}$（298.15K）

$E^{\ominus}$/V	1.0	0.5	0.1	0.0	−0.1	−0.5	−1.0
$K^{\ominus}$	8×10^{23}	9×10^{16}	2.5×10^{3}	1	4×10^{-4}	1.1×10^{-17}	1.3×10^{-34}

应当注意，上面的全部讨论，都只是从热力学观点来说明电池反应的可能性和限度问题，并不涉及反应速率问题。有的氧化还原反应速率极慢，即使 $E^{\ominus}$ 值大，实际上也观察不到反应的进行。因此，$E^{\ominus}$ 和 $\Delta_r G_m^{\ominus}$ 一样，只能说明反应在标准态时的方向和限度，而不能解决有关反应速率的问题。

视频 5-10

电极电势的应用

5.4.4　电极电势的应用

1. 计算原电池电动势及电极的电极电势

任何一个原电池的电动势等于组成电池的两电极的电极电势之差。根据式(5-3)，由标准电极电势可计算出电池的标准电动势。若电极中物质为非标准态时，则可用 Nernst 方程式(5-4)或式(5-5)计算出正、负极的电极电势，再用式(5-2)求电池电动势；也可利用电动势及电池中的一个电极的电极电势，计算出另一电极的电极电势。

[例 5-9]　计算在 298.15 K 时下列原电池的电动势。

$$(-)Ag|AgNO_3(0.01\ mol\cdot L^{-1})\ \|\ AgNO_3(1\ mol\cdot L^{-1})|Ag(+)$$

解：该电池的正、负极均由 Ag^+/Ag 电对组成，两电极的化学本性相同，只是 $c(Ag^+)$ 不同。像这种由不同浓度的同类电极组成的原电池称为**浓差电池**。

正极反应　$Ag^+(1\ mol\cdot L^{-1}) + e^- \rightleftharpoons\!= Ag(s)$

负极反应　$Ag - e^- = Ag^+(0.01\ mol\cdot L^{-1})$

电池反应　$Ag^+(1\ mol\cdot L^{-1}) = Ag^+(0.01\ mol\cdot L^{-1})$

上述电池反应表明，浓差电池的电池过程是浓度扩散过程，即该电池中 Ag^+ 由浓的一极（正极）向稀的一极（负极）转移，直至两极浓度相等即达平衡状态，电流随之停止发生。

正极电势　$E(正) = E^{\ominus}(Ag^+/Ag) + 0.0592\ V\ lg[c(Ag^+_{正})/c^{\ominus}] = 0.7996\ V$

负极电势　$E(负) = E^{\ominus}(Ag^+/Ag) + 0.0592\ V\ lg[c(Ag^+_{负})/c^{\ominus}] = 0.6812\ V$

电池电动势　$E = E(正) - E(负)$

$$= \{E^{\ominus}(Ag^+/Ag)+0.0592\ V\ lg[c(Ag^+_{正})/c^{\ominus}]\} - \{E^{\ominus}(Ag^+/Ag)+0.0592\ V\ lg[c(Ag^+_{负})/c^{\ominus}]\}$$

$$=0.0592\ V\ lg\{[c(Ag^+_{正})/c^{\ominus}]/[c(Ag^+_{负})/c^{\ominus}]\}$$

$$=0.0592\ V\ lg\{1/0.01\} = 0.118\ V$$

这样，可推出计算金属电极浓差电池的电动势的通式为

$$E = (0.0592\ V/n)lg\{[c(M^{n+}_{正})/c^{\ominus}]/[c(M^{n+}_{负})/c^{\ominus}]\} \qquad (5-9)$$

[例 5-10]　实验测得原电池 $(-)Pt|H_2|H^+(c_x)\ \|\ KCl(饱和)|Hg_2Cl_2|Hg(+)$ 电动势为

0.5465 V，计算氢电极的电极电势及氢电极中的氢离子浓度 c_x。已知饱和甘汞电极的电极电势为 0.2415 V。

解： $E(正) = E(Hg_2Cl_2/Hg,饱和) = 0.2415 V$

$E(负) = E^{\ominus}(H^+/H_2) + 0.0592\ V/2\lg[c(H^+)/c^{\ominus}]^2 = 0 + 0.0592\ V\lg c_x$

由 $E = E(正) - E(负)$ 得

$E(负) = E(正) - E = 0.2415\ V - 0.5465\ V = -0.3050\ V$

又由 $E(负) = E(H^+/H_2) = 0.0592\ V\lg c_x$ 得

$\lg c_x = E(H^+/H_2)/0.0592\ V = -0.3050\ V/0.0592\ V = -5.152$

$c_x = 7.05\times10^{-6}$

利用上述原理，根据测定的电动势即可求出氢电极中的 $c(H^+)$ 或用下式表示 pH：

$$\mathrm{pH} = \frac{E - 0.2415\ V}{0.0592\ V}$$

根据这一原理设计的仪器称 pH 计，它可以准确地测量溶液的 pH，也可以测定一些有色溶液的酸碱性。

2. 从已知电极电势计算另一电极的电极电势

如前所述，电极电势是系统的一个强度量，没有加和性，不能从两个电极反应的加和去求另一电极的电极电势。但每个电极反应都有对应的 Gibbs 函数变 $\Delta_r G_m$，而 $\Delta_r G_m$ 是一个广度量，具有加和性，且电极反应的 $\Delta_r G_m = -nFE$，$\Delta_r G_m^{\ominus} = -nFE^{\ominus}$，即可利用电极反应对应的 Gibbs 函数变与电极电势的关系求另一电极的电极电势。

[例 5-11] 已知 $E^{\ominus}(Au^{3+}/Au) = 1.42\ V$，$E^{\ominus}(Au^{3+}/Au^+) = 1.29\ V$，试求算 $E^{\ominus}(Au^+/Au)$。

解： 三个电极对应的电极反应如下。

(1) $Au^{3+} + 3e^- \rightleftharpoons Au$　　$n_1 = 3$　　$E_1 = E^{\ominus}(Au^{3+}/Au) = 1.498\ V$

(2) $Au^{3+} + 2e^- \rightleftharpoons Au^+$　　$n_2 = 2$　　$E_2 = E^{\ominus}(Au^{2+}/Au) = 1.401\ V$

(3) $Au^+ + e^- \rightleftharpoons Au$　　$n_3 = 1$　　$E_3 = E^{\ominus}(Au^+/Au) = ?$

因为反应(1)－反应(2)＝反应(3)

所以 $\Delta_r G^{\ominus}_{m\,1} - \Delta_r G^{\ominus}_{m\,2} = \Delta_r G^{\ominus}_{m\,3}$

将 $\Delta_r G^{\ominus}_{mi} = -n_i F E_i^{\ominus}$ 代入上式得

$$(-n_1FE_1^{\ominus}) - (-n_2FE_2^{\ominus}) = (-n_3FE_3^{\ominus})$$

两端同除以 $(-F)$ 并移项可得

$$E_3^{\ominus} = (n_1E_1^{\ominus} - n_2E_2^{\ominus})/n_3$$
$$= (3\times1.498\ V - 2\times1.401\ V)/1 = 1.692\ V$$

3. 比较氧化剂、还原剂的相对强弱

用电极电势比较氧化剂、还原剂相对强弱的准则如下：

(1) 电极电势越高的电对，其氧化态物质的氧化性越强，是越强的氧化剂；而电对中还原态物质的还原性越弱，是越弱的还原剂。

(2) 电极电势越低的电对，其还原态物质的还原性越强，是强的还原剂；而电对中氧化态物质的氧化性越弱，是弱的氧化剂。如电对 F_2/F^-，Cl_2/Cl^-，$Br_2/$

Br^-,I_2/I^-对应的标准电极电势分别为2.866 V,1.358 V,1.066 V,0.535 V,则在标准态下,氧化剂 F_2,Cl_2,Br_2,I_2 的氧化性从强到弱顺序为 $F_2>Cl_2>Br_2>I_2$;而还原剂 F^-,Cl^-,Br^-,I^-的还原性从强到弱顺序为 $I^->Br^->Cl^->F^-$。

综上所述可推出:(1) 表中存在着对角线关系,即位于表左下方的氧化态物质与右上方的还原态物质能自动发生反应;(2) 有几种物质同时可能发生氧化还原反应时,$E^\ominus$值相差越大,其相互反应的趋势越大。

例如,查附表得,$E^\ominus(Cl_2/Cl^-)=1.3583\ V>E^\ominus(Br_2/Br^-)=1.065\ V>E^\ominus(I_2/I^-)=0.535\ V$。因此可知,氧化性:$Cl_2>Br_2>I_2$;而还原性:$I^->Br^->Cl^-$。所以,如将氯气通入浓度相同的$I^-$和 Br^-的混合溶液中,则 Cl_2 和 I^-反应要比 Cl_2 与 Br^-反应趋势大得多。

4. 判断氧化还原反应进行的方向

热力学指出,等温、等压、只做体积功的条件下,化学反应自发进行的条件是 $\Delta_r G_m<0$,对原电池反应而言,因 $\Delta_r G_m=-nFE$,则 $\Delta_r G_m<0$ 时,$E>0$,$E=E(正)-E(负)$。即 $E(正)>E(负)$时,电池反应可自发进行。在原电池中,氧化剂作正极,还原剂作负极,因此,判断条件可改写为 $E(氧化态)>E(还原态)$,电池反应即可自发进行。换句话说,为了判断某氧化还原反应在特定条件下能否自发,只需知道与该反应有关的电池电动势或电极电势即可。如下所示:

反应情况		$\Delta_r G_m$	E	$E(正)$与$E(负)$关系	$E(氧化态)$与$E(还原态)$关系
反应自发	$\rightarrow$	<0	>0	$E(正)>E(负)$	$E(氧化态)>E(还原态)$
反应非自发	$\leftarrow$	>0	<0	$E(正)<E(负)$	$E(氧化态)<E(还原态)$
可逆过程或平衡态	$\rightleftharpoons$	=0	=0	$E(正)=E(负)$	$E(氧化态)=E(还原态)$

如反应中各物质均处于标准态,则可用标准电极电势及标准电动势来判断。即

$E^\ominus>0$ 或 $E^\ominus(氧化态)>E^\ominus(还原态)$ 正向自发

$E^\ominus<0$ 或 $E^\ominus(氧化态)<E^\ominus(还原态)$ 非自发,逆向自发

$E^\ominus=0$ 或 $E^\ominus(氧化态)=E^\ominus(还原态)$ 可逆过程或平衡态

[例 5-12] 试用计算说明在下列两种情况下,反应 $MnO_2(s)+4HCl(aq) \rightleftharpoons MnCl_2(aq)+Cl_2(g)+2H_2O$ 能否自发进行。(1) 标准态下;(2) 12 $mol \cdot L^{-1}$盐酸中,假设$p(Cl_2)=100kPa$。

解: 依题意,若将上述反应装配成原电池,则电池正、负极反应及标准电极电势分别为

正极 $MnO_2(s)+2e^-+4H^+(aq) \rightleftharpoons Mn^{2+}+2H_2O$ $E^\ominus(正)=1.224\ V$

负极 $2Cl^--2e^- \rightleftharpoons Cl_2(g)$ $E^\ominus(负)=1.358\ V$

(1) 标准态下,因为 $E^\ominus(正)=1.224\ V<E^\ominus(负)=1.358\ V$,$E^\ominus<0$,所以反应不能自发进行,即将 MnO_2 放入 1 $mol \cdot L^{-1}$盐酸中不能制得氯气。

(2) 在浓盐酸中,反应系统处于非标准态,$c(H^+)=c(Cl^-)=12\ mol \cdot L^{-1}$

$$正极\ E(正)=E^{\ominus}(正)+(0.0592\ V/2)\lg\left\{\frac{[c(H^+)/c^{\ominus}]^4}{[c(Mn^{2+})/c^{\ominus}]}\right\}$$

$$=1.224\ V+(0.0592\ V/2)\lg\{12^4\}=1.352\ V$$

$$负极\ E(负)=E^{\ominus}(负)+(0.0592\ V/2)\lg\left\{\frac{[p(Cl_2)/p^{\ominus}]}{[c(Cl^-)/c^{\ominus}]^2}\right\}$$

$$=1.358\ V+(0.0592\ V/2)\lg\{1/12^2\}=1.294\ V$$

$$E=E(正)-E(负)=(1.352-1.294)\ V=0.058\ V>0$$

电动势为正值,反应正向自发。即从热力学上讲,将 MnO_2 放入浓盐酸中可能制得氯气,但由于反应速率太慢,实际操作中须加热才行。

5. 判断氧化还原反应进行的限度

氧化还原反应进行的限度可用反应的平衡常数来表征。$K^{\ominus}$ 值越大,反应进行得越完全,反之亦然,如表 5-3 所示。

[例 5-13] 计算 298.15 K 下反应 $2Fe^{3+}+Cu = 2Fe^{2+}+Cu^{2+}$ 的平衡常数。

解: 将该反应设计成原电池,则

正极 $Fe^{3+}+e^- = Fe^{2+}$ $E^{\ominus}(正)=E^{\ominus}(Fe^{3+}/Fe^{2+})=0.771\ V$

负极 $Cu-2e^- = Cu^{2+}$ $E^{\ominus}(负)=E^{\ominus}(Cu^{2+}/Cu)=0.3419\ V$

$$E^{\ominus}=E^{\ominus}(正)-E^{\ominus}(负)=0.771\ V-0.3419\ V=0.4291\ V$$

$$\lg K^{\ominus}=nE^{\ominus}/0.0592\ V=14.50$$

$$K^{\ominus}=3.16\times10^{14}$$

$K^{\ominus}$ 值很大,表明反应进行得很完全。

除上述几方面外,电极电势在设计新型化学电源、判断电解产物、研究金属腐蚀及计算难溶化合物溶度积、配离子的稳定常数等方面,都有重要的应用。

5.5 电解与电化学技术

视频 5-11

电解装置与原理

5.5.1 电解装置与原理

借助于电流通过电解质溶液产生化学反应的过程称为**电解**,进行电解的装置称为**电解池**。如图 5-7 所示,电解池由电极、电解质溶液(AB)和电源组成。电极以导线和直流电源相接。与电源正极相连接的电解池的电极,称为**阳极**,与电源负极相连接的电解池的电极则是**阴极**。电子从电源负极流至电解池的阴极,从阳极流至电源的正极。电解质溶液中的正离子移向阴极,从阴极上获得电子(正离子放电),发生还原反应;负离子移向阳极将电子传给阳极,或者金属电极材料失去电子成为金属离子进入溶液(负离子放电或金属电极放电),发生氧化反应。因此,电解的过程就是借助于电流而实现氧化还原反应的过程。

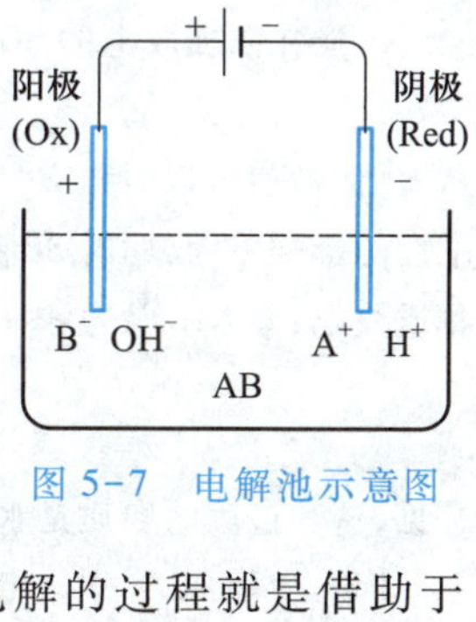

图 5-7 电解池示意图

视频 5-12

电解产物的判断与电化学技术

5.5.2 电解产物的判断

电解质水溶液中除电解质的正、负离子外,还有水中的 H^+ 和 OH^-。因此,在电解时，每个极上至少有两种离子可能放电，究竟哪种离子放电，要由它们的电极电势，特别是标准电极电势 $E^{\ominus}$、离子浓度、所用的电极材料等因素综合考虑；但 $E^{\ominus}$ 值的大小是主要因素，特别是在电极为惰性材料（铂及石墨等），离子浓度不太大时，标准电极电势值，可以帮助我们大致判断电解产物。

电解时，阳极进行氧化反应，放电的应是容易给出电子的物质，即 $E^{\ominus}$ 代数值较小的电对中的还原态物质，而得到其相应的氧化态物质；阴极上进行的是还原反应，放电的应是容易获得电子的物质，即 $E^{\ominus}$ 代数值较大的电对中的氧化态物质，得到其相应的还原态物质。

溶液中离子浓度越大，越有利于放电。根据 Nernst 方程，金属正离子和 H^+ 浓度越大，即方程中氧化态物质的相对浓度越大，其电极电势的代数值越大，越易于在阴极放电。同理，负离子和 OH^- 一般为还原态，其相对浓度越大，则电极电势的代数值越小，越易于在阳极放电。

以一般金属材料为阳极时，有可能发生下列反应，$M - ne^- \rightleftharpoons M^{n+}(aq)$，即金属电极参与反应而以离子形式进入溶液，如用铁、铜和银为电极。

在电极上产生气体的电极反应有一定的阻力。含氧酸根在水溶液中一般是不放电的。

因此，要确定电极上的最终产物，必须对上述因素进行综合分析。

［例 5-14］ 用石墨作电极，电解 Na_2SO_4 稀溶液，两极上所得产物是什么？

解：石墨是一种惰性材料，在一般条件下不参与电极反应，只起导电作用。

电解质溶液中有四种离子：Na^+、SO_4^{2-}、H^+、OH^-，可能在阴极放电的 Na^+ 和 H^+ 的标准电极电势分别为

$$E^{\ominus}(Na^+/Na) = -2.711\ V; \qquad E^{\ominus}(H^+/H_2) = 0V$$

虽然 $c(Na^+)$ 比 $c(H^+)$ 大得多（浓度是通过对数值来影响电极电势的），但由于 $E^{\ominus}(H^+/H_2) \gg E^{\ominus}(Na^+/Na)$，所以在阴极上是电极电势较大的电对中的氧化态物质放电，即 H^+ 放电，产生 H_2：

$$阴极\ 2H^+ + 2e^- \rightleftharpoons H_2(g)$$

可能在阳极放电的 SO_4^{2-} 和 OH^- 的标准电极电位分别为

$$E^{\ominus}(S_2O_8^{2-}/SO_4^{2-}) = 2.0\ V \qquad E^{\ominus}(O_2/OH^-) = 0.401\ V$$

从 $E^{\ominus}$ 的数值可以看出 $E^{\ominus}(O_2/OH^-) \ll E^{\ominus}(S_2O_8^{2-}/SO_4^{2-})$，虽然溶液中 $c(SO_4^{2-}) \gg c(OH^-)$，但浓度的影响不大，同时 SO_4^{2-} 放电十分困难。所以，阳极还是电极电势较小的电对中的还原态物质放电，即 OH^- 放电：

$$阳极\ 4OH^- - 4e^- \rightleftharpoons 2H_2O + O_2(g)$$

$$总电解反应\ 2H_2O(l) \rightleftharpoons 2H_2(g) + O_2(g)$$

可见，这一过程的实质是水的电解，Na_2SO_4 在这里只起提高导电性能的作用。

［例 5-15］ 以铜为电极电解 Na_2SO_4 水溶液，两极上所得的产物是什么？

解：本例与上例区别的是电极材料不同，以铜为电极材料时，阴极反应与上例相同，即 H^+ 放电得到氢气：

$$阴极\ 2H^+ + 2e^- \rightleftharpoons H_2(g)$$

但在阳极放电的物质，除了上例讨论的外还有铜电极的放电，即 $Cu - 2e^- \rightleftharpoons Cu^{2+}$，查表得铜电极的 $E^{\ominus}(Cu^{2+}/Cu) = 0.3419\ V$。由于 $E^{\ominus}(Cu^{2+}/Cu) \ll E^{\ominus}(O_2/OH^-) \ll E^{\ominus}(S_2O_8^{2-}/SO_4^{2-})$，因

此，阳极放电的是铜电极。即

$$\text{阳极 } Cu-2e^- \longrightarrow Cu^{2+}(aq)$$

$$\text{总电解反应 } Cu + 2H^+ \longrightarrow Cu^{2+}(aq) + H_2(g)$$

这一电解过程与上例不同的是，随着电解反应的进行，电解液的成分逐渐发生变化，情况也变得较为复杂，此处不再讨论。

确定电解产物，一般可归纳为如下三点：

（1）以惰性材料作电极电解卤化物、硫化物或它们的水溶液（氟化物除外）时，在阳极上得到卤素和硫单质。电解含氧酸盐的水溶液时，在阳极上得到氧气。

（2）电解很活泼的金属盐的水溶液时，在阴极上得到氢气；标准电极电势大于零的金属，其盐的水溶液电解时，阴极上得到金属；标准电极电势虽小于零但离氢不太远的一些金属盐的水溶液（如 Sn^{2+}，Ni^{2+}，Pb^{2+}，Fe^{2+}，Zn^{2+} 等）电解时，阴极上也得到金属而不放出氢气。

（3）电解时如果用金属作阳极（除 Au，Pt 等极不活泼的金属及易钝化的金属外），发生阳极溶解，失去电子变成离子进入溶液。

要使电解作用进行，必须在两极间加上一适当的电压，这种使电流顺利通过电解质溶液、保证电解不断进行所需的最低外加电压，称为该电解池的**实际分解电压**，简称**分解电压**。图 5-8 是实验测得的某电解池的电流密度-电压曲线图，图中 D 点对应的电压即为该电解池的分解电压。从图中可以看出，当外加电压等于零时，通过电解池的电流密度等于零；当外加电压在小于分解电压的范围内增加时，电流密度增加非常缓慢，实际通过电解池的电流密度非常小，表明电极反应无法顺利进行；当电压等于或大于分解电压时，电流密度迅速增加，表明电解反应能够顺利进行。

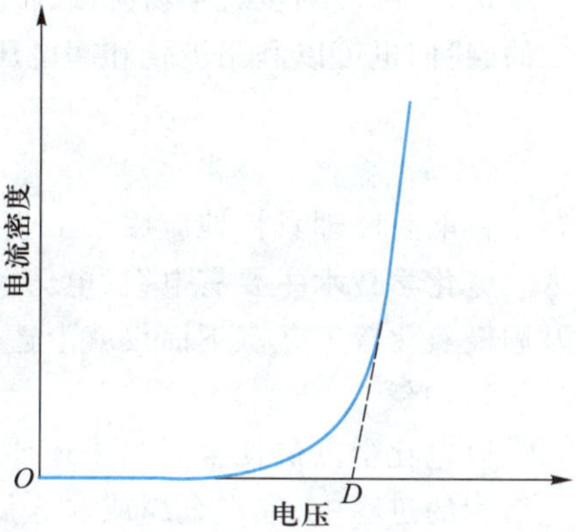

图 5-8 电流密度-电压曲线

分解电压之所以需要，是因为两电极上的电解产物又组成了一个原电池，该原电池的电动势与外加电压的方向相反，要使反应顺利进行，外加电压必须克服这一电动势，这就是**理论分解电压**。理论分解电压可用 Nernst 方程和电动势公式计算出来。

［**例 5-16**］ 以石墨为电极电解 5 mol·L^{-1} NaCl 溶液，$p(Cl_2)=p(H_2)=100$ kPa 时，其理论分解电压是多少？

解：电解时，阳极产生 Cl_2，阴极得到 H_2，它们组成的原电池，其电子将由氢电极（电解池的阴极）流向氯电极（电解池的阳极），与原来电解池的电子流向相反，所以，由 H^+/H_2 电对和 Cl_2/Cl^- 电对组成的原电池的电动势，就是溶液电解的理论分解电压。

已知 $c(Cl^-) = 5\ mol\cdot L^{-1}, c(H^+) = 1\times10^{-7}\ mol\cdot L^{-1}$

查表得 $E^\ominus(Cl_2/Cl^-) = 1.358\ V, E^\ominus(H^+/H_2) = 0$

原电池正极 $Cl_2 + 2e^- \Longrightarrow Cl^-$

$$E(Cl_2/Cl^-) = E^{\ominus}(Cl_2/Cl^-) + (0.0592\ V/2)\lg\left\{\frac{[p(Cl_2)/p^{\ominus}]}{[c(Cl^-)/c^{\ominus}]^2}\right\}$$

$$= 1.358\ V + (0.0592\ V/2)\lg\{1/5^2\} = 1.317\ V$$

原电池负极 $H_2 - 2e^- \Longrightarrow 2H^+$

$$E(H^+/H_2) = E^{\ominus}(H^+/H_2) + (0.0592\ V/2)\lg\left\{\frac{[c(H^+)/c^{\ominus}]^2}{[p(H_2)/p^{\ominus}]}\right\}$$

$$= 0 + 0.0592\ V\lg(1\times10^{-7}) = -0.414\ V$$

原电池电动势：$E = E(正) - E(负) = 1.317\ V - (-0.414\ V) = 1.731\ V$

这就是以石墨为电极，电解 5 mol · L^{-1}NaCl 溶液的理论分解电压。

实际上，电解时所需要的外加电压（实际分解电压）总是大于理论分解电压。例如，电解上述 NaCl 实际所需要的外加电压为 2.2 V，而不是 1.731 V。通常把实际分解电压与理论分解电压的差值，称为**超电压**。这是由于实际电解时总有一定的电流通过电极和溶液，使电极过程离开了平衡状态，称为**电极极化**。

极化现象导致超电压的存在，会额外消耗大量的电能，并使电解过程变得相当复杂，电解产物也就不易判断，往往需通过实验才能确定。但事物总是一分为二的，我们也可以利用极化和超电压为科学研究和工业生产服务。

5.5.3 电化学技术

将电解原理具体地应用于工业生产实践中所形成的工业技术称为**电化学技术**。电化学技术主要有电镀、电铸、电抛光、电解加工、金属的电解精炼、电冶炼及阳极氧化等工艺。下面仅就上述的部分内容做简单介绍。

1. 电镀

以电化学方法使金属离子还原为金属的过程，称为金属的**电沉积**。如果在电沉积的过程中，能在金属或非金属制品零件表面上形成一层符合要求的平滑致密的金属薄膜，以提高金属表面的抗腐蚀性能、装饰性能、表面硬度，给制品以特殊的物理和化学特性，则该过程称为**电镀**。电镀时，镀层金属通常是一些在空气或溶液里不易起变化的金属（如铬、锌、镍、银）或合金（铜锡合金、铜锌合金等）。以待镀的金属制品（镀件）作阴极，以镀层金属作阳极，用含有镀层金属离子的溶液作电镀液，在直流电的作用下，镀件表面就覆盖上一层均匀光洁而致密的镀层。根据镀层的组分数可将电镀分为**单金属镀**和**合金镀**；根据电镀设备装置及操作方法的不同，又可将其分为**槽镀**和**电刷镀**等。

槽镀 以镀锌为例来说明该工艺的装置及过程。按图 5-9 装置，用锌片作阳极；用经过除油、除锈、抛光等预处理后的镀件作阴极；在电镀槽里加入由氯化锌或氧化锌、苛性钠、锡及其他添加剂等组成的电镀液。接通直流电源，几分钟后就可看到镀件的表面被镀上了一层锌。

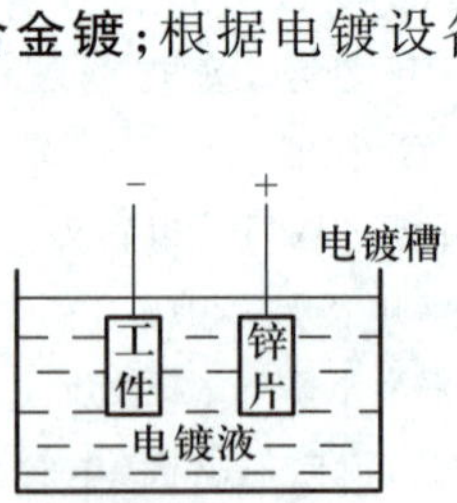

图 5-9 电镀原理示意图

在镀锌的电镀液中，氢氧化钠一方面可增加溶液的导电性，一方面作为配合剂与氯化锌或氧化锌生成配离子：

$$4OH^- + Zn^{2+} = [Zn(OH)_4]^{2-}$$

$[Zn(OH)_4]^{2-}$配离子在溶液中存在下列解离平衡：

$$[Zn(OH)_4]^{2-} \rightleftharpoons Zn^{2+} + 4OH^-$$

电镀液中游离的$[Zn^{2+}]$浓度较小，这样金属晶体在镀件上的析出过程有一个适宜的晶核生长速率。随着电解的进行，Zn^{2+}不断在阴极还原结晶，$[Zn(OH)_4]^{2-}$不断解离补充Zn^{2+}，阳极的锌不断溶解，与OH^-生成$[Zn(OH)_4]^{2-}$，故电镀液中Zn^{2+}的浓度基本保持稳定。在电极上发生的反应为

阴极　$Zn^{2+} + 2e^- = Zn$　（还原反应）

阳极　$Zn - 2e^- = Zn^{2+}$　（氧化反应）

电镀液中的锡在较低的电流密度下，能很好地防止锌的海绵状沉淀。这样，在阴极能得到细致光滑的镀层。在电镀液中如只用锌盐溶液（如$ZnCl_2$或$ZnSO_4$），由于简单锌盐溶液中Zn^{2+}的浓度太大，使得锌在阴极析出时晶粒生长速率过快，造成镀层粗糙、厚薄不均匀、与镀件结合力差。故电镀液中需加入配合剂及其他添加剂。这是配合剂在工业上的应用之一。

电镀合金　生产实践中常常根据一些特殊的要求进行合金电镀。在电镀过程中，只有当两种或两种以上金属以一定的比例同时从镀液中析出沉积在制件的表面，方可形成所需要的合金镀层，所以电镀合金的必要条件是各个放电离子的放电电势必须相等或相近，而金属离子能否在阴极放电，取决于它的标准电极电势、溶液中金属离子的浓度和阴极极化的大小。实践表明，只有少数标准电极电势比较接近、电极极化也不太大的两种金属，才有可能在其简单盐溶液中同时析出。如 Ni 与 Co 的标准电极电势只相差 30mV，它们在硫酸盐溶液中析出时的过电势也比较接近；又如 Pb 和 Sn 的标准电极电势仅相差 10mV，它们从氯化物或氟硼酸盐溶液中析出时，极化也不大。对于这类合金，显然只需改变溶液中金属离子的浓度，就可使它们共沉积。然而，大多数金属的标准电极电势相差都比较大，如 Cu，Zn 和 Sn 等，它们在简单盐溶液中很难共沉积。若想通过改变这些离子的相对浓度来达到使之在阴极共沉积的目的，则用 Nernst 方程进行计算可知，其浓度相差非常大。例如，$c(Sn^{2+})/c(Cu^{2+}) \approx 10^{17}$，而$c(Zn^{2+})/c(Cu^{2+}) \approx 10^{38}$。若溶液中$c(Cu^{2+}) = 1\ mol \cdot L^{-1}$，则要求$c(Sn^{2+}) = 10^{17}\ mol \cdot L^{-1}$，而$c(Zn^{2+}) = 10^{38}\ mol \cdot L^{-1}$。这样高的离子浓度，实际上根本无法实现。为了使标准电极电势相差较大的两种或两种以上金属的放电电势相等或相近，常用的方法有：选用配合物溶液，选用适当的添加剂，控制一定的电流密度，以及利用诱导共沉积等。

以电镀黄铜为例。由于锌和铜的标准电极电势相差较大，如下所示：

$E^\ominus(Zn^{2+}/Zn) = -0.7618\ V$；$E^\ominus(Cu^{2+}/Cu) = 0.3419\ V$；$E^\ominus(Cu^+/Cu) = 0.522\ V$

所以不可能用它们的单盐溶液电镀来获得铜锌合金镀层。实际操作中，用于装饰性电镀的铜锌合金镀液中铜和锌以配离子形式存在：

$$[Zn(CN)_4]^{2-} \rightleftharpoons Zn^{2+} + 4CN^- \qquad K^{\ominus}_{不稳}\{[Zn(CN_4)]^{2-}\} = 2.0\times10^{-17}$$

$$[Cu(CN)_3]^{2-} \rightleftharpoons Cu^{+} + 3CN^- \qquad K^{\ominus}_{不稳}\{[Cu(CN_3)]^{2-}\} = 2.6\times10^{-29}$$

由$[Cu(CN)_3]^{2-}$和$[Zn(CN)_4]^{2-}$的$K^{\ominus}_{不稳}$可知，形成配离子后电镀液中$c(Cu^+)$比$c(Zn^{2+})$降低的程度大得多。由Nernst方程可知，两种离子的电极电势的代数值均变小，但铜的电极电势的代数值比锌的电极电势的代数值变小的程度大，且铜的阴极极化远比锌大，这样就使得铜和锌的电极电势代数值趋于相近，在极低的电流密度下，铜和锌就能同时在阴极上还原析出形成黄铜。

现代的电镀技术，已可以在非导体制品（如玻璃、矿物、半导体、陶瓷、皮革、纸张、织物及塑料等）的表面以适当的方法镀上一层导电层，再以电镀的方法镀上金属，从而实现非金属材料的电镀。导电层的形成，通常的方法是**化学镀**。大家在中学化学熟知的银镜反应，就是化学镀的典型例子。

电刷镀　电刷镀技术是电镀技术的一个重要分支，它更偏重于工件的修复和中小批量工件的功能表面强化，已成为维修技术中的亮点。与普通电镀不同，刷镀过程是用裹有包套的浸渍特种镀液的镀笔（阳极）贴合在工件（阴极）的被镀部位并做相对运动形成镀层，刷镀电源串接于两极之间，高浓度的被镀金属离子刷镀液直接泵送或自然回流至阴、阳极之间。刷镀用电解池阳极常采用不溶性金属或石墨材料制成。电刷镀反应如下：

在阴极上的主反应 $M^{n+}+ne^- \longrightarrow M$　副反应 $2H^++2e^- \longrightarrow H_2(g)$

在阳极上的主反应 $M-ne^- \longrightarrow M^{n+}$　副反应 $4OH^--4e^- \longrightarrow 2H_2O+O_2(g)$

阴极副反应生成的氢是极其有害的，因它会在镀层中形成针孔，可采用搅拌予以清除。

刷镀技术的优点是：① 设备简单、操作简便。不用将镀件浸入镀液中，也无须镀槽。② 刷镀层与基体结合牢固。在正常操作条件下，常用刷镀层的结合强度均远大于热喷涂的结合强度，镀层致密、孔隙率低。③ 在保证镀层品质的条件下，可实现高效快速沉积。

2. 电铸

电铸的基本原理和工艺过程与电镀基本相似，不同之处在于：电镀时要求得到与基体结合牢固的金属镀层；而电铸要求镀层与原模分离，以制造或复制金属制品，故电铸层和原模的结合力很弱，且其厚度远大于电镀层。

电铸的优点是可使难成型的金属原模材料改用易成型的石蜡、树脂等，把机械加工较困难的内表面转化成为易成型材料的原模外表面，所以能制造其他方法不能或很难制造的内表面为特殊形状的零件，其表面轮廓和微细纹路也能被准确复制，表面光洁度较高，还可以获得高纯度金属制品或多层结构的构件。电铸也有一些缺点，如生产周期长，尖角或凹槽部分铸层不均匀，铸层存在一定的内应力，原模上的伤痕会带到产品上等。

电铸的质量首先依赖于原模的设计和合理的选材。金属原模有不锈钢、钢铁、铜、黄铜、镍等；非金属原模有环氧树脂、聚乙烯树脂、玻璃等。用非金属做原模时，其表面需用化学镀膜、涂导电漆、真空镀膜或阴极溅射等方法进行导电化处理。

3. 电抛光

电抛光是利用电解作用进行抛光，使金属获得平滑和有光泽的金属表面。电抛光时，以金属工件作阳极，以不溶于电解抛光液的金属作阴极，如图 5-10 所示，电解液静止不动，且两极间的距离较大。电抛光过程中阳极不断被溶解，阳极附近盐的浓度不断增加，在金属表面形成一种黏性薄膜，如图 5-11 所示，这种薄膜的导电能力差，而使得阳极的电极电势代数值增大。电抛光时，对表面凹凸不平的金属工件，这种黏性薄膜的分布不均匀，凸起部分薄膜层较薄，凹陷的部分薄膜层较厚，这样造成阳极表面各处的电阻不同，凸起部分电阻较小，电流密度较大，凸起部分的溶解速率比凹陷部分的溶解速率大，因此，金属表面逐渐被整平，凸起部分与凹陷部分的高度差不断降低，使凸起处与凹陷处的溶解速率趋于接近，与此同时在其表面形成一层钝化膜。

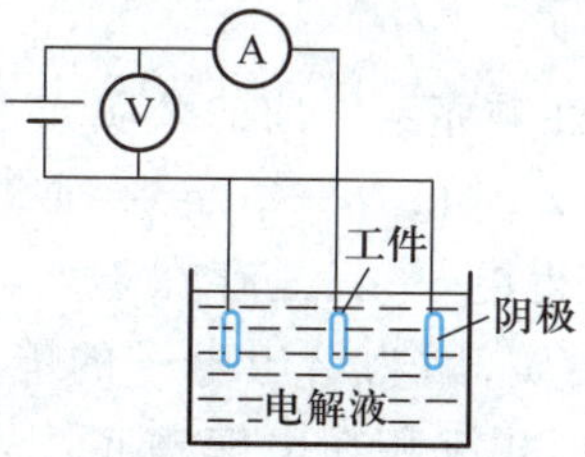

图 5-10 电抛光装置示意图

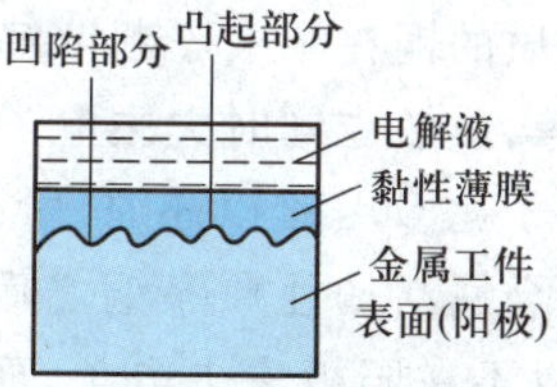

图 5-11 电抛光形成薄膜示意图

例如，对钢铁件进行电抛光时，用铅板作阴极，在含有磷酸、硫酸和铬酐(CrO_3)的电解液中抛光。钢铁的表面被氧化而溶解，发生如下反应：

电解液中 $2CrO_3+H_2O \rightleftharpoons Cr_2O_7^{2-}+2H^+$

$H_3PO_4 \rightleftharpoons H_2PO_4^-+H^+$

阳极(工件) $Fe-2e^- = Fe^{2+}$

阴极(铅板) $Cr_2O_7^{2-}+14H^++6e^- = 2Cr^{3+}+7H_2O$

$2H^++2e^- = H_2(g)$

阳极生成的 Fe^{2+} 与溶液中的 $Cr_2O_7^{2-}$ 发生氧化还原反应生成 Fe^{3+}：

$$Cr_2O_7^{2-}+6Fe^{2+}+14H^+ = 6Fe^{3+}+2Cr^{3+}+7H_2O$$

生成的 Fe^{3+} 进一步与溶液中的 $H_2PO_4^-$ 及 SO_4^{2-} 结合生成盐 $Fe(H_2PO_4)_3$ 及 $Fe_2(SO_4)_3$，这两种盐的浓度不断增加而形成黏性薄膜，覆盖在钢铁工件的表面。

与机械抛光相比，电抛光具有如下优点：① 生产率高。电抛光不受金属材料硬度和韧性的限制，对难以进行机械抛光的材料，如纯铝及合金钢具有特别的意义。② 耐蚀性好，使用寿命长。机械抛光的微观表面的凹凸部位呈尖峰状，而电抛光微观表面的凹凸部位呈圆弧状。按金属腐蚀理论，圆弧状比尖峰较耐腐蚀，且电抛光的表面生成了一层耐腐蚀的钝化膜。当其作为摩擦表面时，表面接触状况不一样，电抛光表面初始磨损小，而且摩擦系数小，故使用寿命长。③ 无残余应力、烧伤、微断裂纹等缺陷，具有较高反射率。④ 易于实现自动化，有利于降低成本。

电抛光与机械抛光相比，也存在一些局限，一般电抛光表面的硬度不如机械抛光高，只有当机械抛光因顾及被加工工件的形状和尺寸而有困难或不经济时，才采用电抛光。电抛光在零件的光整加工、精密零件的精加工、刀量具的抛光、金相磨片的制备等方面的应用十分广泛。

4. 铜的电解精炼

电器工业使用的铜对纯度要求很高。而从矿石经过一系列处理炼得的铜还含有0.5%~1.5%的各种杂质（锌、铁、镍、银、金等），导电性能不好，不符合电器工业的要求，需要用电解法再进行精炼。

电解时，用含杂质的铜作阳极，用纯铜薄片作阴极，以硫酸铜溶液作电解液，通以一定电压的直流电。这时，两极发生如下反应：

$$阳极\quad Cu - 2e^- \rightleftharpoons Cu^{2+}$$

$$阴极\quad Cu^{2+} + 2e^- \rightleftharpoons Cu$$

当含杂质的铜在阳极不断溶解时，位于金属活动性顺序铜以前的杂质元素如锌、铁、镍等，虽然也同时失去电子，如 $Zn - 2e^- \rightleftharpoons Zn^{2+}$ 和 $Ni - 2e^- \rightleftharpoons Ni^{2+}$，但这些阳离子比 Cu^{2+} 难以还原，所以它们不在阴极获得电子，只是存在于电解液中；而位于金属活动性顺序铜之后的银、金等金属杂质，因为给出电子的能力比铜弱，所以不在阳极失去电子，而是以金属单质的形式沉积在电解槽底，形成阳极泥。这样，在阴极就得到了纯铜，通常叫它**电解铜**（纯度可达 99.99%）。把阳极泥加以处理，可以得到金、银等贵重金属。

5. 阳极氧化

将金属或其合金放到适当的电解液中作为阳极进行通电处理的工艺过程叫**电化学氧化或阳极氧化**。以铝及其合金的阳极氧化为例（图 5-12）。

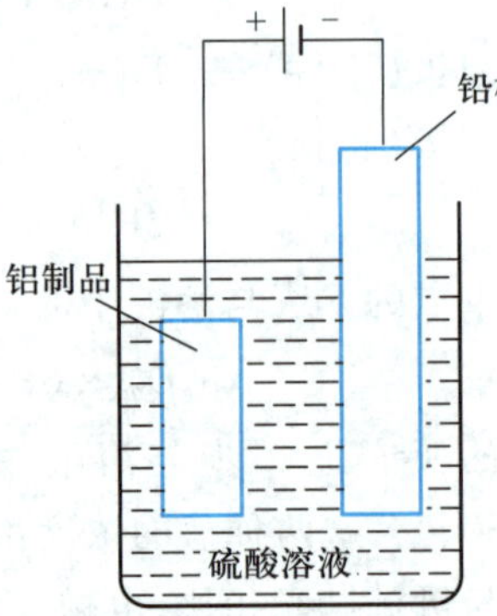

图 5-12　铝阳极氧化装置示意图

铝及其合金由于质量轻、导电导热性能良好及优良的表面反光性能，广泛用于航天、造船、仪器仪表、电子、建筑装饰和日常生活之中。然而铝的耐蚀性差，且铝合金还有产生晶间腐蚀的倾向。因为铝是易被钝化的金属，在空气中能自然形成一层厚度为 0.01~0.1 μm 的氧化膜。自然形成的这层氧化膜是非晶态的，薄而多孔，机械强度低，不能有效地防止基体金属的腐蚀。为此，需对其进行阳极氧化等表面处理。通过阳极氧化处理，可在铝表面生成厚度达几十至几百微米的致密氧化膜，使其耐蚀性、耐磨性、电绝缘性和装饰性都有明显的改善和提高。

在阳极氧化过程中铝及其合金作为阳极，阴极一般用铅，只起导电作用，电解液为酸溶液，阴、阳极主要反应分别为

$$阳极：\quad H_2O - 2e^- = [O] + 2H^+,\ 2Al + 3[O] = Al_2O_3$$

$$\Delta_r H_m^{\ominus} = -1675.7\ kJ \cdot mol^{-1}$$

阴极： $$2H^+ + 2e^- \xlongequal{\quad} H_2(g)$$

随着阳极氧化过程的进行，在铝阳极表面生成了结实的氧化膜，同时酸会对金属铝和生成的氧化膜发生化学溶解：

$$2Al + 6H^+ \xlongequal{\quad} 2Al^{3+} + 3H_2(g)$$

$$Al_2O_3 + 6H^+ \xlongequal{\quad} 2Al^{3+} + 3H_2O$$

可见，氧化膜的生成与溶解是同时进行的，因此，只有当膜的生长速率大于膜的溶解速率，即电化学反应速率明显大于化学反应速率时，氧化膜才能顺利生长并保持一定的厚度。

用阳极氧化法获得的铝氧化膜，其组成、结构及性能，在很大程度上取决于电解液的类型、浓度和工艺参数。常用的电解液有硫酸、草酸、铬酸和磷酸等溶液。如在20%硫酸电解液中得到的氧化膜，厚度约为 5～20 μm、外表层是由 $Al_2O_3 \cdot H_2O$ 和 $\gamma\text{-}Al_2O_3$ 混合组成的晶态，内部是具有 $\gamma\text{-}Al_2O_3$ 结构的无定形 Al_2O_3。该氧化膜是无色透明体，其吸附力强，易于染色，硬度较高。用水封闭处理后则形成 $Al_2O_3 \cdot H_2O$ 和 $Al_2O_3 \cdot 3H_2O$ 的混合物，具有较高的抗腐蚀能力，主要用于防护和装饰。

5.6 金属的腐蚀与防护

视频 5-13
金属的腐蚀与防护

金属是机器和设备最常用的材料，可是大部分金属易于腐蚀，每年全世界因腐蚀而耗费的金属超过年产量的 10%。腐蚀不仅使金属损失，而且引起飞机坠毁、轮船漏水、环境污染，以致造成中毒和爆炸等事故。所以，腐蚀及其防护是人们十分关心的问题。按机理的不同可将金属腐蚀分为**化学腐蚀**和**电化学腐蚀**。

5.6.1 化学腐蚀

金属与腐蚀介质如氧气、氯气和硫化氢等作用，直接发生的腐蚀叫化学腐蚀。例如，在高温下钢铁被空气中的氧气氧化，生成一层由 FeO，Fe_2O_3 和 Fe_3O_4 组成的氧化皮。这种氧化皮脆松多孔，大气中氧气可以进一步向内层扩散，使氧化皮不断加厚，氧化腐蚀向深层发展。

大气中的硫化氢也能与铁反应生成硫化亚铁与氢气：

$$Fe + H_2S \xlongequal{\quad} FeS + 2H$$

$$2H \longrightarrow H_2(g)$$

此反应在高温下迅速进行，生成的 FeS 积集在金属晶粒之间的界面上（或称晶界），使金属材料的强度下降。生成的氢，先以原子状态溶于金属中，接着氢原子扩散并逐步聚集于应力集中处或缺陷处，而使金属变脆，称之为“氢脆”（氢脆的形成还有其他解释），这是金属产生裂纹，以致断裂的原因之一。它对高强度钢的危害极大，不仅硫化氢可以引起氢脆，所有含氢物质如水、甲烷等在一定条件下都会引起氢脆。

5.6.2 电化学腐蚀

金属腐蚀中最常见的、危害最大的是电化学腐蚀。金属是怎样形成电化学腐蚀的呢？金属表面可吸附空气中的水分，形成一层水膜，即使在很干燥的大气中，金属表面也可吸附上一层水分子。在潮湿空气中，或空气降温达露点时这种吸附层会更厚。金属表面有尘土或盐类时，也易使水分凝聚。空气中的 CO_2，SO_2，汗渍中的 NaCl 和乳酸等都能溶于金属表面的水膜中，形成电解质溶液，而浸泡在电解质溶液中的不同金属则成为原电池的两极。这样就具备了形成原电池的条件。

先来分析两种金属的接触情况。如铜与铝接头，在空气中表面凝聚一层水膜，水膜内溶有 CO_2 成为电解质溶液，浸于电解质溶液中的 Cu 和 Al，就形成了原电池的两极（图 5-13）。铝电极电势低，为负极，铜电势高为正极。电极反应如下：

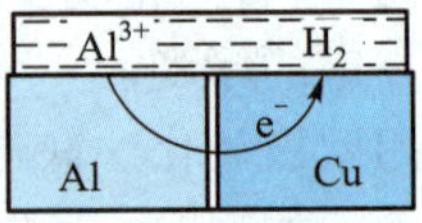

图 5-13　铜铝接头的腐蚀

$$负极\quad Al - 3e^- = Al^{3+}$$

$$正极\quad 2H^+ + 2e^- = H_2(g)$$

在水溶液中存在着水的解离平衡，正极区由于 H^+ 的放电消耗，使 OH^- 聚集，溶液中正极区 OH^- 及负极区 Al^{3+} 相互扩散结合生成 $Al(OH)_3$ 而沉积：

$$Al^{3+} + 3OH^- = Al(OH)_3(s)$$

这种腐蚀叫**大电池腐蚀**（也称宏观电池腐蚀）。

在电化学腐蚀中通常把发生氧化反应的负极称为阳极（如上述大电池腐蚀中的 Al 极），把发生还原反应的正极称为阴极（如上述大电池腐蚀中的 Cu 极）。

工业用钢铁材料中，常含有锰、硅、铜、锡、碳（石墨）和碳化铁（Fe_3C）等杂质，铜和锡的标准电极电势比较高，石墨和碳化铁也不容易失去电子，它们在水膜电解质溶液中成为正极（阴极），而金属铁成为负极（阳极），构成腐蚀电池。由于微小的杂质分散于铁中形成许多微阴极（如杂质比铁更容易失电子，则成为微阳极）而引起的腐蚀称为**微电池腐蚀**（图 5-14）。

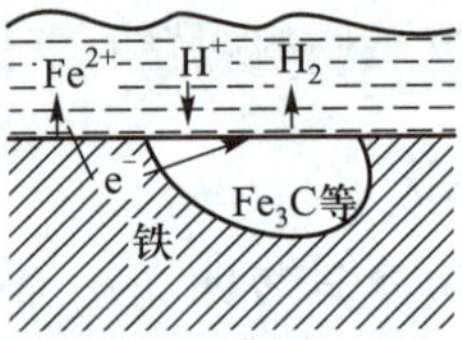

图 5-14　微电池腐蚀示意图

在图 5-14 的微电池腐蚀中，阴、阳极反应分别为

$$阳极反应\quad Fe - 2e^- = Fe^{2+}$$

$$阴极反应\quad 2H^+ + 2e^- = H_2(g)$$

与图 5-13 相似，阴极区由于 H^+ 放电和 OH^- 聚集，Fe^{2+}，OH^- 相互扩散反应结合成白色或淡绿色的胶状 $Fe(OH)_2$ 沉淀：

$$Fe^{2+} + 2OH^- = Fe(OH)_2(s)$$

$Fe(OH)_2$ 在空气中还可继续氧化成红棕色 $Fe(OH)_3$ 沉淀：

$$4Fe(OH)_2 + 2H_2O + O_2 = 4Fe(OH)_3(s)$$

$Fe(OH)_3$ 可脱水成为 Fe_2O_3，普通的铁锈是 $Fe(OH)_3$ 部分脱水产物，以 $Fe_2O_3 \cdot mH_2O$ 表示（m 不一定是整数）。$Fe_2O_3 \cdot mH_2O$ 有 α，γ 两种结构，α 型是红棕色，γ 型是黄色的。所以铁锈也有红棕色和黄色两种。由于这种腐蚀有氢析出，故称为“**析氢腐蚀**”。

水溶液中通常溶有氧 O_2，它比 H^+ 更容易得到电子，在阴极上进行反应：

$$阴极反应 \quad O_2 + 2H_2O + 4e^- \longequal 4OH^-$$

$$阳极反应 \quad Fe - 2e^- \longequal Fe^{2+}$$

阴极产生的 OH^- 及阳极产生的 Fe^{2+} 向溶液中扩散，生成 $Fe(OH)_2$，进一步氧化生成 $Fe(OH)_3$。这种腐蚀过程因吸收氧而被称为“**吸氧腐蚀**”。

在较强酸性介质中，由于 H^+ 浓度大，钢铁以析氢腐蚀为主；在弱酸性或中性介质中，发生的腐蚀主要是吸氧腐蚀。

当钢铁材料浸泡在介质中发生吸氧腐蚀时，由于金属表面附近含氧量不同也能引起电化学性质的差异，如电极反应：

$$O_2 + 2H_2O + 4e^- \longequal 4OH^-$$

对应的电极电势为

$$E(O_2/OH^-) = E^{\ominus}(O_2/OH^-) + (0.0592\ V/4)\lg\left\{\frac{[p(O_2)/p^{\ominus}]}{[c(OH^-)/c^{\ominus}]^4}\right\}$$

当腐蚀环境中氧气的分压力较大时，相应的 $E(O_2/OH^-)$ 也较大，当它与阳极 ($Fe-2e \longequal Fe^{2+}$) 形成腐蚀电池时的电动势也较大；反之，氧气的分压力较小时，相应的 $E(O_2/OH^-)$ 也较小，它与阳极形成的腐蚀电池的电动势也较小。根据式(5-6) $nFE = -\Delta_r G_m$，E 越大，$\Delta_r G_m$ 越小，反应自发进行的可能性越大，反之亦然。因此，氧气分压较大的区域，吸氧腐蚀进行的可能性也就较大，腐蚀过程较易进行。这就是液面处金属材料最易被腐蚀的主要原因。如图 5-15 所示，将一钢板浸于自来水中，观察发现，液面处钢板表面上首先形成锈斑。这称为**差异充气腐蚀**。

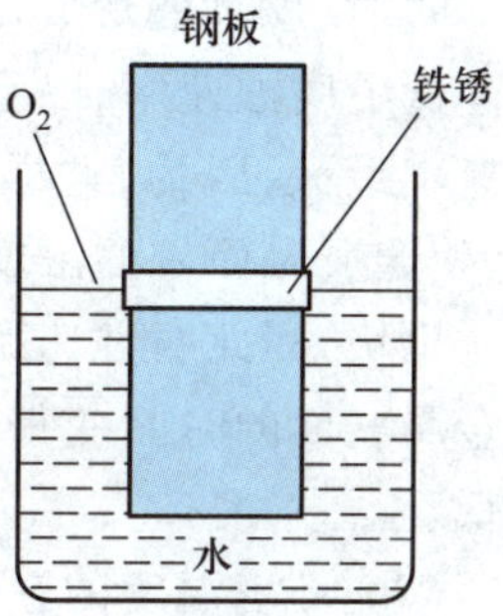

图 5-15 液面处腐蚀严重示意图

5.6.3 金属腐蚀速率

上面介绍的是金属腐蚀的热力学内容，现在来讨论金属腐蚀的动力学，亦即金属腐蚀的速率问题。

影响金属腐蚀速率的因素很多，可分内部因素和外界因素两部分。内部因素首先是金属的性质，金属越活泼，其标准电极电势越低，就越易腐蚀。有些金属，如铝、铬等，虽然电极电势很低，但可生成一层氧化物薄膜，紧密地覆盖在金属表面上，阻止氧化还原反应继续进行，因而金属被钝化，不易腐蚀。如将氧化膜除去，则很快地腐蚀。例如，将铝片上的氧化铝薄膜设法除去后，铝在空气中便很快地腐蚀，生成一种疏松的絮状物质（氢氧化铝）。另一些金属（钢和铁等）与空气接触时，在表面上生成的氧化层不紧密，且易脱落，所以不但没有保护作用，反而促进腐蚀的进行。

其次，金属所含的杂质如果比金属活泼，则形成的微电池以金属为阴极，金属便不易腐蚀。杂质如果没有金属活泼，则金属成为微电池的阳极，金属便容易腐蚀。

对同种金属而言,腐蚀速率主要受外界因素的影响,外界因素包括介质的性质及温度等,介质的性质如相对湿度、酸碱性、电解质杂质和污染物质等对金属腐蚀的影响是非常大的。现对几种影响因素予以简单讨论。

(1) 大气相对湿度的影响　金属在潮湿的空气中总比在干燥的空气中容易生锈。这是因为,常温下,金属在大气中的腐蚀主要是吸氧腐蚀。吸氧腐蚀的速率主要取决于构成电解质溶液的水分。在临界相对湿度以下,金属表面不能形成腐蚀所需要的水膜,即使长期暴露在空气中,也几乎完全不生锈;但如果超过临界相对湿度,金属表面很快就会吸附水蒸气形成水膜而腐蚀。不同金属或同种金属的不同表面状态对大气中水分的吸附能力是不同的,因此,相对临界湿度随金属的种类及表面状态的不同而异。一般说,钢铁生锈的相对临界湿度大约为 75%。如果金属表面有吸湿性物质(如灰尘、水溶性盐类等)污染,或其表面形状粗糙而多孔时,则临界相对湿度值就会大幅度下降。

金属表面上的水膜厚度对金属腐蚀速率的影响也很大。当水膜很薄(小于 10 nm)时,就不能形成足够的电解质溶液供金属溶解和离子迁移运动,从而极大地降低了腐蚀速率,以至腐蚀实际上不能发生;当水膜厚度在 $10\sim10^{6}$ nm 时,腐蚀速率最大,因为,这样的水膜厚度适中,氧分子十分容易透过水膜到达金属表面,使金属表面氧的浓度增大,氧的(阴极)电势增大,易得电子,金属(阳极)失电子也快,因此腐蚀速率加快;如果水膜过厚(超过 10^{6} nm),氧分子通过水膜到达金属表面的时间变得较长,这使阴极得电子过程减缓,腐蚀速率就会随之而降低。

(2) 环境温度的影响　环境温度及其变化也是影响金属腐蚀的重要因素,而且温度的影响一般要和湿度条件综合起来考虑。当湿度低于金属的临界相对湿度时,温度对腐蚀的影响很小,此时无论气温多高,金属也几乎不腐蚀;而当在临界相对湿度以上时,温度的影响就会相应地增大。此时温度每升高 10℃,腐蚀速率提高约 2 倍,所以在雨季或湿热带,温度越高,生锈越严重。

温度变化对腐蚀的影响突出表现在霜露现象上。例如,在大陆性气候地区,白天炎热,空气相对湿度低,但一到晚上,温度就剧烈下降,空气的相对湿度大大升高,这时空气中的水分就会在金属表面形成露水,形成了生锈的条件,从而导致腐蚀加速。某些供暖时有时无的库房或车间,也会出现霜露现象;冬天将机器设备从室外搬到室内,由于室内温度较高,冰冷的机器表面就会形成一层水珠;在潮湿的环境中用汽油洗涤零件,洗后由于汽油迅速挥发,而使零件变冷,表面马上会凝结一层水膜,所有这些都会引起金属的腐蚀。所以,在金属制品的生产、放置和贮运中,应尽量避免温度的剧烈变化。在北方高寒地区和昼夜温差较大的地区,应设法控制室内温度。

(3) 空气中污染物质的影响　在工业城市大气中含有大量的 SO_2, CO_2 等酸性气体,它们溶于金属表面的水膜中,形成酸性电解质溶液,不但增加了水膜的导电性,而且使析氢腐蚀和吸氧腐蚀同时发生,从而加快了腐蚀速率。而钢铁在大气中的腐蚀主要是吸氧腐蚀。锌也是这样，其主要腐蚀产物是 $Zn(OH)_2$，它与空气中的 CO_2 发生反应，生成碱式碳酸锌。该化合物可形成一种致密的覆盖层，使金属表面与氧气、水隔离，从而大大降低了腐蚀速率。如果在锌表面经常有水出现，碱式碳酸锌就可能溶解，从而促进了覆盖层的溶解，加速了锌的腐蚀。

Cl^-的作用，特别是在近海洋的大气中，Cl^-能促进腐蚀的发生。Cl^-体积小，能穿透水膜，破坏金属表面的钝化膜，生成的 $FeCl_2$ 和 $CrCl_3$ 又易溶于水形成离子，大大提高了水膜的导电能力，进一步加速腐蚀。钢铁材料在海滨大气及海洋运输中腐蚀速率较快的原因就是 Cl^-的作用。

此外，在某些化工厂区，大气中含有许多腐蚀性气体，如 H_2S，NH_3，Cl_2 和 HCl 等，这些气体都能不同程度地加速金属的腐蚀。

(4) 介质的酸、碱性的影响　酸性越强，金属腐蚀得也越快。例如，在电厂附近的设备，由于空气中含有较多的 CO_2，SO_2 等气体，更容易生锈。对于两性的金属，如铝、锌等，介质的酸性或碱性的增强都会加速它们的腐蚀。

除了上述影响腐蚀的因素外，金属材料中加工应力大的区域，表面破损、划痕、加工粗糙等在腐蚀电池中都作为阳极而遭到腐蚀。处于腐蚀过程中转动的轴承会产生磨损腐蚀。空气中的尘埃、盐及仪器表面的手汗渍都会使金属表面凝聚水膜而腐蚀。埋在地下的铁管也比在地面上的容易损坏，等等。

5.6.4　金属的防腐蚀

金属防腐蚀的方法很多。例如，可以根据不同的用途选加不同的金属或非金属使组成合金，以防止金属的腐蚀；也可以采用油漆、电镀、喷镀或表面钝化等使金属与介质隔绝的方法以防止腐蚀；或加入缓蚀剂减小介质的腐蚀性，以及采用电化学保护法等。

1. 形成保护层

金属的腐蚀发生在金属与周围介质的接界面上，因此，只要在金属表面形成一薄层保护层，将金属表面与周围介质隔开，就能保护金属避免腐蚀。

(1) 非金属保护层　将耐腐蚀的物质如油漆、搪瓷、陶瓷、玻璃、沥青、高分子材料（如塑料、橡胶等）涂在要保护的金属表面。这些保护层完整时能起保护作用。

(2) 金属保护层　用耐蚀性较强的金属或合金覆盖在被保护的金属表面上，覆盖的重要方法是电镀。按防腐蚀的性质可将保护层分为**阳极保护层**和**阴极保护层**。镀层金属的电极电势比基体金属电极电势小者为阳极保护层，如把锌镀在铁上（锌为阳极，铁为阴极，俗称白铁）；镀层金属的电极电势比基体金属电极电势大者为阴极保护层，如把锡镀在铁上（锡为阴极，铁为阳极，俗称马口铁）。两种保护层都能将金属与外界介质隔开，而且当保护层受到破坏变得不完整时，都能和基体金属形成原电池。但在阴极保护层形成的原电池中，由于基体金属是阳极而被氧化，此时保护层的存在不但失去了保护作用，反而加速腐蚀。但阳极保护层则不然，即使保护层破坏，由于基体金属是阴极，所以受腐蚀的是保护层本身，而基体金属则不受腐蚀。

（3）金属氧化物保护层　用特殊的方法，在金属的表面形成一层致密的耐蚀性好的金属氧化物保护层。如工业上，常用**发蓝**的方法使钢铁制件表面生成一层主要成分为 Fe_3O_4（即磁性氧化铁）的致密耐蚀氧化膜。发蓝液主要由氢氧化钠、亚硝酸钠、磷酸钠、重铬酸钾以及少量用铁屑处理的旧氧化液等组成。在较高温度（130～150℃）下，氧化剂和氢氧化钠与金属铁作用，生成亚铁酸钠（$NaFeO_2$）再相互反应，生成 Fe_3O_4。

（4）化学转换膜保护层　如工程上常用的钢铁件表面磷化，就是形成化学转换膜保护层的一个实例。钢铁件磷化所用的磷化液是由磷酸二氢铁、磷酸二氢锌（或磷酸二氢锰）组成的稀磷酸性水溶液。磷化膜为闪烁有光，均匀细致，灰色多孔且附着力强的结晶。磷化膜具有耐蚀性，在大气、矿物油、植物油、苯、甲苯中均有很好的耐蚀性，但在酸、碱、水蒸气中耐蚀性差。

2. 改善腐蚀环境—缓蚀剂法

在腐蚀性介质中，加入少量能减小腐蚀速度的物质来防止腐蚀的方法叫作缓蚀剂法。所加的物质叫作**缓蚀剂**，缓蚀剂可分为无机缓蚀剂和有机缓蚀剂两类。

（1）无机缓蚀剂　通常在碱性介质中使用的有硝酸钠、亚硝酸钠、磷酸盐等；在中性溶液中使用的有亚硝酸钠、铬酸盐、重铬酸盐、硅酸盐等。无机缓蚀剂的作用主要是在金属表面形成氧化膜或难溶物质，阻止金属表面的金属离子进入溶液，从而延缓腐蚀。

（2）有机缓蚀剂　在酸性介质中，通常用的有机缓蚀剂，如苯胺、硫醇胺、乌洛托品［六亚甲基四胺 $(CH_2)_6N_4$］等。有机缓蚀剂对金属缓蚀作用的机理较复杂，最简单的一种机理认为缓蚀剂吸附在金属表面增加了氢的超电势，阻碍了 H^+ 的放电，因而减慢了腐蚀。例如，胺类能和 H^+ 作用生成正离子。这种正离子被带负电荷的金属表面所吸收，因而减缓了金属的腐蚀。

3. 电化学保护法

电化学保护法有**阴极保护法**和**阳极电保护法**。阴极保护法就是将被保护的金属作为腐蚀电池（原电池）的阴极或作为电解池的阴极而免受腐蚀。前一种是牺牲阳极保护法，后一种是外加电流法。

（1）牺牲阳极保护法　是将较活泼金属或其合金连接在被保护的金属上，形成原电池（图 5-16）。这时较活泼金属作为腐蚀电池的阳极被腐蚀，被保护的金属得到电子作为阴极而达到保护的目的。一般常用的牺牲阳极材料有铝、锌及它们的合金。

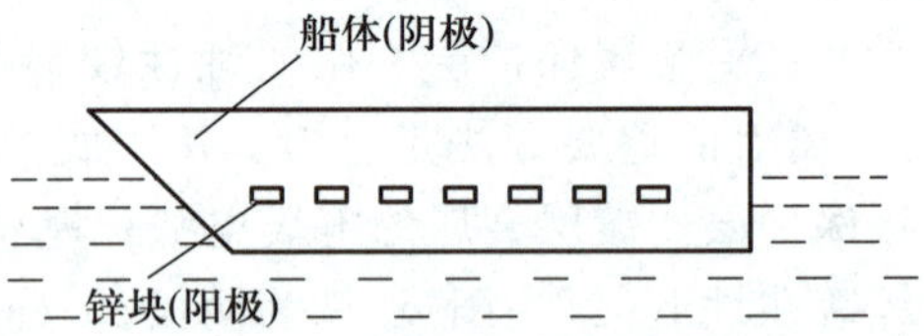

图 5-16　牺牲阳极保护法示意图

牺牲阳极法常用于保护海轮外壳、锅炉和海底设备。牺牲阳极和被保护金属的表面积应有一定的比例，通常是被保护金属面积的1%~5%，较为均匀地分布在被保护金属的表面上。

（2）外加电流法　是将被保护金属与另一附加电极作为电解池的两个极。被保护金属为阴极，在直流电的作用下阴极就受到保护。这种保护法主要用于防止土壤、海水及河水中金属设备的腐蚀。

（3）阳极电保护法　把被保护的金属接到外加电源的正极上，使被保护的金属进行阳极极化，电极电势向正的方向移动，使金属"钝化"而得到保护。

采用氧化剂处理也可以使金属钝化。如一块普通的铁片经浓硝酸处理后，其耐腐蚀性大大提高，这种现象叫作**化学钝化**。除了硝酸之外，其他一些试剂如$AgNO_3$，$HClO_3$，$K_2Cr_2O_7$，$KMnO_4$等都可使金属钝化。金属变成钝态之后，其电极电势向正的方向移动，甚至可以升高到接近于贵金属（如Au，Pt）的电极电势。由于电极电势的升高，钝化了的金属失去了它原来的特性，例如，钝化了的铁在铜盐溶液中不能将铜置换出来。

综上所述，腐蚀破坏了金属材料，但事物总有两面性，若合理巧妙地利用腐蚀就可以进行金属的保护和金属材料的加工，如上述的阳极氧化、电解抛光等就是例证。

问　题

1. 什么是氧化还原的半反应式？原电池的电极反应与氧化还原反应式有何关系？

2. 原电池由哪些部分组成？试分别叙述每一部分的作用。

3. 如何将一个在溶液中进行的氧化还原反应设计成原电池？

4. 如何用符号表示一个原电池？写出原电池 $Pt|H_2|H^+ \| Cl^-|AgCl|Ag$ 的电极反应及电池反应式。

5. 何谓电极电势？怎样用这一概念解释原电池产生电流的原因？

6. 什么叫标准氢电极？是否在所有温度下，其电极电势都为零？

7. 怎样测定电极的标准电极电势？其符号和大小有何物理意义？

8. 怎样利用电极电势来决定原电池的正、负极，计算原电池的电动势，判断氧化还原反应的方向？

9. 在电化学中 $E^{\ominus}$ 有哪些应用？试分别说明之。

10. Nernst方程中有哪些影响因素？它与氧化态及还原态中的离子浓度、气体分压和介质的关系如何？

11. 查阅标准电极电势时，为什么既要注意物质的价态，又要注意物质的聚集状态和介质条件（酸碱性）？

12. 实验室中，为了保证$FeSO_4$溶液不变质常给溶液中加入无锈铁钉。试从有关电对的电极电动势说明理由。

13. 由标准锌半电池和标准铜半电池组成原电池：

$$(-)Zn|ZnSO_4(1mol\cdot L^{-1})\|CuSO_4(1mol\cdot L^{-1})|Cu(+)$$

(1) 改变下列条件对原电池电动势有何影响？(a) 增加 $ZnSO_4$ 溶液的浓度；(b) 在 $ZnSO_4$ 溶液中加入过量的 NaOH；(c) 增加铜片的电极表面积；(d) 在 $CuSO_4$ 溶液中加入 Na_2S 溶液。

(2) 当铜锌原电池工作半小时以后，原电池的电动势是否会发生变化？为什么？

14. 什么叫浓差电池？它与一般化学电池有何不同？

15. 原电池和电解池在结构和原理上各有何特点？试举例说明(从电极名称、电极反应、电子流方向等方面进行比较)。

16. 实际分解电压为什么高于理论分解电压？简单说明超电压(或超电势)的概念。

17. H^+/H_2 电对的电极电势代数值往往比 Zn^{2+}/Zn 电对的或 Fe^{2+}/Fe 电对的要大，为什么电解锌盐或亚铁盐溶液时在阴极常常得到金属锌或金属铁？

18. 试说明用电解法精炼铜，除去粗铜中的 Ag，Au，Pb，Ni，Fe，Zn 等杂质的原理。

19. 电镀和电铸有何异同？

20. 试述电抛光的方法原理及其优缺点。

21. 什么叫电化学腐蚀？它与化学腐蚀有何不同？

22. 通常大气腐蚀主要是析氢腐蚀还是吸氧腐蚀？写出腐蚀电池的电极反应。

23. 防止金属腐蚀的方法主要有哪些？各根据什么原理？

习 题

1. 用半反应式法配平下列氧化还原反应方程式：

(1) $I^- + H^+ + NO_2^- \longrightarrow NO(g) + H_2O + I_2(s)$

(2) $Al(s) + H^+ + SO_4^{2-} \longrightarrow Al^{3+} + SO_2(g) + H_2O$

(3) $H_2S(aq) + Cr_2O_7^{2-} + H^+ \longrightarrow Cr^{3+} + S(s) + H_2O$

(4) $ClO^- + I_2(s) + H_2O \longrightarrow Cl^- + H^+ + IO_3^-$

(5) $Mn(OH)_2(s) + H_2O_2 \longrightarrow MnO_2(s) + H_2O$

(6) $Zn(s) + NO_3^- + H^+ \longrightarrow Zn^{2+} + NH_4^+ + H_2O$

(7) $P(s) + NO_3^- + H^+ \longrightarrow H_3PO_4 + NO(g)$

(8) $H_2S(aq) + NO_3^- + H^+ \longrightarrow S(s) + NO(g) + H_2O$

2. 将下列化学反应组装成原电池。

(1) 用符号表示原电池的装置；

(2) 标出正、负极及电子流动的方向。

(a) $Al + 3NiCl_2 = 2AlCl_3 + 3Ni$

(b) $Co^{3+} + Fe^{2+} = Co^{2+} + Fe^{3+}$

(c) $Fe + 2FeCl_3 = 3FeCl_2$

(d) $PbCl_2 + 2KI = PbI_2 + 2KCl$

(e) $AgCl + 2NH_3 = [Ag(NH_3)_2]^+ + Cl^-$

3. 根据标准电极电势数值将 $FeCl_2$，$SnCl_2$，H_2，KI，Li，Mg 按还原能力从小到大依次排列，并写出它们的氧化产物。

4. 通过计算指出下列各原电池的正、负极，写出电极反应、电池反应并计算电动势。

(1) $Pt|I_2|I^-(0.1\ mol\cdot L^{-1})\parallel Cr_2O_7^{2-}(0.1\ mol\cdot L^{-1}),Cr^{3+}(1\ mol\cdot L^{-1}),H^+(1\times 10^{-4}\ mol\cdot L^{-1})|Pt$

(2) $Pb|Pb^{2+}(1\ mol\cdot L^{-1})\parallel H^+(1\ mol\cdot L^{-1})|H_2|Pt$

5. 已知：$AgI(s)+e^-\rightleftharpoons Ag(s)+I^-(aq)$ 的 $E^\ominus=-0.1340\ V$，$Ag^+(aq)+e^-\rightleftharpoons Ag(s)$ 的 $E^\ominus=+0.7996\ V$。

(1) 写出由上述电极组装成的原电池符号；

(2) 写出原电池的电池反应式；

(3) 计算该原电池的标准电动势 $E^\ominus$；

(4) 计算电池反应的标准 Gibbs 函数变 $\Delta_r G_m^\ominus$；

(5) 计算在 298.15K 时 AgI 的溶度积常数。

6. 在 298.15 K 时，测得电池 $Cd|Cd^{2+}(1.0\ mol\cdot L^{-1})\parallel H^+(x\ mol\cdot L^{-1})|H_2(100\ kPa)|Pt$ 的电动势为 0.15 V，试计算氢电极溶液中的 $c(H^+)$ 和 pH。

7. 已知 298.15 K 时：

	$Cr_2O_7^{2-}$ +	$14H^+$ +	$6e^-$ ═══	$2Cr^{3+}$ +	$7H_2O$
$\Delta_f G_m^\ominus/(kJ\cdot mol^{-1})$	-1319.0	0		-215	-237

试计算此半电池反应的 $E^\ominus$ 值。

8. 用电化学原理判断下列反应在标准状态下能否自动进行。

(1) $3AgNO_3+Au = Au(NO)_3+3Ag$

(2) $2Br^-+2Fe^{3+} = Br_2+2Fe^{2+}$

(3) $2KMnO_4+10KBr+8H_2SO_4 = 2MnSO_4+6K_2SO_4+5Br_2+8H_2O$

9. 现有一含有 Cl^-, Br^-, I^- 三种离子的混合溶液，欲使 I^- 被氧化为 I_2，而 Br^-, Cl^- 不被氧化，在常用的氧化剂 $Fe_2(SO_4)_3$ 和 $KMnO_4$ 中应选哪一种，才能满足上述要求（设各物质均为标准态）？

10. 电池反应：$Fe^{2+}+Ag^+ = Ag(s)+Fe^{3+}$

(1) 求 298.15 K 时反应的标准平衡常数 $K^\ominus$。

(2) 将极细的银粉加入 0.05 $mol\cdot L^{-1}$ 的 $Fe_2(SO_4)_3$ 液中，求 Ag^+ 的平衡浓度。

11. 对电池反应：$2H_2+O_2 = 2H_2O$，在 298.15 时，

(1) 设计成原电池，并用符号表示其组成。

(2) 求电池的 $E^\ominus$；

(3) 写出各电极反应式；

(4) 计算反应的标准平衡常数 $K^\ominus$。

12. 已知：　$Fe^{3+}+e^- = Fe^{2+}$，　　$E^\ominus(1)=0.771\ V$

　　　　　$Fe^{2+}+2e^- = Fe$，　　$E^\ominus(2)=-0.447\ V$

试计算：　$Fe^{3+}+3e^- = Fe$，　　$E^\ominus(3)=?$

13. 已知：　$PbSO_4+2e^- = Pb+SO_4^{2-}$　　$E^\ominus=-0.3588\ V$

　　　　　$Pb^{2+}+2e^- = Pb$，　　$E^\ominus=-0.1262\ V$

(1) 写出由这两个电极组成的原电池符号；

(2) 计算原电池的 $E^\ominus$；

(3) 写出电池反应式；

(4) 求此原电池反应的 $\Delta_r G_m^\ominus$；

(5) 计算 298.15 K 时，$PbSO_4$ 的溶度积。

14. 银不能溶于 1.0 mol · L^{-1}的 HCl 溶液，但可以溶于 1.0 mol · L^{-1}的 HI 溶液，试通过计算说明之。[溶解反应为：$2Ag(s) + 2H^+ + 2I^- \longequal 2AgI(s) + H_2(g)$]

15. 试通过计算确定反应 $H_3AsO_4 + 2HI \longequal HAsO_2 + I_2(s) + 2H_2O$ 自发进行的酸度条件。

16. 用两极反应表示下列物质的主要电解产物。

(1) 电解 $NiSO_4$ 溶液，阳极用镍，阴极用铁；

(2) 电解熔融 $MgCl_2$，阳极用石墨，阴极用铁；

(3) 电解 KOH 溶液，两极都用铂。

17. 电解镍盐溶液，其中 $c(Ni^{2+}) = 0.10$ mol · L^{-1}。如果在阴极上只要镍 Ni 析出，而不析出氢气 H_2，计算溶液的最小 pH(设氢气在 Ni 上的超电压为 0.21V)。

18. 分别写出铁在微酸性水膜中，与铁完全浸没在 1 mol · L^{-1}硫酸中发生腐蚀的两极反应式。

附　录

附录一　一些基本常数

原子质量单位　$1\ u = 1.660\ 54 \times 10^{-27}$ kg

电子质量　$m_e = 9.109\ 4 \times 10^{-28}$ g

电子电荷　$e = 1.602 \times 10^{-19}$ C

质子质量　$m_p = 1.673 \times 10^{-27}$ kg

中子质量　$m_n = 1.675 \times 10^{-27}$ kg

光速　$c = 2.997\ 9 \times 10^{8}\ m \cdot s^{-1}$

法拉第常数　$F = 9.648\ 46 \times 10^{4}\ C \cdot mol^{-1}$

普朗克常量　$h = 6.626\ 07 \times 10^{-34}\ J \cdot s$

阿伏加德罗常数　$N_A = 6.022\ 05 \times 10^{23}\ mol^{-1}$

摩尔气体常数　$R = 8.314\ 41\ J \cdot mol^{-1} \cdot K^{-1}$

玻耳兹曼常数　$k = 1.380\ 66 \times 10^{-23}\ J \cdot K^{-1}$

附录二　一些物质的标准热力学数据

标准摩尔生成焓（$\Delta_f H_m^\ominus$），标准摩尔生成 Gibbs 函数变（$\Delta_f G_m^\ominus$），标准摩尔熵 $S_m^\ominus$（25 ℃，298 K）

物质	$\Delta_f H_m^\ominus$ /（$kJ \cdot mol^{-1}$）	$\Delta_f G_m^\ominus$ /（$kJ \cdot mol^{-1}$）	$S_m^\ominus$ /（$J \cdot mol^{-1} \cdot K^{-1}$）
Al(s)	0	0	28.32
Al_2O_3(s)	−1 675.7	−1 582.4	50.92
$AlCl_3$(s)	−704.2	−628.8	110.7
Ag(s)	0	0	42.55
AgCl(s)	−127.07	−109.80	96.23
B(s)	0	0	5.86
BCl_3(g)	−403.76	−388.74	290.0
BCl_3(l)	−427.19	−384.44	206.27
B_2O_3(s)	−1 272.77	−1 193.7	53.97

续表

物质	$\Delta_f H_m^\ominus/(kJ\cdot mol^{-1})$	$\Delta_f G_m^\ominus/(kJ\cdot mol^{-1})$	$S_m^\ominus/(J\cdot mol^{-1}\cdot K^{-1})$
Ba(s)	0	0	62.76
$BaCO_3$(s)	−1 216.29	−1 137.63	112.13
$BaSO_4$(s)	−1 473.19	−1 362.31	132.2
Br_2(g)	30.91	3.14	245.35
Br_2(l)	0	0	152.23
C(g)	716.68	671.29	157.97
C(金刚石)	1.90	2.90	2.38
C(石墨)	0	0	5.74
CCl_4(g)	−102.93	−60.63	309.74
CCl_4(l)	−135.44	−65.27	216.40
CO(g)	−110.52	−137.15	197.56
CO_2(g)	−393.14	−393.51	213.64
CH_4(g)	−74.81	−50.75	186.15
C_2H_2(g)	226.73	209.2	200.83
C_2H_4(g)	52.29	68.12	219.45
C_2H_6(g)	−84.68	−32.89	229.5
C_3H_8(g)	−103.85	−23.56	270.2
C_3H_6(g)	20.42	62.85	266.6
CH_3OH(g)	−201.08	−161.42	239.7
CH_3OH(l)	−239.03	−166.82	127.24
C_2H_5OH(l)	−276.98	−174.18	160.04
CH_3COOH(l)	−484.13	−389.95	159.83
C_6H_6(l)	49.0	124.36	137.26
C_6H_6(g)	82.93	129.66	269.2
Ca(s)	0	0	41.42
$CaCO_3$(s)	−1 206.92	−1 128.84	92.88
CaO(s)	−635.09	−604.04	39.75
Cr(s)	0	0	23.77
Cr_2O_3(s)	−1 139.72	−1 058.13	81.17
Cl_2(g)	0	0	222.96
Cu(s)	0	0	33.15
CuO(s)	−157.32	−129.7	42.63
Cu_2O(s)	−166.62	−146.02	93.14
CuS(s)	−53.14	−53.56	66.53

续表

物质	$\Delta_f H_m^\ominus$/(kJ·mol^{-1})	$\Delta_f G_m^\ominus$/(kJ·mol^{-1})	$S_m^\ominus$/(J·mol^{-1}·K^{-1})
F_2(g)	0	0	202.67
Fe(s)	0	0	27.28
$FeCl_3$(s)	−399.49	−334.00	142.3
Fe_2O_3(s)	−824.25	−742.24	87.40
FeO(s)	−271.96	−255.64	60.75
Fe_3O_4(s)	−1 118.38	−1 015.46	146.44
H(g)	217.97	203.26	114.60
H_2(g)	0	0	130.57
HBr(g)	−36.40	−53.43	198.59
HCl(g)	−92.31	−95.30	186.70
HF(g)	−271.12	−273.21	173.67
HI(g)	26.48	1.72	206.48
H_2O(g)	−241.82	−228.59	188.72
H_2O(l)	−285.83	−237.18	69.91
H_2S(g)	−20.63	−33.56	205.69
Hg(g)	62.44	31.85	174.85
Hg(l)	0	0	76.02
I(g)	106.84	70.26	180.68
I_2(g)	61.32	19.36	260.58
I_2(s)	0	0	116.14
K(s)	0	0	64.18
KCl(s)	−436.75	−408.15	82.59
KNO_3(s)	−494.63	−394.93	133.05
Mg(s)	0	0	32.68
MgO(s)	−601.07	−569.44	26.94
$MgCl_2$(s)	−641.32	−591.83	89.62
$MgCO_3$(s)	−1 095.8	−1 012.1	65.69
MnO_2(s)	−520.03	−465.18	53.05
MnO(s)	−385.22	−362.92	59.71
NH_3(g)	−46.11	−16.48	192.34
NH_4Cl(s)	−314.43	−202.97	94.56
NO(g)	90.25	86.57	210.65
NO_2(g)	33.18	51.30	239.95
N_2(g)	0	0	191.50

续表

物质	$\Delta_f H_m^\ominus/(kJ\cdot mol^{-1})$	$\Delta_f G_m^\ominus/(kJ\cdot mol^{-1})$	$S_m^\ominus/(J\cdot mol^{-1}\cdot K^{-1})$
$N_2O(g)$	81.05	104.18	219.74
$N_2O_4(g)$	9.16	97.82	304.18
Na(s)	0	0	51.21
NaCl(s)	-411.12	-384.15	72.13
$Na_2O(s)$	-414.22	-375.47	75.06
$NaHCO_3(s)$	-950.81	-851.03	101.67
$Na_2CO_3(s)$	-1 130.68	-1 044.49	134.98
$O_2(g)$	0	0	205.03
$O_3(g)$	142.67	163.18	238.82
S(s)	0	0	31.80
$SO_2(g)$	-296.83	-300.19	248.11
$SO_3(g)$	-395.72	-371.08	256.65
Si(s)	0	0	18.83
$SiH_4(g)$	34.31	56.90	204.51
SiO_2(s,石英)	-910.94	-856.67	41.84
Zn(s)	0	0	41.63
ZnO(s)	-348.28	-318.32	43.64
$ZnCO_3(s)$	-812.78	-731.57	82.42

附录三　若干弱酸和弱碱的标准解离常数[①]

电解质	化学式	标准解离常数	电解质	化学式	标准解离常数
醋酸	CH_3COOH	1.76×10^{-5}	亚硫酸	H_2SO_3	$K_1^\ominus$ 1.54×10^{-2}(18 ℃)
苯甲酸	C_6H_5COOH	6.46×10^{-5}			$K_2^\ominus$ 1.02×10^{-7}(18 ℃)
甲酸	HCOOH	1.77×10^{-4}	酚	C_6H_5OH	1.28×10^{-10}(20 ℃)
碳酸	H_2CO_3	$K_1^\ominus$ 4.30×10^{-7}	苯乙酸	$C_6H_5CH_2COOH$	5.2×10^{-5}(18 ℃)
		$K_2^\ominus$ 5.61×10^{-11}	氯乙酸	$ClCH_2COOH$	1.40×10^{-3}
氢氰酸	HCN	4.93×10^{-10}	氨水	$NH_3\cdot H_2O$	1.77×10^{-5}
氢氟酸	HF	3.53×10^{-4}	羟胺	NH_2OH	9.12×10^{-9}
氢硫酸	H_2S	$K_1^\ominus$ 9.1×10^{-8}(18 ℃)	甲胺	CH_3NH_2	3.7×10^{-4}
		$K_2^\ominus$ 1.1×10^{-12}(18 ℃)	苯胺	$C_6H_5NH_2$	4.27×10^{-10}

注：① 未标明温度的 $K^\ominus$ 值均为 25 ℃时的数值。

附录四　若干难溶电解质的溶度积(25 ℃)

化合物	$K_{sp}^{\ominus}$	化合物	$K_{sp}^{\ominus}$
$AlPO_4$	9.83×10^{-21}	PbI_2	8.49×10^{-9}
$Al(OH)_3$	5.0×10^{-33}	$PbSO_4$	1.82×10^{-8}
ZnS	2.93×10^{-25}(18 ℃)	PbS	9.04×10^{-27}(18 ℃)
$BaCO_3$	2.58×10^{-9}	$Fe(OH)_3$	2.64×10^{-39}
$BaSO_4$	1.07×10^{-10}	$Fe(OH)_2$	4.87×10^{-17}
$BaCrO_4$	1.17×10^{-10}	$Mg(OH)_2$	5.61×10^{-12}
$CaCO_3$	4.96×10^{-9}	MgF_2	7.42×10^{-11}
CaF_2	1.46×10^{-10}	AgBr	5.35×10^{-13}
$CaSO_4$	7.10×10^{-5}	AgCl	1.77×10^{-10}
CdS	1.40×10^{-29}(18 ℃)	AgI	8.51×10^{-17}
$Cd(OH)_2$	4.0×10^{-15}	Ag_2CO_3	8.45×10^{-12}
CuC_2O_4	4.43×10^{-10}	Ag_2CrO_4	1.12×10^{-12}
CuS	1.27×10^{-36}(18 ℃)	AgSCN	1.03×10^{-12}

附录五　若干配离子的标准不稳定常数(25 ℃)

配离子	标准不稳定常数	配离子	标准不稳定常数
$[Cu(NH_3)_4]^{2+}$	4.78×10^{-14}	$[Fe(CN)_6]^{4-}$	1.0×10^{-35}
$[Ag(NH_3)_2]^{+}$	8.91×10^{-8}	$[Fe(CN)_6]^{3-}$	1.0×10^{-42}
$[Zn(NH_3)_4]^{2+}$	3.47×10^{-10}	$[Ag(CN)_2]^{-}$	7.94×10^{-22}
$[Hg(NH_3)_4]^{2+}$	5.24×10^{-20}	$[Zn(CN)_4]^{2-}$	1.99×10^{-17}
$[Fe(NH_3)_2]^{2+}$	6.33×10^{-3}	$[Hg(CN)_4]^{2-}$	4.0×10^{-42}
$[Ni(NH_3)_6]^{2+}$	1.82×10^{-9}	$[Ag(S_2O_3)_2]^{3-}$	3.46×10^{-14}
$[Co(NH_3)_6]^{2+}$	7.75×10^{-6}	$[FeF_6]^{3-}$	4.9×10^{-15}
$[Fe(en)_2]^{2+}$	2.0×10^{-10}	$[Cu(en)_2]^{2+}$	1.0×10^{-21}

附录六　标准还原电势(水溶液，298 K)

编号	电对	半电池反应	$E^{\ominus}$/V
1	Li^+ | Li	$Li^+ + e^- \rightleftharpoons Li$	-3.040 1
2	K^+ | K	$K^+ + e^- \rightleftharpoons K$	-2.931
3	Cs^+ | Cs	$Cs^+ + e^- \rightleftharpoons Cs$	-2.92
4	Ba^{2+} | Ba	$Ba^{2+} + 2e^- \rightleftharpoons Ba$	-2.912
5	Sr^{2+} | Sr	$Sr^{2+} + 2e^- \rightleftharpoons Sr$	-2.89
6	Ca^{2+} | Ca	$Ca^{2+} + 2e^- \rightleftharpoons Ca$	-2.868
7	Na^+ | Na	$Na^+ + e^- \rightleftharpoons Na$	-2.71
8	La^{3+} | La	$La^{3+} + 3e^- \rightleftharpoons La$	-2.522
9	Mg^{2+} | Mg	$Mg^{2+} + 2e^- \rightleftharpoons Mg$	-2.372
10	Be^{2+} | Be	$Be^{2+} + 2e^- \rightleftharpoons Be$	-1.847
11	Al^{3+} | Al	$Al^{3+} + 3e^- \rightleftharpoons Al$	-1.662
12	Zr^{4+} | Zr	$Zr^{4+} + 4e^- \rightleftharpoons Zr$	-1.53
13	Mn^{2+} | Mn	$Mn^{2+} + 2e^- \rightleftharpoons Mn$	-1.185
14	Zn^{2+} | Zn	$Zn^{2+} + 2e^- \rightleftharpoons Zn$	-0.761 8
15	Cr^{3+} | Cr	$Cr^{3+} + 3e^- \rightleftharpoons Cr$	-0.744
16	Ga^{3+} | Ga	$Ga^{3+} + 3e^- \rightleftharpoons Ga$	-0.560
17	Fe^{2+} | Fe	$Fe^{2+} + 2e^- \rightleftharpoons Fe$	-0.447
18	Cd^{2+} | Cd	$Cd^{2+} + 2e^- \rightleftharpoons Cd$	-0.403 0
19	$PbSO_4$ | Pb	$PbSO_4 + 2e^- \rightleftharpoons Pb + SO_4^{2-}$	-0.358 8
20	In^{3+} | In	$In^{3+} + 3e^- \rightleftharpoons In$	-0.338 2
21	Tl^+ | Tl	$Tl^+ + e^- \rightleftharpoons Tl$	-0.336
22	Co^{2+} | Co	$Co^{2+} + 2e^- \rightleftharpoons Co$	-0.28
23	Ni^{2+} | Ni	$Ni^{2+} + 2e^- \rightleftharpoons Ni$	-0.257
24	SO_4^{2-} | $S_2O_6^{2-}$	$2SO_4^{2-} + 4H^+ + 2e^- \rightleftharpoons S_2O_6^{2-} + 2H_2O$	-0.22
25	CO_2 | HCOOH	$CO_2(g) + 2H^+ + 2e^- \rightleftharpoons HCOOH(aq)$	-0.199
26	Sn^{2+} | Sn	$Sn^{2+} + 2e^- \rightleftharpoons Sn$	-0.137 5
27	Pb^{2+} | Pb	$Pb^{2+} + 2e^- \rightleftharpoons Pb$	-0.126 2
28	Fe^{3+} | Fe	$Fe^{3+} + 3e^- \rightleftharpoons Fe$	-0.037

续表

编号	电对	半电池反应	$E^{\ominus}$/V
29	$H^+ \mid H_2$	$2H^+ + 2e^- \rightleftharpoons H_2$	0.000 0
30	$C \mid CH_4$	$C(石墨) + 4H^+ + 4e^- \rightleftharpoons CH_4(g)$	+0.131 6
31	$Sn^{4+} \mid Sn^{2+}$	$Sn^{4+} + 2e^- \rightleftharpoons Sn^{2+}$	+0.151
32	$Cu^{2+} \mid Cu^+$	$Cu^{2+} + e^- \rightleftharpoons Cu^+$	+0.153
33	$SO_4^{2-} \mid SO_2$	$SO_4^{2-} + 4H^+ + 2e^- \rightleftharpoons SO_2 + 2H_2O$	+0.17
34	$Hg_2Cl_2 \mid Hg$	$Hg_2Cl_2 + 2e^- \rightleftharpoons 2Hg + 2Cl^-$	+0.268 08
35	$Cu^{2+} \mid Cu$	$Cu^{2+} + 2e^- \rightleftharpoons Cu$	+0.341 9
36	$SO_3^{2-} \mid S$	$SO_3^{2-} + 6H^+ + 4e^- \rightleftharpoons S + 3H_2O$	+0.357 2
37	$H_2SO_3 \mid S$	$H_2SO_3 + 4H^+ + 4e^- \rightleftharpoons S + 3H_2O$	+0.449
38	$O_2 \mid OH^-$	$O_2 + 2H_2O + 4e^- \rightleftharpoons 4OH^-$	+0.401
39	$Cu^+ \mid Cu$	$Cu^+ + e^- \rightleftharpoons Cu$	+0.522
40	$I_2 \mid I^-$	$I_2 + 2e^- \rightleftharpoons 2I^-$	+0.535 5
41	$C_2H_2 \mid C_2H_4$	$C_2H_2(g) + 2H^+ + 2e^- \rightleftharpoons C_2H_4(g)$	+0.731
42	$Fe^{3+} \mid Fe^{2+}$	$Fe^{3+} + e^- \rightleftharpoons Fe^{2+}$	+0.771
43	$Hg_2^{2+} \mid Hg$	$Hg_2^{2+} + 2e^- \rightleftharpoons 2Hg$	+0.797 3
44	$Ag^+ \mid Ag$	$Ag^+ + e^- \rightleftharpoons Ag$	+0.799 6
45	$NO_3^- \mid NO_2$	$NO_3^- + 2H^+ + e^- \rightleftharpoons NO_2 + H_2O$	+0.80
46	$Hg^{2+} \mid Hg$	$Hg^{2+} + 2e^- \rightleftharpoons Hg$	+0.851
47	$NO_3^- \mid HNO_2$	$NO_3^- + 3H^+ + 2e^- \rightleftharpoons HNO_2 + H_2O$	+0.934
48	$NO_3^- \mid NO$	$NO_3^- + 4H^+ + 3e^- \rightleftharpoons NO + 2H_2O$	+0.957
49	$HNO_2 \mid NO$	$HNO_2 + H^+ + e^- \rightleftharpoons NO + H_2O$	+0.983
50	$Br_2 \mid Br^-$	$Br_2(l) + 2e^- \rightleftharpoons 2Br^-$	+1.066
51	$IO_3^- \mid I_2$	$IO_3^- + 6H^+ + 5e^- \rightleftharpoons \frac{1}{2}I_2 + 3H_2O$	+1.195
52	$O_2 \mid H_2O$	$O_2(g) + 4H^+ + 4e^- \rightleftharpoons 2H_2O(l)$	+1.229
53	$MnO_2 \mid Mn^{2+}$	$MnO_2 + 4H^+ + 2e^- \rightleftharpoons Mn^{2+} + 2H_2O$	+1.224
54	$Au^{3+} \mid Au^+$	$Au^{3+} + 2e^- \rightleftharpoons Au^+$	+1.401
55	$Cr_2O_7^{2-} \mid Cr^{3+}$	$Cr_2O_7^{2-} + 14H^+ + 6e^- \rightleftharpoons 2Cr^{3+} + 7H_2O$	+1.232

续表

编号	电对	半电池反应	$E^\ominus$/V
56	$ClO_4^- \mid Cl_2$	$ClO_4^- + 8H^+ + 7e^- \rightleftharpoons \frac{1}{2}Cl_2 + 4H_2O$	+1.39
57	$Cl_2 \mid Cl^-$	$Cl_2(g) + 2e^- \rightleftharpoons 2Cl^-$	+1.358
58	$PbO_2 \mid Pb^{2+}$	$PbO_2 + 4H^+ + 2e^- \rightleftharpoons Pb^{2+} + 2H_2O$	+1.455
59	$Au^{3+} \mid Au$	$Au^{3+} + 3e^- \rightleftharpoons Au$	+1.498
60	$MnO_4^- \mid Mn^{2+}$	$MnO_4^- + 8H^+ + 5e^- \rightleftharpoons Mn^{2+} + 4H_2O$	+1.507
61	$BrO_3^- \mid Br_2$	$BrO_3^- + 6H^+ + 5e^- \rightleftharpoons \frac{1}{2}Br_2(l) + 3H_2O$	+1.482
62	$MnO_4^- \mid MnO_2$	$MnO_4^- + 4H^+ + 3e^- \rightleftharpoons MnO_2(s) + 2H_2O$	+1.679
63	$Au^+ \mid Au$	$Au^+ + e^- \rightleftharpoons Au$	+1.692
64	$PbO_2 \mid PbSO_4$	$PbO_2 + SO_4^{2-} + 4H^+ + 2e^- \rightleftharpoons PbSO_4 + 2H_2O$	+1.691 3
65	$H_2O_2 \mid H_2O$	$H_2O_2 + 2H^+ + 2e^- \rightleftharpoons 2H_2O$	+1.776
66	$Co^{3+} \mid Co^{2+}$	$Co^{3+} + e^- \rightleftharpoons Co^{2+}$	+1.83
67	$S_2O_8^{2-} \mid SO_4^{2-}$	$S_2O_8^{2-} + 2e^- \rightleftharpoons 2SO_4^{2-}$	+2.010
68	$O_3 \mid O_2$	$O_3 + 2H^+ + 2e^- \rightleftharpoons O_2 + H_2O$	+2.076
69	$F_2 \mid F^-$	$F_2(g) + 2e^- \rightleftharpoons 2F^-$	+2.866
70	$F_2 \mid HF$	$F_2(g) + 2H^+ + 2e^- \rightleftharpoons 2HF(aq)$	+3.053

附录七　水溶液中某些离子的标准热力学数据

离子	$\frac{\Delta_f H_m^\ominus}{kJ \cdot mol^{-1}}$	$\frac{\Delta_f G_m^\ominus}{kJ \cdot mol^{-1}}$	$\frac{S^\ominus}{J \cdot mol^{-1} \cdot K^{-1}}$
Ag^+	105.9	77.11	73.93
Ba^{2+}	-538.36	-560.66	12.55
Br^-	-120.91	-120.82	80.71
CH_3COO^-	-491.62	-375.68	
CO_3^{2-}	-676.26	-528.10	-53.14
Ca^{2+}	-534.59	-553.04	-55.23
Cl^-	-167.46	-131.17	55.10
Cu^{2+}	64.39	64.98	-100.41

续表

离子	$\frac{\Delta_f H_m^\ominus}{kJ\cdot mol^{-1}}$	$\frac{\Delta_f G_m^\ominus}{kJ\cdot mol^{-1}}$	$\frac{S^\ominus}{J\cdot mol^{-1}\cdot K^{-1}}$
$[Cu(NH_3)_4]^{2+}$	-334.3	-256.06	806.68
F^-	-249.11	-276.48	-9.62
H^+	0	0	0
Fe^{2+}	-87.86	-84.94	-113.39
Fe^{3+}	-47.40	-10.52	-293.30
HCO_3^-	-691.11	-587.06	-94.98
I^-	-55.94	-51.67	109.37
Mg^{2+}	-461.96	-456.01	-117.99
NH_4^+	-132.8	-79.50	112.84
NO_3^-	-206.57	-110.50	146.44
Na^+	-239.66	-261.87	60.25
OH^-	-229.94	-157.30	-10.54
SO_4^{2-}	-907.5	-741.99	17.15
Zn^{2+}	-152.42	-147.21	-106.48

本附录所用数据除注明的外，均录自：

[1] Robert C. Weast, CRC Handbook of Chemistry and Physics, 69th ed, 1988—1989.

将其中以卡或千卡为单位的数据乘以 4.184 换算为焦或千焦。

[2] Lange's Handbook of Chemistry, 13th ed, 1985, McGraw-Hill Inc.

说明：本教材正文中按照国际纯粹与应用化学联合会(IUPAC)1982 年决定，以 10^5 Pa 代替 $1.013\,25\times10^5$ Pa 作为标准状态压力。但此附录中的标准热力学数据均是采用 $1.013\,25\times10^5$ Pa 为标准状态压力。标准状态的改变对纯物质的热力学数据产生如下的影响：(1) 基本不改变纯物质的标准生成焓 $\Delta_f H_m^\ominus$ 数据；(2) 气体的熵值按下式校正：$S^\ominus=S^a+\delta$，其中"$\ominus$"和"a"分别表示新标准压力下和 $1.013\,25\times10^5$ Pa 压力下的数据(下同)，δ 为改变量，$\delta=R\ln1.013\,25=0.109\,44\ J\cdot mol^{-1}\cdot K^{-1}$；(3) 气体的 $\Delta_f G_m^\ominus$ 将随气体的标准摩尔熵而改变，如对于生成反应：$\Delta_f G_m^\ominus=\Delta_f G_m^a-\delta T\sum\nu(g)$，其中 $\nu(g)$ 为反应前后气态物质化学计量数，对反应物取负值，生成物取正值；(4) 标准电极电势 $\varphi^\ominus=\varphi^a-\delta T\sum\nu(g)/nF$。

参考书目

[1] 曲保中,等.新大学化学.北京:科学出版社,2002.

[2] 古国榜.大学化学教程.北京:化学工业出版社,1999.

[3] 大连理工大学普通化学教研室.大学普通化学.大连:大连理工大学出版社,1999.

[4] 徐崇泉,强亮生.工科大学化学.北京:高等教育出版社,2003.

[5] 樊行雪,方过女.大学化学原理及应用.北京:化学工业出版社,2000.

[6] 何培之,等.普通化学.北京:科学出版社,2000.

[7] 蔡哲雄,等.工程化学基础.西安:西安交通大学出版社,1999.

[8] 傅献彩,等.大学化学,上册.北京:高等教育出版社,1999.

[9] 陈林根,方文军.工程化学基础.2 版.北京:高等教育出版社,2005.

[10] 琼斯 M M,等.化学·人类·社会.张榕森,等译.北京:科学出版社,1986.

[11] 廖晓垣.能源化学导论.武汉:华中理工大学出版社,1989.

[12] 唐小真.材料化学导论.北京:高等教育出版社,1997.

[13] 邓勃.挑战人脑——计算机在化学中的应用.长沙:湖南教育出版社,1998.

[14] 张维杰.生命科学导论.北京:高等教育出版社,1999.

[15] 吴庆余,基础生命科学.北京:高等教育出版社,2002.

[16] 柴之芳,祝汉民.微量元素化学概论.北京:原子能出版社,1994.

[17] 曹华梁,等.电镀工艺手册.北京:机械工业出版社,1997.

[18] 董可心.科学带你走向未来·材料.长春:吉林教育出版社,2000.

[19]《大学化学》编辑部.今日化学.北京:高等教育出版社,2005.

[20] 同济大学普通化学及无机化学教研室.普通化学.北京:高等教育出版社,2004.

[21] 樊行雪.大学化学原理及应用.北京:化学工业出版社,2000.

[22] 王明华.大学化学展望.杭州:浙江大学出版社,2000.

[23] 徐崇思,强亮生.工科大学化学.北京:高等教育出版社,2003.

元素周期表

原子序数 — 19；元素符号（红色指放射性元素）— K；元素名称（标*的为人造元素）— 钾；相对原子质量（加括号的是放射性元素半衰期最长的同位素的质量数）— 39.098；同位素的质量数（加底线的是天然丰度最大的同位素，红色指放射性同位素）— 39 40 41；价层电子构型 — $4s^1$

金属　非金属　稀有气体　过渡元素

注：
1. 相对原子质量引自国际纯粹与应用化学联合会（IUPAC）相对原子质量表（2018），删节至五位有效数字，末尾数的准确度加注在其后括号内。
2. 稳定元素列有其在自然界存在的同位素的质量数；放射性元素、人造元素同位素质量数的选列参考自有关文献。

周期 \ 族	1	2	3	4	5	6	7	8	9
	IA	IIA	IIIB	IVB	VB	VIB	VIIB	VIII	
1	1 H 氢 1 2 3 $1s^1$ 1.008								
2	3 Li 锂 6 7 $2s^1$ 6.94	4 Be 铍 9 $2s^2$ 9.0122							
3	11 Na 钠 23 $3s^1$ 22.990	12 Mg 镁 24 25 26 $3s^2$ 24.305							
4	19 K 钾 39 40 41 $4s^1$ 39.098	20 Ca 钙 40 42 43 44 46 48 $4s^2$ 40.078(4)	21 Sc 钪 45 $3d^14s^2$ 44.956	22 Ti 钛 46 47 48 49 50 $3d^24s^2$ 47.867	23 V 钒 50 51 $3d^34s^2$ 50.942	24 Cr 铬 50 52 53 54 $3d^54s^1$ 51.996	25 Mn 锰 55 $3d^54s^2$ 54.938	26 Fe 铁 54 56 57 58 $3d^64s^2$ 55.845(2)	27 Co 钴 59 $3d^74s^2$ 58.933
5	37 Rb 铷 85 87 $5s^1$ 85.468	38 Sr 锶 84 86 87 88 $5s^2$ 87.62	39 Y 钇 89 $4d^15s^2$ 88.906	40 Zr 锆 90 91 92 94 96 $4d^25s^2$ 91.224(2)	41 Nb 铌 93 $4d^45s^1$ 92.906	42 Mo 钼 92 94 95 96 97 98 100 $4d^55s^1$ 95.95	43 Tc 锝 97 98 99 $4d^55s^2$ (98)	44 Ru 钌 96 98 99 100 101 102 104 $4d^75s^1$ 101.07(2)	45 Rh 铑 103 $4d^85s^1$ 102.91
6	55 Cs 铯 133 $6s^1$ 132.91	56 Ba 钡 130 132 134 135 136 137 138 $6s^2$ 137.33	57–71 La-Lu 镧系	72 Hf 铪 174 176 177 178 179 180 $5d^26s^2$ 178.49(2)	73 Ta 钽 180 181 $5d^36s^2$ 180.95	74 W 钨 180 182 183 184 186 $5d^46s^2$ 183.84	75 Re 铼 185 187 $5d^56s^2$ 186.21	76 Os 锇 184 186 187 188 189 190 192 $5d^66s^2$ 190.23(3)	77 Ir 铱 191 193 $5d^76s^2$ 192.22
7	87 Fr 钫 212 222 223 $7s^1$ (223)	88 Ra 镭 223 224 226 228 $7s^2$ (226)	89–103 Ac-Lr 锕系	104 Rf 𬬻* 265 267 $6d^27s^2$ (267)	105 Db 𬭊* 268 270 $6d^37s^2$ (270)	106 Sg 𬭳* 269 271 $6d^47s^2$ (269)	107 Bh 𬭛* 270 274 $6d^57s^2$ (270)	108 Hs 𬭶* 269 270 $6d^67s^2$ (270)	109 Mt 鿏* 276 278 $6d^77s^2$ (278)

周期 \ 族	10	11	12	13	14	15	16	17	18	电子层	18族电子数
	VIII	IB	IIB	IIIA	IVA	VA	VIA	VIIA	0		
1									2 He 氦 3 4 $1s^2$ 4.0026	K	2
2				5 B 硼 10 11 $2s^22p^1$ 10.81	6 C 碳 12 13 14 $2s^22p^2$ 12.011	7 N 氮 14 15 $2s^22p^3$ 14.007	8 O 氧 16 17 18 $2s^22p^4$ 15.999	9 F 氟 19 $2s^22p^5$ 18.998	10 Ne 氖 20 21 22 $2s^22p^6$ 20.180	L K	8 2
3				13 Al 铝 27 $3s^23p^1$ 26.982	14 Si 硅 28 29 30 $3s^23p^2$ 28.085	15 P 磷 31 $3s^23p^3$ 30.974	16 S 硫 32 33 34 36 $3s^23p^4$ 32.06	17 Cl 氯 35 37 $3s^23p^5$ 35.45	18 Ar 氩 36 38 40 $3s^23p^6$ 39.95	M L K	8 8 2
4	28 Ni 镍 58 60 61 62 64 $3d^84s^2$ 58.693	29 Cu 铜 63 65 $3d^{10}4s^1$ 63.546(3)	30 Zn 锌 64 66 67 68 70 $3d^{10}4s^2$ 65.38(2)	31 Ga 镓 69 71 $4s^24p^1$ 69.723	32 Ge 锗 70 72 73 74 76 $4s^24p^2$ 72.630(8)	33 As 砷 75 $4s^24p^3$ 74.922	34 Se 硒 74 76 77 78 80 82 $4s^24p^4$ 78.971(8)	35 Br 溴 79 81 $4s^24p^5$ 79.904	36 Kr 氪 78 80 82 83 84 86 $4s^24p^6$ 83.798(2)	N M L K	8 18 8 2
5	46 Pd 钯 102 104 105 106 108 110 $4d^{10}$ 106.42	47 Ag 银 107 109 $4d^{10}5s^1$ 107.87	48 Cd 镉 106 108 110 111 112 113 114 116 $4d^{10}5s^2$ 112.41	49 In 铟 113 115 $5s^25p^1$ 114.82	50 Sn 锡 112 114 115 116 117 118 119 120 122 124 $5s^25p^2$ 118.71	51 Sb 锑 121 123 $5s^25p^3$ 121.76	52 Te 碲 120 122 123 124 125 126 128 130 $5s^25p^4$ 127.60(3)	53 I 碘 127 $5s^25p^5$ 126.90	54 Xe 氙 124 126 128 129 130 131 132 134 136 $5s^25p^6$ 131.29	O N M L K	8 18 18 8 2
6	78 Pt 铂 190 192 194 195 196 198 $5d^96s^1$ 195.08	79 Au 金 197 $5d^{10}6s^1$ 196.97	80 Hg 汞 196 198 199 200 201 202 204 $5d^{10}6s^2$ 200.59	81 Tl 铊 203 205 $6s^26p^1$ 204.38	82 Pb 铅 204 206 207 208 $6s^26p^2$ 207.2	83 Bi 铋 209 $6s^26p^3$ 208.98	84 Po 钋 208 209 210 $6s^26p^4$ (209)	85 At 砹 210 211 $6s^26p^5$ (210)	86 Rn 氡 211 220 222 $6s^26p^6$ (222)	P O N M L K	8 18 32 18 8 2
7	110 Ds 𫟼* 280 281 $6d^87s^2$ (281)	111 Rg 𬬭* 281 282 $6d^{10}7s^1$ (281)	112 Cn 鿔* 283 285 $6d^{10}7s^2$ (285)	113 Nh 鿭* 285 286 (286)	114 Fl 𫓧* 287 288 289 $7s^27p^2$ (289)	115 Mc 镆* 288 289 290 (289)	116 Lv 𫟷* 291 292 293 $7s^27p^4$ (293)	117 Ts 鿬* 293 294 (293)	118 Og 鿫* 294 (294)	Q P O N M L K	8 18 32 32 18 8 2

镧系	57 La 镧 138 139 $5d^16s^2$ 138.91	58 Ce 铈 136 138 140 142 $4f^15d^16s^2$ 140.12	59 Pr 镨 141 $4f^36s^2$ 140.91	60 Nd 钕 142 143 144 145 146 148 150 $4f^46s^2$ 144.24	61 Pm 钷 145 146 147 $4f^56s^2$ (145)	62 Sm 钐 144 147 148 149 150 152 154 $4f^66s^2$ 150.36(2)	63 Eu 铕 151 153 $4f^76s^2$ 151.96	64 Gd 钆 152 154 155 156 157 158 160 $4f^75d^16s^2$ 157.25(3)
锕系	89 Ac 锕 225 227 $6d^17s^2$ (227)	90 Th 钍 230 232 $6d^27s^2$ 232.04	91 Pa 镤 231 233 $5f^26d^17s^2$ 231.04	92 U 铀 233 234 235 236 238 $5f^36d^17s^2$ 238.03	93 Np 镎 236 237 $5f^46d^17s^2$ (237)	94 Pu 钚 238 239 240 241 242 244 $5f^67s^2$ (244)	95 Am 镅* 241 243 $5f^77s^2$ (243)	96 Cm 锔* 243 244 245 246 247 248 $5f^76d^17s^2$ (247)

镧系	65 Tb 铽 159 $4f^96s^2$ 158.93	66 Dy 镝 156 158 160 161 162 163 164 $4f^{10}6s^2$ 162.50	67 Ho 钬 165 $4f^{11}6s^2$ 164.93	68 Er 铒 162 164 166 167 168 170 $4f^{12}6s^2$ 167.26	69 Tm 铥 169 $4f^{13}6s^2$ 168.93	70 Yb 镱 168 170 171 172 173 174 176 $4f^{14}6s^2$ 173.05	71 Lu 镥 175 176 $4f^{14}5d^16s^2$ 174.97
锕系	97 Bk 锫* 247 249 $5f^97s^2$ (247)	98 Cf 锎* 249 250 251 252 $5f^{10}7s^2$ (251)	99 Es 锿* 252 254 $5f^{11}7s^2$ (252)	100 Fm 镄* 253 257 $5f^{12}7s^2$ (257)	101 Md 钔* 258 260 $5f^{13}7s^2$ (258)	102 No 锘* 255 259 $5f^{14}7s^2$ (259)	103 Lr 铹* 261 262 $5f^{14}6d^17s^2$ (262)

扫码或访问网站，获取更多元素信息

2d.hep.com.cn/pte

高等教育出版社印制
(2022)